JN334006

「安全保障」法制と改憲を問う

山内敏弘 著
Toshihiro Yamauchi

法律文化社

はしがき

　戦後70年を経過した現在、日本国憲法は、大きな歴史的な岐路に立たされている。一切の戦争の放棄と戦力の不保持を規定した憲法9条の「非軍事平和主義」の下で、実際にもほぼ70年間の長きにわたって戦争をしてこなかった日本が、いま、「平和国家」から「戦争をする国家」へと大きく転換するかどうかの岐路に立たされているのである。

　そのことを端的に示しているのが、2014年7月1日に安倍内閣が行った集団的自衛権の行使容認の閣議決定（「国の存立を全うし、国民を守るための切れ目のない安全保障法制の整備について」）である。歴代の政府は、明示すると否とにかかわらずほぼ一貫して、他国の武力紛争に武力行使を伴って参加するという意味での集団的自衛権の行使は日本国憲法の下では認められないとしてきたが、安倍内閣は、そのような憲法の基本原理を憲法改正手続を経ることなく、また国会での十分な審議をも踏まえることなく、一遍の閣議決定で変更したのである。このような閣議決定に対しては、憲法の平和主義を損なうのみならず、立憲主義をもないがしろにするものであって許されないとする批判が多く出されたのは、当然であった。

　にもかかわらず、政府与党は、いまや、このような違憲な閣議決定を踏まえて、「安全保障」法制のための具体的な法律の制定を進めている。しかも、与党協議の合意文書や関連法案の骨子などをみると、閣議決定の枠をも踏み越えた形での法律の策定が画策されているのである。閣議決定の際には集団的自衛権などの武力行使は限定的であることが強調されたことなどは忘れ去られたかのようにである。

　これらの法律が国会を通過した場合には、日本は、さまざまな名目で自衛隊を海外に派兵させて、海外での戦争に参加することになるのはほぼ間違いないであろう。その結果は、他国の人々を殺戮したり、自衛隊員に多数の死傷者が出ることはほぼ確実であろう。しかも、ことは、おそらくはそれだけではすまないであろう。一般の日本国民が、テロや武力攻撃などの対象になる可能性も

生じてくると思われる。そうなった場合には、日本列島に多数存在する原子力発電所も、テロや武力攻撃の格好の対象となるかもしれないのである。そのときの惨事は東日本大震災における福島原発事故の比ではなくなるであろう。国民の生命と安全を守るためと喧伝して作られた「切れ目のない安全保障法制」が実際に法律となって運用された場合には、国民の生命と安全は取り返しようのないほどの甚大な侵害を受けることになりかねないのである。

　本書は、このような危機意識の下に、集団的自衛権の問題を中心とする「安全保障」法制の問題を憲法の平和主義と立憲主義の観点から検討することを主たる目的としている。それとともに、本書は、「安全保障」法制の後にやってくるであろう明文改憲問題についても検討することにする。そもそも、集団的自衛権の行使容認は、明文改憲論の主たる狙いの一つでもあった。歴代の自民党政権は、一方では、解釈改憲の路線をとりながら、他方では、明文改憲への志向をもつことをさまざまな形で明示してきた。2012年の自民党の改憲草案はその典型的な事例である。「戦争をする国」作りをめざす立場からすれば、解釈改憲による集団的自衛権の行使容認にも一定の限界があるとして、明文改憲を志向することはある意味では当然であった。しかし、明文改憲は、単に9条の改変にとどまるものではなく、国民主権、基本的人権の尊重にも大きな影響を及ぼしてくる。それは、国民主権や基本的人権を形骸化し、「天皇を戴く軍事大国」をめざしているようにみえるのである。このような明文改憲論のめざすものを明らかにすることが、本書のもう一つの目的である。

　たしかに、日本を取りまく東アジアや国際社会では、現在決して平和とはいえない緊張状態が続いている。しかし、その要因となっている諸問題は、決して軍事的な手段で根本的に解決できるものではなく、平和的な方法でこそ真に解決できるのである。その意味では、日本国憲法の非軍事平和主義こそが、日本及び東アジアを含む国際社会の平和的で民主的な秩序の維持形成のために積極的な意義をもつといえるのである。本書では、そのことをも明らかにすることにしたい。そして、以上のような目的を達するために、本書ではつぎのような構成をとることにした。

　まず、「序章——『安全保障』法制の動向と問題点」では、2015年に入ってからの「安全保障」法制の「整備」の動向について、与党協議で決められた「安全

保障法制整備の具体的な方向性について」とそれを踏まえた法律案の骨子に即してその憲法上の問題点を検討することにする。

「第1章　憲法9条と集団的自衛権」では、ひるがえってそもそも集団的自衛権とはいかなるものとして国連憲章上捉えられてきたか、それは第二次大戦後の国際社会の中でどのように運用されてきたか、また日本国憲法9条の下でそれは歴代政府によってどのように理解されてきたのか、そして歴代政府の集団的自衛権行使違憲論がもつ意義と問題点などを検証する。

「第2章　安保法制懇報告書の集団的自衛権論」では、政府の私的諮問機関である「安保法制懇」が2014年5月に提出した「報告書」について集団的自衛権行使容認論を中心として検討する。「報告書」は、安倍内閣の閣議決定の露払いの役割を果たしたが、そこでの議論の中味は憲法9条に違反するのみならず、立憲主義をもないがしろにするものであることを明らかにする。

「第3章　閣議決定による集団的自衛権の容認」では、2014年7月1日の「閣議決定」について検討する。「閣議決定」は、1972年の政府見解の「基本的な論理」を踏襲するという形をとりつつ集団的自衛権の行使容認を正当化しているが、はたしてそのようなことが法論理的に可能かどうか、また「閣議決定」は集団的自衛権行使について「新三要件」を提示しているが、はたしてこのような要件で集団的自衛権の行使が限定的になり得るかどうかについて検討する。さらに、「閣議決定」は「切れ目のない安全保障法制の整備」ということで、「国際社会の平和と安定への一層の貢献」などについても記述しているが、これらが実際に意味するものが何であるかについても検討する。

「第4章　特定秘密保護法の批判的検討」では、2013年に成立した特定秘密保護法について検討する。この法律がまさにこの時期に制定されたということは、この法律が「安全保障」法制と密接な関連にあることを示している。それは、主権者国民には秘密にした形で「戦争をする国家」体制を構築することに資する役割をもっている。このような法律は憲法の平和主義のみならず、基本的人権尊重や国民主権に照らしても重大な疑義があることを明らかにする。

「第5章　自民党の改憲草案がめざすもの」では、明文改憲論を全面的に展開している自民党の2012年の改憲草案について具体的に検討し、それがめざすものが何であるかを明らかにする。結論的には、改憲草案は、「天皇を戴く国

家」、そして「戦争ができる軍事大国」をめざしていること、そして、そのような国家にとって支障となる基本的人権は大幅に制限され、また立憲主義もないがしろにされることを明らかにする。

「第6章 東アジアにおける平和の条件と課題」では、東アジアにおける平和的秩序の確立のためには、日本としては自民党の改憲草案のような憲法改正によってではなく、平和憲法の精神に則って正しい歴史認識をもち、領土問題についてもあくまでも平和的解決をめざし、さらには、東北アジア地域に非核地帯を創設することを追求することが重要であることを提言する。

「むすび——平和憲法の普遍的意義を思う」では、戦後70年にわたって日本が「平和国家」であり続けてきたのは憲法9条があったからであること、また国際紛争の非軍事的解決をめざす憲法の平和主義は今日の国際社会で普遍的意義をもつことを確認する。さらに、憲法の平和主義は立憲主義のためにも重要な役割を果たしてきたこと、憲法の平和的生存権は国際社会でも今日「平和への権利」として受け入れられつつあることを確認する。そして、以上のような平和憲法がもつ普遍的意義を踏まえれば、解釈改憲によって集団的自衛権の行使を容認することはもちろんのこと、明文改憲によって平和憲法を改変することも、決して認められるべきではないことを強調して結びとする。

本書が、法学研究者や議会関係者はもちろんのこと、多数の市民の人達に読まれて、重大な歴史的岐路に立つ日本の進路を主権者として決定する際の参考にして頂ければ、幸いである。

最後に、本書の出版に際しては、法律文化社の編集部長の小西英央氏に格別のご尽力を頂いた。出版事情が厳しい中で、小西氏のご尽力がなかったならば、本書の出版は不可能であった。しかも、企画から刊行までのきわめて短い期間の中で、いろいろと無理なお願いを快く引き受けて頂き、時宜に適った刊行が可能となった。本書の構成や内容に関しても有益な助言を頂いた。心より感謝し、御礼を申しあげる。

2015年5月3日

山内　敏弘

目　次

はしがき

序章　「安全保障」法制の動向と問題点 —— 1

1 はじめに 1
2 集団的自衛権の行使容認のための自衛隊法、武力攻撃事態法の改定 3
　1 改定法案の内容 3
　2 「存立危機事態」のあいまい性と危険性 6
3 米軍等の武器等防護のための自衛隊法の改定 8
　1 改定法案の内容 9
　2 集団的自衛権の行使に踏み込む危険性 9
4 「周辺事態法」から「重要影響事態法」へ 12
　1 改定法案の内容 12
　2 改定法案の問題点 13
5 「戦争支援恒久法」としての「国際平和支援法」の制定 15
　1 特措法から「恒久法（一般法）」へ 15
　2 「戦争支援法」としての性格 16
6 PKO協力法の改定による実施活動と武器使用権限の拡大 18
　1 治安維持活動と駆けつけ警護 19
　2 「国際連携平和安全活動」への参加 20
7 日米ガイドラインの改定の問題点 22

第1章　憲法9条と集団的自衛権 —— 27

1 はじめに 27
2 国連憲章における集団的自衛権とその運用実態 28
　1 国連憲章51条の集団的自衛権 28

v

2　集団的自衛権の運用実態　　37

　3　政府の集団的自衛権論の展開　　43
　　　1　日本国憲法制定直後における集団的自衛権論　　43
　　　2　旧日米安保条約の時期(1951〜1959年)における集団的自衛権論　　44
　　　3　「60年安保国会」における集団的自衛権論　　46
　　　4　1970年代以降における政府見解の確立と定着　　48
　　　5　冷静終結後の集団的自衛権論――「一体化」論による限定論　　51

　4　従来の政府見解の問題点と意義　　55
　　　1　「武力による自衛権」論を踏まえている点　　55
　　　2　「国際法上は保有しているが、憲法上行使できない」とする点　　57
　　　3　「憲法9条の下では行使できない」とする点　　59
　　　4　最後の歯止めとしての集団的自衛権行使の否認　　61

　5　安保法制懇(第1次)報告書の四つの類型論　　62
　　　1　第1類型と第2類型について　　63
　　　2　第3類型と第4類型について　　67
　　　3　「新たな安全保障政策構築の方法」と「課すべき制約」について　　68

　6　小　結　　70

第2章　安保法制懇報告書の集団的自衛権論　　79

　1　はじめに　　79
　2　解釈改憲による集団的自衛権行使容認の違憲性　　81
　3　集団的自衛権行使容認論の論拠　　82
　　　1　「憲法9条の解釈に係る憲法の根本原則」　　82
　　　2　「必要最小限度の集団的自衛権」論　　84
　　　3　「戦力」と「交戦権」の解釈　　86
　　　4　砂川事件最高裁判決の援用　　87
　　　5　集団的自衛権行使容認の政治的根拠　　88

　4　集団的自衛権行使の具体的な事例　　90
　　　1　我が国の近隣で有事が発生した際の船舶の検査、米艦船等への攻撃排除等　　90
　　　2　アメリカが武力攻撃を受けた場合の対米支援　　93

　　　　3　我が国の船舶の航行に重大な影響を及ぼす海域（海峡等）に
　　　　　おける機雷の除去　94
　　5　集団安全保障への参加その他の問題　95
　　　　1　集団安全保障への参加　95
　　　　2　「武力の行使との一体化」の問題　96
　　　　3　その他の問題　98
　　6　小　　結　100

第3章　閣議決定による集団的自衛権の容認 ── 105

　　1　はじめに　105
　　2　閣議決定に至る経過　106
　　3　集団的自衛権行使容認論の問題点　109
　　　　1　閣議決定の概要　109
　　　　2　「安全保障環境の変化」　110
　　　　3　集団的自衛権行使容認の論理　112
　　　　4　集団的自衛権と「抑止力」論　117
　　4　「国際社会の平和と安定への一層の貢献」　118
　　　　1　「武力の行使との一体化」の問題　118
　　　　2　PKOなどにおける「駆けつけ警護」など　121
　　5　「武力攻撃に至らない侵害への対処」　125
　　　　1　治安出動などについての手続きの迅速化　125
　　　　2　米軍部隊の武器等の防護　126
　　6　日米ガイドラインによる日米安保条約の実質改定　128
　　7　小　　結　131

第4章　特定秘密保護法の批判的検討 ── 135

　　1　はじめに　135
　　2　立法事実の欠如と立法目的の問題点　136
　　　　1　立法事実の欠如　136
　　　　2　立法目的の問題点　138

3 特定秘密の範囲をめぐる問題　140
　　1　特定秘密の漠然不明確性　140
　　2　「違法な秘密」に関する禁止規定の不存在　146
4 国会による統制　147
5 裁判所による統制　150
6 行政機関内部における統制　152
7 プライバシー等を侵害する適性評価制度　154
8 秘密指定の解除の問題　156
9 罰則の問題点　158
　　1　特定秘密の漏えい罪　158
　　2　特定秘密の取得罪　160
　　3　共謀・教唆・煽動の処罰　161
10 小　結　163

第5章　自民党の改憲草案がめざすもの ───── 169

1 はじめに──立憲主義を軽視する改憲草案　169
2 「天皇を戴く国家」と国民主権の形骸化　172
　　1　天皇の「元首」化　172
　　2　天皇の権能の強化　174
　　3　憲法尊重擁護義務の免除　175
　　4　国旗・国歌・元号　176
3 「戦争をする軍事大国」をめざす9条改憲　179
　　1　「国防軍」の創設　179
　　2　集団的自衛権の憲法的認知　184
　　3　軍事審判所の設置　186
　　4　平和的生存権の削除と国防責務の導入　188
4 基本的人権の形骸化　190
　　1　「天賦人権」と「個人の尊重」の削除　190
　　2　「公益及び公の秩序」による人権制限　193
　　3　国民の義務・責務の大幅な導入　194
　　4　人権各論についての問題点　197

        5 「新しい人権」（？）の導入　201
　5　緊急事態条項　202
        1 「震災便乗型」の改憲論　202
        2 「緊急事態」の意味・手続・効果　203
        3 緊急事態における指示服従義務　205
　6　憲法改正条項の改悪　206
        1 浮上して消えた96条改憲先行論　206
        2 諸外国の憲法改正条項との比較　207
        3 96条改憲論の問題点　209
　7　小　　結　212

第6章　東アジアにおける平和の条件と課題 ── 217

　1　はじめに　217
　2　誤った歴史認識の克服　218
        1 侵略戦争の定義について　218
        2 靖国問題　220
        3 東京裁判の問題　222
        4 従軍慰安婦の問題　225
　3　領土問題の平和的解決　227
        1 尖閣問題の経緯と現状　227
        2 領土問題の平和的解決に向けて　232
　4　東北アジア非核地帯の創設　233

むすび──平和憲法の普遍的意義を思う ── 241

序　章

「安全保障」法制の動向と問題点

1　はじめに

　安倍内閣は、2014年7月1日の閣議決定（以下、「閣議決定」と略称）によって集団的自衛権の行使容認を中心とする「切れ目のない安全保障法制の整備」を行うことを明らかにしたが、これを踏まえて、与党の自民・公明の両党は2015年2月から法整備のための具体的な方針について協議を重ねて、同年3月20日に「安全保障法制整備の具体的な方向性について」（以下、「具体的方向性」と略称）という合意文書を作成した。

　政府は、この「具体的方向性」を踏まえて、具体的な法案の作成作業に取りかかり、4月中旬に再開された与党協議の場で法律案の骨子を提示するとともに、4月下旬には主要な法案の条文案も提示してきた。そして、4月24日の与党協議では、これらの条文案が大筋において了承された。政府は、5月14日の閣議決定でそれら法案を確定し、翌15日には国会に提出した。それによれば、「切れ目のない安全保障法制の整備」ということで国会に提案されることになったのは、新法が「国際平和支援法」の1本で、あとは、従来の法律の一部改正を一つの法律（「平和安全法制整備法」）によって一括改正するというのである。しかも、一括改正される法律の中には、自衛隊法、PKO協力法（国際平和協力法）、周辺事態法、船舶検査活動法、武力攻撃事態法、米軍行動関連措置法、特定公共施設利用法、海上輸送規制法、捕虜取扱い法、及び国家安全保障会議設置法の10本の法律が含まれているのである。じつに多数の重要な法律の改定を一挙にしようというのである。国会軽視も甚だしいというべきであろう。

しかも、「具体的方向性」やこれら法律の制定・改定の主要な条文案などを見て驚くことは、「閣議決定」に対して出された多くの批判がなんら真摯に受け止められていないだけではなく、「閣議決定」よりもさらに大幅に武力行使を可能とするものとなっていることである。それは、政府の判断で海外における武力行使が地理的な限定もなく、また援助対象国も米国に限定されることなく可能となっているのである。憲法の立憲主義と平和主義の観点からすれば、まことに由々しい事態といわなければならない。

　さらに、このような動向と合わせて見過ごせないのは、4月27日に日米両国のいわゆる2プラス2の会談で「日米防衛協力のための指針（ガイドライン）」の改定が取り決められたことである。[3]これは、1997年のガイドラインの抜本的な改定であり、「安全保障」法制の「整備」と不可分に関わっているものである。両者がいかに不可分に関連しているかは、新しいガイドラインでは、日本の集団的自衛権の行使が「閣議決定」とほぼ同様の文言で書かれていることによっても示される。このガイドラインによって、日本は、アメリカに対して集団的自衛権の行使を伴った形で軍事協力をすることを約束したのである。これまた、憲法の立憲主義と平和主義の観点からすれば、由々しい事態といわなければならない。

　そこで、以下には、このような最近の動向について、すなわち、「具体的方向性」とそれを踏まえて策定されている「安全保障」法制の主要な法律の条文案の問題点について、さらには日米ガイドラインの問題点について簡単に検討することにする。ちなみに、「具体的方向性」は、本文と「別紙」からなり、本文では与党協議の経過などを述べ、「別紙」では、1　全般、2　武力攻撃に至らない侵害への対処、3　我が国の平和と安全に資する活動を行う他国軍隊に対する支援活動、4　国際社会の平和と安全への一層の貢献、5　憲法第九条の下で許容される自衛の措置、6　その他関連する法改正事項、の諸項目を取り扱っている。そして、まず「1　全般」では、自衛隊の海外における活動への参加はつぎの三方針に基づく旨を謳っている。①自衛隊が参加し、実施する活動が国際法上の正当性を有すること、②国民の理解が得られるよう、国会の関与等の民主的統制が適切に確保されること、③参加する自衛隊員の安全の確保のための必要な措置を定めること。以上の諸項目の中で、集団的自衛権

の行使を直接扱っている項目は、「5　憲法第九条の下で許容される自衛の措置」なので、まずは、この問題から簡単に検討することにしよう。

2　集団的自衛権の行使容認のための自衛隊法、武力攻撃事態法の改定

「具体的方向性」は、「5　憲法第九条の下で許容される自衛の措置」において、集団的自衛権行使の問題について要旨つぎのように述べている。「①『新三要件』によって新たに『武力の行為』が可能となる新事態については、既存の武力攻撃事態等との関係を整理した上で、その名称及び定義を現行の事態対処法に明記すること。②上記の整理を踏まえ、新事態に対応する自衛隊の行動及びその際の武力行為については、必要な改正を盛り込んだ上で、現行の自衛隊法第76条（防衛出動）および第88条（防衛出動時の武力行使）によるものとすること。③新事態に対応するために自衛隊に防衛出動を命ずるに際しては、現行自衛隊法の規定と同様、原則国会の事前承認を要すること」。このような「具体的方向性」に基づいて、政府は、武力攻撃事態法や自衛隊法などの大幅な改定を提案している。

1　改定法案の内容

まず、武力攻撃事態法に関しては、この法律の名称そのものが変更されている。従来の正式名称は、「武力攻撃事態等における我が国の平和と独立並びに国及び国民の安全の確保に関する法律」という名称であったが、それを「武力攻撃事態等及び存立危機事態における我が国の平和と独立並びに国及び国民の安全の確保に関する法律」（略称、「事態対処法」）（傍点・引用者）へと変更されている。

改定法案によれば、「我が国と密接な関係にある他国への武力攻撃が発生し、これにより我が国の存立が脅かされ、国民の生命、自由及び幸福追求の権利が根底から覆される明白な危険がある事態」を「存立危機事態」と名付けて（2条4号）、このような事態においても、政府が、事態対処のための態勢を整備して、もって我が国の平和と独立並びに国及び国民の安全の確保に資することがこの法律の目的とされているのである（1条）。

また、自衛隊法に関しては、自衛隊の主たる任務の変更が提案されている。これは、自衛隊法が1954年に制定されて以来の大改定である。自衛隊法3条は、自衛隊の任務を定めている規定であるが、従来は、同条1項は、「自衛隊は、我が国の平和と独立を守り、国の安全を保つため、直接侵略及び間接侵略に対しわが国を防衛することを主たる任務とし、必要に応じ、公共の秩序の維持に当たるものとする」（傍点・引用者）と規定していたが、「直接侵略及び間接侵略に対し」を削除して、「自衛隊は、我が国の平和と独立を守り、国の安全を保つため、我が国を防衛することを主たる任務とし、必要に応じ、公共の秩序の維持に当たるものとする」という条文に変更されるのである。

　一見したところ、大した改定ではないようにみえるが、しかし、この意味するところは、直接侵略や間接侵略に該当しない場合においても、例えば、他国間の武力紛争においても、それが我が国の平和と独立に関連すれば、我が国を防衛するという名目の下に自衛隊は行動し得るということである。集団的自衛権の行使をも自衛隊の主たる任務の中に位置づけているのである。憲法違反も甚だしいといわなければならない。

　自衛隊のこのような主たる任務の変更に伴って、政府は、集団的自衛権の行使に伴う防衛出動及びそれに伴う武力行使を可能とするために、自衛隊法76条の防衛出動に関する規定を改定することをも提案している。すなわち、自衛隊法76条の改定案によれば、内閣総理大臣は、つぎのような場合にも防衛出動を命じることができるとされている。「我が国と密接な関係にある他国に対する武力攻撃が発生し、これにより我が国の存立が脅かされ、国民の生命、自由及び幸福追求の権利が根底から覆される明白な危険がある事態」（同条1項2号）。そして、同法88条1項によれば、そのような事態においても、防衛出動を命じられた自衛隊は「わが国を防衛するため、必要な武力を行使することができる」とされているのである。

　ここにおいて重大なのは、自衛隊法76条の防衛出動の命令を発動する要件の中には、集団的自衛権行使の「新三要件」の内の第二要件である「我が国の存立を全うし、国民を守るために他に適当な手段がないとき」が書かれていないということである。このことは、「閣議決定」で書かれた「新三要件」が実際の法案においては事実上抜け落ちたことを意味しているのである。たしかに、武

力攻撃事態法の改定によって、「対処基本方針」（9条2項1号ロ）には、「事態が……存立危機事態であると認定する場合にあっては、我が国の存立を全うし、国民を守るために他に適当な手段がなく、事態に対処するため武力の行使が必要であると認められる理由」を書くことが必要とされていて、新聞などでも、これによって新三要件が法案に明記されたと評価する傾向がある。しかし、これをもって十分と評価するわけにはいかないであろう。これは、あくまでも「対処基本方針」の中の一項目でしかなく、防衛出動命令の発動要件ではないからである。防衛出動命令の発動要件であれば、その要件を満たさないで防衛出動命令を出せば、それは違憲違法となるが、単に「対処基本方針」の記載事項であれば、それは政策的な判断に委ねられて、必ずしも違憲違法とはされない可能性が少なくないのである。

　あるいは、第二要件は、自衛隊法76条1項の「内閣総理大臣は、……我が国を防衛するため必要があると認める場合」にすでに含まれているとする言い方もなされるかもしれない。しかし、「必要があると認める場合」と「他に適当な手段がない場合」とではその意味は明らかに異なっているのである。他に適当な手段がある場合でも必要と認める場合はあり得るからである。

　また、「新三要件」のうちの第三要件も、今回の法案の中には明確な形では盛り込まれていない点にも留意することが必要であろう。たしかに、改定される武力攻撃事態法では、「存立危機武力攻撃を排除するに当たっては、武力の行使は、事態に応じ合理的に必要と判断される限度においてなされなければならない」（3条4項）という条文が導入されている。しかし、「合理的に必要と判断される限度」は、「必要最小限度」とは異なる概念である。「必要最小限度」ではなくても、「合理的に必要」と判断される場合は十分にあり得るのであり、後者は、前者に比較してその制約は緩やかなものとなっているのである。以上の点に照らせば、改定法案は、「閣議決定」の「新三要件」さえも法案の中にきちんと取り入れてはいないと言わざるを得ないのである。

　なお、内閣総理大臣が「存立危機事態」の認定を行い防衛出動を命じるに際しては、武力攻撃事態の場合と同様に、国会の事前承認を原則として必要とするが、緊急の必要がある場合には事後承認でもよいとされている（武力攻撃事態法9条4項）。しかし、「存立危機事態」は、日本が直接武力攻撃を受けている

序　章　「安全保障」法制の動向と問題点　5

わけではなく、また武力攻撃を受ける明白な危険があるわけでもない。そうである以上は、例外のない事前承認を規定するのが、「具体的方向性」の趣旨からしても要請されているはずである。にもかかわらず、このように「緊急の必要」を理由として事後承認を認めることは、集団的自衛権の行使に関する国会の民主的統制を著しく弱めることを意味しており、平和憲法の立場からは到底認めることはできないと思われるのである。

2　「存立危機事態」のあいまい性と危険性

　ところで、従来の武力攻撃事態法には、「武力攻撃事態」（＝武力攻撃が発生した事態または武力攻撃が発生する明白な危険が切迫していると認められるに至った事態）と「武力攻撃予測事態」（＝武力攻撃事態には至っていないが、事態が緊迫し、武力攻撃が予測されるに至った事態）が存在していたが（両者を合わせて「武力攻撃事態等」という）、これらの事態と新たに付け加えられることになった「存立危機事態」との関係は一体どのようなものなのであろうか。この点が、改定法案をみても必ずしも明瞭ではないのである。

　この点に関して、4月27日の与党協議で出された政府の見解「主要な事項に関する基本的な考え方の整理について[4]」（以下、「政府見解」と略称）は、つぎのように説明している。「武力攻撃事態等と『存立危機事態』とは、それぞれ異なる観点から状況を評価するものであるから、相互に排他的ではなく、他国に武力攻撃が発生した状況について、それぞれの観点から評価した結果、いずれの事態にも同時に該当することがあり、その場合、両事態が認定される。現実の安全保障環境を踏まえれば、『存立危機事態』に該当するような状況は、同時に武力攻撃事態等にも該当することが多いと考えられる」（傍点・引用者）。しかし、このような説明は、それ自体がきわめてあいまいなものと言わざるを得ないであろう。

　政府がこのような見解を出したのは、「存立危機事態」が日本の防衛とは無関係ではないかといった批判を避けるためであろうが、しかし、もし「存立危機事態」が武力攻撃事態等と完全に重なるようであれば、わざわざ「存立危機事態」という新たな概念を導入する必要はないはずである。しかし、「存立危機事態」は武力攻撃事態等にも該当する場合が多いということは、該当しない

場合もあるということを認めているのであろう。問題は、両者が重ならないとすれば、どのような場合に重ならないのかであり、その点を明確にすることが要請されているはずである。その点を明確にしようとしない「政府見解」は、むしろ「存立危機事態」なるものが、いかにあいまいで危ういものであるかを示しているようにみえるのである。

　また、この点とも関連して、「存立危機事態」における「国民保護法」の適用の是非の問題がある。この点に関して「政府見解」は、「国民保護法については、『存立危機事態』の認定を新たに要件として定める必要はなく、武力攻撃事態等と認定した場合に適用する現行法の規定で十分に対応できる」としている。政府が、一括して提案を考えている10本の改定法案の中には、「国民保護法」が含まれていない所以であるが、しかし、この点に関しても疑問は残る。「存立危機事態」が武力攻撃事態等とは異なった事態であり、しかも、それが国民の生命、自由などが根底から覆される明白な危険がある場合であるとすれば、どうして武力攻撃事態等において「国民の生命、身体及び財産を保護」することを目的とするはずの「国民保護法」が「存立危機事態」においても適用されるようにする立法改定が提案されないのか、その理由は上記の説明では不確かと言わざるを得ないのである。その理由として推測されるのは、「存立危機事態」は国民の生命、身体などには直接的な侵害が及ぶような切迫した事態ではないので、「存立危機事態」において「国民保護法」を適用する必要はないと政府が考えているからなのか、それとも、「存立危機事態」にも「国民保護法」を適用することにすれば、「存立危機事態」においても日本は他国から武力攻撃（反撃）を直接受けてしまう危険性があることを認めることになり、それはまずいと判断したからなのか、そのいずれかであろう。しかし、いずれにせよ、その点を明確にしない法改定は、それ自体が「存立危機事態」の曖昧性と危険性を示していて認めがたいといえるのである。

　なお、具体的に「存立危機事態」としていかなる事態が想定されているかについて、例えば自民党の「安全保障法制整備の具体的な方向性について」に関する「Ｑ＆Ａ」では、ホルムズ海峡における機雷敷設が「存立危機事態」に該当して集団的自衛権の行使が可能な事例の一つとして説明されているが、しかし、公明党が従来それに反対してきたことは周知の通りである。このようにホ

ルムズ海峡における機雷敷設までも「存立危機事態」になるとすれば、他の同種の経済的な困難事態（食料など）でも容易に「存立危機事態」とされ得ることになるであろう。また、ホルムズ海峡の事態までもが「存立危機事態」と見なされることになれば、「存立危機事態」には地理的な限定もないことになる。

しかも、上述した「存立危機事態」の定義でも明らかなように、集団的自衛権の行使をする援助国はアメリカとは限定されていない。「我が国と密接な関係にある他国」であればよいのであって、その判断は政府の政治的裁量に委ねられるのである。この点でも、日米安保条約の枠組みをも超えた集団的自衛権の行使が可能とされているのである。「閣議決定」では集団的自衛権の行使は限定的であり、またその時の安倍首相や山口代表の説明では「専守防衛」の立場は守るとされていたが、改定法案をみれば、「専守防衛」がどこかに吹き飛んでいるといってよいのである。憲法の平和主義と立憲主義に照らして到底容認することはできない改定法案というべきであろう。[5]

3 米軍等の武器等防護のための自衛隊法の改定

「具体的方向性」は、「2 武力攻撃に至らない侵害への対処」の項目でつぎのように述べている。「現行自衛隊法第95条の趣旨を踏まえつつ、以下の法整備を検討する。わが国の防衛に資する活動に現に従事する米軍の武器等について自衛隊の部隊による防護を可能とする。米軍以外の他国軍隊の武器等の防護についても法整備の検討の対象とするが、以下の諸点を踏まえたものに限る。①「わが国の防衛に資する活動」として認められるものであること。②わが国の防衛義務を負う米軍の武器等と同様な「わが国の防衛力を構成する重要な物的手段」に当たり得る場合であること。米軍および米軍以外の他国軍隊の武器等の防護に当たっての手続について国家安全保障会議の審議を含め内閣の関与を確保すること」。ここにおいて、重大なのは、自衛隊法95条の「武器等防護」の規定を米軍についても適用し、さらには米軍以外の他国の軍隊についても適用するとされていることである。しかも、米軍以外の他国軍隊にも適用することは「閣議決定」でも書かれていなかったことである。

1　改定法案の内容

このような「具体的方向性」を踏まえて、政府は、自衛隊法95条の2につぎのような規定を追加することを提案している。「自衛官は、アメリカ合衆国軍隊その他の外国の軍隊その他これに類する組織の部隊であって自衛隊と連携して我が国の防衛に資する活動（共同訓練を含み、現に戦闘行為が行われている現場で行われるものを除く）に現に従事しているものの武器等を職務上警護するに当たり、人又は武器等を防護するため必要であると認める相当の理由がある場合には、その事態に応じ合理的に必要と判断される限度で武器を使用することができる。ただし、刑法36条又は37条に該当する場合のほか、人に危害を加えてはならない。2　前項の警護は、合衆国軍隊等から要請があった場合であって、防衛大臣が必要と認めるときに限り、自衛官が行うものとする」。

2　集団的自衛権の行使に踏み込む危険性

しかし、このような改定案が成立したならば、自衛隊は米軍及び米軍以外の他国軍隊の武器等の防護という名目の下に実質的には集団的自衛権の行使に等しい武力行使を行い、日本はアメリカ等の他国の戦争に巻き込まれることになる公算が高くなるであろう。しかも、このような重大な意味をもつ行為であるにもかかわらず、その決定は防衛大臣だけの判断で、しかも現場の自衛官が行うというのである。憲法9条に照らしても、また文民統制の原則に照らしても到底認めることはできない改定案というべきであろう。

そもそも、自衛隊法95条の武器等の防護は、一体何のために認められているのか。それが憲法9条が禁止する武力行使にはならない根拠はどこにあるのか。政府の従来の説明によれば、つぎのようである。憲法9条1項が禁止する「武力の行使」とは、「国家の物的、人的組織体による国際的な武力紛争の一環として行われる戦闘行為」をいう。他方で、自衛隊法95条が規定する武器使用は、「自衛隊の武器等というわが国の防衛力を構成する重要な物的手段を破壊、奪取しようとする行為から、これらを防護するための極めて受動的かつ限定的な必要最小限の行為であり、それがわが国の領域外で行われたとしても、憲法第9条1項で禁止された『武力の行使』には当たらない」(1999年4月23日)。つまり、従来の政府の説明によれば、武器等の防護は、武器等を防護するため

のきわめて受動的、限定的な必要最小限度の武器使用なので、「武力の行使」に当たらないというのである。

しかし、自衛隊法が防護の対象としている「武器等」の中には航空機や艦船も含まれている。もはや武器の範疇には入らない装備も含まれているのである。自衛隊の航空機（例えば戦闘機など）や船舶（例えば護衛艦など）に対する攻撃が、単にこれらの装備の破壊奪取を目的とするのか、それとも武力行使の一環として行われるのかを一体どのようにして区別するのか、その区別は、戦闘機や護衛艦などに対して攻撃が加えられた場合には、ほんとんど不可能であろう。というよりはむしろそのような場合には、武力攻撃と捉えて、それに対する防護行動は、それ自体武力行使と捉える方が自然であろう。

このように自衛隊の武器等の防護についても、それは「武力の行使」と紙一重、あるいは重なる性格をもったものであるが、それが、アメリカ軍隊その他の国の軍隊に援用された場合には、もはや単なる武器等の防護で武力行使ではないと説明することはほとんど不可能であろう。しかも、米軍等のための武力行為ということなれば、それはつまりは集団的自衛権の行為ということにならざるを得ないのである。しかも、自衛隊法95条の武器等の防護の規定を米軍等他国の軍隊の武器等の防護についても適用する理由は一体どこにあるのか。「政府見解」によれば、「自衛隊と連携して『我が国の防衛に資する活動』に現に従事している合衆国軍隊等の部隊の武器等については、これらが破壊・奪取された場合には、当該活動や、事態等が拡大した場合におけるわが国を防衛するための活動の実施に支障を生ずることとなるため、我が国の防衛力を構成する重要な物的手段に相当するものと評価することができる」というのである。

しかし、ここで問題となるのは、①「わが国の防衛に資する活動」とはどういう活動を意味しているのかであり、②米軍等他国の軍隊の武器等がどうして「わが国の防衛力を構成する重要な物的手段」といえるのかということである。そして、③それら他国の軍隊の武器等の防護がどうして「受動的、限定的な必要最小限度の武器使用」といえるのかということである。

まず、①の「わが国の防衛に資する活動」は、あまりにも抽象的で漠然とした要件といわなければならないであろう。「政府見解」によれば、これには情報収集活動や警戒監視活動さらには共同訓練なども含まれるという。しかも、

地理的な限定はないのである。はるか南太平洋沖で日米豪が共同訓練をしている場合にも、アメリカやオーストラリアの軍隊のために武器等防護のための武器使用、つまりは武力行使を行うことになるのである。およそ専守防衛とはかけ離れた対応というべきであろう。

②の点も説明困難というべきであろう。他国の軍隊の武器等がどうして「わが国の防衛力を構成する重要な物的手段」たり得るのか、その説明はまったくつかないのである。他国の軍隊の武器等も自衛隊の武器等も一緒に「わが国の防衛力を構成する重要な物的手段」とすれば、もはや他国の軍隊も自国の軍隊もその区別はなくなることになるであろう。そんな理屈が通れば、もはや個別的自衛権とか集団的自衛権といった区別すらも不要になってくるであろう。こんなおかしな議論がまかり通ることは憲法9条の下であり得ないのである。

③に関していえば、そもそも武器等の防護が武力行使に該当しない理由が、上記のように「きわめて受動的かつ限定的な必要最小限度の武器使用」だからだとすれば、他国の軍隊の武器等を防護することは、そのような限定をはるかに超えていると言わざるを得ないであろう。自衛隊の武器等が攻撃を受けた場合に、それを防護するということならば、まだ受動的、限定的という言い方が当てはまる余地があるとしても、アメリカなど他国の軍隊のためにわざわざ武器使用することがどうして受動的であるとか、限定的であるということがいえるのであろうか。そのようにはいえない以上は、それらの武器使用は端的に武力行使と言わざるを得ず、しかも他国の軍隊のための武力行使である以上は、違憲な集団的自衛権の行使と言わざるを得ないであろう。

なお、「閣議決定」では武器等の防護のための武器使用はアメリカ軍隊についてのみ可能とされていたが、「具体的方向性」では、米軍以外の他国の軍隊についても適用されることになり、しかも、その他国についての限定もなされていないことは、重大な問題というべきであろう。アメリカに関してはまだしも日米安保条約があるが、それ以外の国の軍隊については、まったく条約上の根拠はないのである。そのような条約上の根拠なしに、集団的自衛権の行使に踏み込むことになることは、憲法9条はもちろんのこと、憲法41条や73条3号などに照らしても到底認められないというべきであろう。

4 「周辺事態法」から「重要影響事態法」へ

「具体的方向性」は、「3 わが国の平和と安全に資する活動を行う他国軍隊に対する支援活動」において、つぎのように述べている。「安全保障環境の変化や日米安保条約を基盤とする米国との防衛協力の進展を踏まえつつ、わが国の平和と安全に重要な影響を与える事態において、日米安保条約の効果的な運用に寄与し、当該事態に対応して活動を行う米軍及びその米軍以外の他国軍隊に対する支援を実施すること等、改正の趣旨を明確にするため目的規定を見直すほか、これまでの関連規定を参考にしつつ、対応措置の内容について必要な改正を検討する」。

1 改定法案の内容

これを踏まえて、政府は、従来の周辺事態法の大幅な改定を提案している。まず、法律の名称が、「周辺事態に際して我が国の平和及び安全を確保するための措置に関する法律」(周辺事態法)(傍点・引用者)から「重要影響事態に際して我が国の平和及び安全を確保するための措置に関する法律」(重要影響事態法)(傍点・引用者)へと変更される。そして、法律の目的を規定した1条は、つぎのように変えられる。「この法律は、そのまま放置すれば我が国に対する直接の武力攻撃に至るおそれのある事態等我が国の平和及び安全に重要な影響を与える事態(以下、「重要影響事態」という。)に際し、合衆国軍隊等に対する後方支援活動等を行うことにより、日米安保条約の効果的な運用に寄与することを中核とする重要影響事態に対処する外国との連携を強化し、我が国の平和及び安全の確保に資することを目的とする」(傍点・引用者)。

ここにおいて、「合衆国軍隊等」と書かれている意味は、3条1項1号の定義によれば、「重要影響事態に対処し、日米安保条約の目的の達成に寄与する活動を行う合衆国の軍隊及びその他の国連憲章の目的の達成に寄与する活動を行う外国の軍隊その他これに類する組織をいう」とされる。また、「後方支援活動」とは、「合衆国軍隊等に対する物品及び役務の提供、便宜の供与その他の支援措置であって、我が国が実施するものをいう」とされる(3条1項2号)。

「周辺事態」という概念がなくなったこととも関連して、新法では、「後方地域支援」とか「後方地域捜索救助活動」といった言葉はなくなり、「後方支援活動」とか「捜索救助活動」とされているのである。

なお、従来の「周辺事態に際して実施する船舶検査活動に関する法律」（船舶検査活動法）も、その名称は、「重要影響事態等に際して実施する船舶検査活動に関する法律」へと変更されて、船舶検査活動は「重要影響事態」においても行うことが可能とされる。

2　改定法案の問題点

以上のような改定法案に関して、まず指摘できるのは、この改定法案によって、自衛隊は、地域的な限定なしに世界中のどこでも、また、アメリカ軍隊に限定されることなしに、アメリカ以外の他国の軍隊のための後方支援活動などを行うことも可能となるということである。周辺事態法の単なる改定というよりはむしろ新法の制定といってもよいであろう。従来の周辺事態法では、周辺事態は建前としては地理的な概念ではないとされていたが、しかし、事実上は地理的な限定を含めて用いられていたが、周辺事態という概念がなくなったことにより、地理的な限定は完全になくなったのである。

この点に関して「政府見解」は、周辺事態も「重要影響事態」も、もともと地理的な概念ではないので「その本質に変更はない」としているが、しかし、周辺事態法の下では、政府は、「周辺事態が生起する地域にはおのずと限界があり、例えば中東やインド洋で生起することは現実の問題として想定されない」（1999年4月28日、小渕首相答弁）としていた。ところが、「政府見解」によれば、「重要影響事態法」では「これらの地域でもあらかじめ排除はできない」とされているのである。にもかかわらず、「その本質に変更はない」と言い切るその感覚は、到底常人の納得できるものではないと思われる。

しかも、「重要影響事態法」では、「重要影響事態」に際して米軍に対する後方支援のみならず、米軍以外の軍隊に対する後方支援も大幅に可能となるのである。たしかに、この法律案では、「日米安保条約の効果的な運用に寄与することを中核とする重要影響事態に対処する外国との連携」という文言が書かれているが、しかし、これによってアメリカ軍隊以外の軍隊への後方支援に対す

序章　「安全保障」法制の動向と問題点　13

る歯止めがかけられたことにはほとんどならないであろう。「中核とする」という表現自体がいかようにも解釈可能だからである。ちなみに、この点に関して「政府見解」は、「米軍以外の外国の軍隊等への支援については、米軍が活動していることまでを要件としていないが、重要影響事態が生起している状況において、同盟国として我が国の安全保障に関する関心と利害を共有している米国がなんらの対処も行わないことは、一般には想定しがたい」と述べているが、その趣旨は、きわめて曖昧模糊としたものである。「一般には想定しがたい」ということは、まったく想定できないというのかといえば、必ずしもそうではないであろう。米軍の関与なしに、むしろ米軍に肩代わりして自衛隊が、例えば南シナ海などで外国軍隊への後方支援活動を行う事態が想定され得るのである。

　このような後方支援を行うについては、「具体的方向性」では、「他国の『武力の行使』との一体化を防ぐための枠組みを設定すること」とされているが、この法案では、その点に関し、「重要影響事態への対応の基本原則」（2条3項）でつぎのように書かれている。「後方支援活動及び捜索救助活動は、現に戦闘行為（国際的な武力紛争の一環として行われる人と殺傷し又は物を破壊する行為）が行われている現場では実施しないものとする。ただし、第7条第6項の規定により行われる捜索救助活動については、この限りではない」。「武力の行使との一体化」に関する「閣議決定」を踏まえたものであるが、しかし、これによれば、戦闘現場でない限りは「戦闘地域」での後方支援活動も認められているのである。相手国からすれば、戦闘行為に参加していると見なされても、致し方ないであろう。周辺事態法では、まだしも「後方地域」については、「我が国領域並びに現に戦闘行為が行われておらず、かつ、そこで実施される活動の期間を通じて戦闘行為が行われることがないと認められる我が国周辺の公海及びその上空の範囲」（3条1項3号）という限定が付されていたが、このような限定はなくなったのである。

　しかも、後方支援の中味も、周辺事態法では、別表第一の「備考」で「物品の提供には、武器（弾薬の提供を含む）の提供を含まないものとする」とされていたが、「重要影響事態法」では、これが「物品の提供には、武器を含まないものとする」と変更されて、弾薬の提供は可能とされるのである。弾薬の提供は、

文字通り戦闘行為への加担行為である。これで、アメリカその他の国の戦闘行為、つまりは武力の行使と一体化しないという方がむしろおかしいというべきであろう。

5 「戦争支援恒久法」としての「国際平和支援法」の制定

1 特措法から「恒久法(一般法)」へ

「具体的方向性」は、「4 国際社会の平和と安全への一層の貢献」の項目で、「(1) 国際社会の平和と安全のために活動する他国軍隊に対する支援活動」として、そのような活動を自衛隊が実施できるようにするための新法の制定の検討を明らかにしたが、その後の与党協議で、政府はその新法の名称を「国際平和共同対処事態に際して我が国が実施する諸外国の軍隊等に対する協力支援活動等に関する法律」(略称、「国際平和支援法」)と名付けることを明らかにした。従来は、テロ対策特措法やイラク特措法など、個別の紛争事態に応じて特措法で対応してきたのをこのような恒久法(一般法)を作って対応することにしたのである。公明党は、従来は、個別的な事態によって支援の中味も異なり得るので、特措法で対応すればよいという意見であったが、結局は特措法では緊急の事態に迅速に対応できないとする政府自民党に押し切られて、恒久法(一般法)の制定を了承したのである。

「具体的方向性」は、恒久法(一般法)を制定するについては、以下の四つの要件を前提とするとしている。「①他国の『武力の行使』との一体化を防ぐための枠組みを設定すること、②国連決議に基づくものであることまたは関連する国連決議があること、③国会の関与については、対応措置の実施につき国会の事前承認を基本とすること、④対応措置を実施する隊員の安全の確保のための必要な措置を定めること」(傍点・引用者)。その後の与党協議で政府から出されてきた「国際平和支援法」の主要な条文案などをみれば、これらの要件が一応条文化されているようにみえるが、しかし、これらが自衛隊の海外派兵に対する歯止めとしての役割を十分に果たすわけではないことはすぐ後に述べる通りである。

ところで、この新しい法案は第1条で、その目的をつぎのように規定してい

る。「この法律は、国際社会の平和及び安全を脅かす事態であって、その脅威を除去するために国際社会が国連憲章の目的に従い共同して対処する活動を行い、かつ、我が国が国際社会の一員としてこれに主体的かつ積極的に寄与する必要があるもの（以下「国際平和共同対処事態」という）に際し、当該活動を行う諸外国の軍隊等に対する協力支援活動等を行うことにより、国際社会の平和及び安全の確保に資することを目的とする」。

　そして、このような目的を踏まえて、新法案は、第2条で「基本原則」を定め、まず政府は、「国際平和共同対処事態」においてはこの法律が定める協力支援活動などを適切かつ迅速に行うことにより国際社会の平和及び安全に資することを謳うとともに（1項）、「対応措置の実施は、武力による威嚇又は武力の行使に当たるものであってはならない」（2項）とし、さらに、「協力支援活動及び捜索救助活動は、現に戦闘行為が行われている現場では実施しないものとする。ただし、捜索救助活動については、この限りではない」（3項）としている。

　また、このような協力支援活動を行うに際しての国会の関与については、新法案は、「内閣総理大臣は、対応措置の実施前に、当該対応措置を実施することにつき、基本計画を添えて国会の承認を得なければならない」（6条1項）として、国会の事前承認を必要とするような規定となっている。

2　「戦争支援法」としての性格

　この法案に関しては、そもそも、その名称を「国際平和支援法」とすること自体が、法案の実態を隠蔽する役割をもつものであって、欺瞞的といってよいと思われる。すぐ後に検討する「国際平和協力法」とも紛らわしい名称で、一般の国民には容易には区別がつかないものとなっている。社民党の福島瑞穂議員が国会でこの法案を含む「安保法制」を「戦争法案」といったことに対して、自民党議員の側からそのような発言を撤回すべきだとの要請が出されてきたが（後でその要請は取り下げられたが）、そのこと自体が国会議員の国会での発言の自由を奪おうとするもので到底容認できないものであるとともに、法案の実態を隠蔽しようとするものといえるのである。この法律案は、まさに「戦争支援法」あるいは「戦争参加法」とでも呼ぶのがふさわしいものなのである。

ところで、この法案は、上述したように「国際平和共同対処事態」を想定して、そのような事態に際し、「当該活動を行う諸外国の軍隊等に対する協力支援活動等を行うことにより、国際社会の平和と安全の確保に資する」ことをその目的に掲げているが、ここでいう「諸外国の軍隊等」の意味については、法案3条1項1号は、つぎのように定めている。「国際社会の平和及び安全を脅かす事態に関し、次のいずれかの国連総会又は安保理事会の決議が存在する場合において、当該事態に対処するための活動を行う外国の軍隊その他これに類する組織をいう。イ　当該外国が当該活動を行うことを決定し、要請し、勧告し、又は認める決議、ロ　イに掲げるもののほか、当該事態が平和に対する脅威又は平和の破壊であるとの認識を示すとともに、当該事態に関連して国連加盟国の取組を求める決議」。

　これをみれば、国連総会または安保理事会の決議はきわめて漠然としたものであってもよいことがわかる。「要請し、勧告し、又は認める決議」というのは、必ずしも明示的に諸外国が当該活動を行うべしとする決議である必要はないし、また、「当該事態に関連して国連加盟国の取組を求める決議」というのも、必ずしも軍事的な取組みだけが含まれているわけではなく、また関連する決議でもよいこととされている。この法案によれば、そのような漠然とした決議があれば、それを理由として自衛隊の派遣が認められることになりかねないのである。

　この法案に基づく対処措置を政府が行うについては、国会の事後承認もあり得るかどうかが与党協議の論点の一つとされて、最終的には公明党の意見を自民党も入れて、例外なく事前承認が必要とされるようになり（6条1項）、このことが新聞などでも大きく報道されたことは周知の通りである。しかし、従来は、個別的に法律を作って自衛隊の海外派遣を認めていたことを踏まえれば、恒久法（一般法）において、自衛隊を海外に派遣する場合に例外なく国会の承認を必要とすることは当然であって、そのことがあたかも与党協議の成果であるかのように報道されること自体がおかしなことといわなければならない。しかも、最終的な与党合意では、国会の議決に際しては7日以内に各議院は議決するように努めなければならないとされている（6条2項）。これは、PKO協力法の規定にならったものとされているが、しかし、特定秘密保護法が制定された

今日では、そのことのもつ意味は少なからず異なったものとなっているのである。国会ははたしてなにを根拠にして自衛隊の派遣の是非を判断するのか。その判断の根拠となる情報は「特定秘密」とされて国会には提出されない場合が多くなるであろう。

　また、例外なき国会の事前承認といわれるが、与党合意に基づく法案によれば、最初の国会承認後2年を超えて派遣を継続する場合の国会の承認については事後承認も認めているのである（6条3項）。決して例外なき事前承認ではないのである。

　しかも、最初の国会承認についても、かりに事前の国会承認が得られなかった場合には、例えば「重要影響事態」とか「存立危機事態」ということにして、国会の承認は事後にすることも考えられ得るのである。今回の法案にはそのような抜け道があることにも留意する必要があるであろう。

　なお、この法案の場合にも、他国の軍隊の「武力の行使との一体化」を避けねばならないとされているが、しかし、その趣旨が戦闘現場での活動を回避するというにとどまるのであって、戦闘地域でも活動は容認されている点については、「重要影響事態法」の場合と同様である。したがって、そのような場所での活動によって、隊員の生命が危険にさらされることは避けがたいと思われる。この点について、「国際平和支援法」では、単に「防衛大臣は、対応措置の実施に当たっては、その円滑かつ効果的な推進に努めるとともに、自衛隊の部隊等の安全の確保に配慮しなければならない」（9条）と書くだけである。具体的な配慮措置はなんら講じられていないのである。自衛隊員の生命が危険にさらされても致し方ないということなのであろう。

　この新法案における協力支援活動の中味としては、「重要影響事態法」の場合とほぼ同様のものが想定されており、したがって、補給、輸送、修理及び整備、医療、通信などが含まれるし、弾薬の提供も排除されていない。かくして、戦闘行為への文字通りの加担行為がなされることになるのである。

6　PKO協力法の改定による実施活動と武器使用権限の拡大

　「具体的方向性」は、「4　国際社会の平和と安全への一層の貢献」の中で

「(2)国際的な平和協力活動の実施」として、PKO協力などについてつぎのように書いている。

「国連平和維持活動（PKO）において実施できる業務の拡大及び業務の実施に必要な武器使用権限の見直しを行う。国連が統括しない人道復興支援活動や安全確保活動等の国際的な平和協力活動の実施については、以下の要件を前提として法整備を検討する。①従来のPKO参加五原則と同様の厳格な参加原則によること、②国連決議に基づくものであることまたは関連する国連決議等があること、③国会の関与については、その実施につき国会の事前承認を基本とすること、④参加する隊員の安全の確保のための必要な措置を定めること」（傍点・引用者）。このような提案を踏まえて、政府は、PKO協力法（「国際平和協力法」）をつぎのように改定することを提案しているが、「国連が統括しない安全確保活動等」が加わったことにより、PKO協力法は、大きく変質することになる。政府が法案の略称を「国際平和協力法」としているのも、そのような変質を示している。

1 治安維持活動と駆けつけ警護

まず、政府法案は、PKOを含む「国際平和協力業務」に関して、新たにつぎの活動などを加えることを提案している（3条5号）。「ト　防護を必要とする住民、被災民その他の者の生命、身体及び財産に対する危害の防止及び抑止その他特定の区域の保安のための監視、駐留、巡回、検問及び警護」、「ラ　国連平和維持活動、国際連携平和安全活動若しくは人道的な国際救援活動に従事する者又はこれらの活動を支援する者の生命又は身体に対する不測の侵害又は危難が生じ、又は生ずるおそれがある場合に、緊急の要請に対応して行う当該活動関係者の生命及び身体の保護」。トは、治安維持活動であり、また、ラは、いわゆる駆けつけ警護である。

そして、これらの活動を行うに際して武器使用が必要になった場合には、つぎのように武器使用が可能である旨を提案している（26条）。「3条5号トに掲げるもの又はこれに類するものとして政令で定めるものに従事する自衛官は、その業務を行うに際し、自己若しくは他人の生命、身体若しくは財産を防護し、又はその業務を妨害する行為を排除するためやむを得ない必要があると認

める相当の理由がある場合には、その事態に応じ合理的に必要と判断される限度で、実施計画に定める装備である武器を使用することができる。２３条５号ラに掲げるものに従事する自衛官は、その業務を行うに際し、自己又はその保護しようとする活動関係者の生命又は身体を防護するためやむを得ない必要があると認める相当の理由がある場合には、その事態に応じ合理的に必要と判断される限度で、実施計画に定める装備である武器を使用することができる」(傍点・引用者)。

　従来、武器使用は、PKO活動に従事する隊員またはその管理下に入った者の生命・身体を防護するための自然権的な権利として認められ、そうであることで、それは武力行使とは区別されるとされてきた。しかし、このように「治安維持任務」や「駆けつけ警護」においても、武器使用を認めた場合には、しかもその際に使用する武器についても、特に限定はなく「実施計画で定める装備」でもよいということになった場合には、ますますそのような武器使用を自然権的権利として正当化することは困難であろう。そうとすれば、それは、憲法で禁止された武力行使に該当することにならざるを得ないと思われる。

2　「国際連携平和安全活動」への参加

　しかも、政府は、新たに「国際連携平和安全活動」としてつぎのような活動を行うことを提案している(3条2号)。「国連総会、安保理事会若しくは経済社会理事会が行う決議、別表第一に掲げる国際機関が行う要請又は当該活動が行われる地域の属する国の要請に基づき、紛争当事者間の武力紛争の再発の防止に関する合意の遵守の確保、紛争による混乱に伴う切迫した暴力の脅威からの住民の保護、武力紛争の終了後に行われる民主的な手段による統治機構の設立及び再建の援助その他紛争に対処して国際の平和及び安全を維持することを目的として行われる活動であって、二以上の国の連携により実施されるもののうち、次に掲げるものいう。イ　武力紛争の停止及びこれを維持するとの紛争当事者間の合意があり、かつ、当該活動が行われる地域の属する国及び紛争当事者の当該活動が行われることについての同意がある場合に、いずれの紛争当事者にも偏ることなく実施される活動、ロ　武力紛争が終了して紛争当事者が当該活動が行われる地域に存在しなくなった場合において、当該活動が行われ

る地域の属する国の当該活動が行われることについての同意がある場合に実施される活動、ハ　武力紛争がいまだ発生していない場合において、当該活動が行われる地域の属する国の当該活動が行われることについての同意がある場合に、武力紛争の発生を未然に防止することを主要な目的として、特定の立場に偏ることなく実施される活動」(傍点・引用者)。

　ここにおいて、「別紙第一」の国際機関としては、①国連、②国連総会によって設立された機関または国連の専門機関、③国際連携平和安全活動にかかる実績もしくは専門的能力を有する国連憲章52条に規定する地域的機関または多国間条約により設置された機関で、欧州連合その他政令で定めるものが挙げられている。これらの中で③の機関は国連統括下にない組織といってよく、はたして「具体的方向性」で謳われていた「国際法上の正当性」が確保されているかどうかも疑問となると思われる。これによって、具体的には、例えばアフガニスタンにおけるISAF (国際治安支援部隊)やイラクにおける多国籍軍の治安維持活動などが「国際連携平和安全活動」に含まれる可能性が出てくると思われる。安倍首相は、イラク戦争などに自衛隊が参加することはないと述べているが、しかし、このような改定法案からすれば、その運用如何によっては、その種の多国籍軍への治安維持活動等を名目とする参加は排除できないことになると思われる。

　しかも、このような「国際連携平和安全活動」への参加に際しては、「具体的方向性」では、「従来のPKO参加五原則と同様の厳格な参加原則によること」とされているが、しかし、上述したように、PKOについて武器使用基準が緩和される以上は、「国際連携平和安全活動」に関しても、武器使用基準は緩和されることにならざるを得ないであろう。そうとすれば、PKO協力の際の武器使用基準に関して生じる危惧は、この「国際連携平和安全活動」に関しても指摘せざるを得ないと思われる。

　それだけではない。武器使用基準の緩和に伴って自衛隊が武力行使を行うことになれば、ISAFに参加した欧州諸国の軍隊の兵士に多数の死者が出たように、自衛隊員にも多数の死者が出る事態を想定せざるを得ないであろう。PKO法の改定案は、その点について、本部長が作成する「実施要領」で「危険を回避するための国際平和協力業務の一時休止その他の協力隊の隊員の安全を

確保するための措置に関する事項」を定めるとする（8条1項8号）とともに、「本部長は、国際平和協力業務の実施に当たっては、その円滑かつ効果的な推進に努めるとともに、協力隊の隊員の安全の確保に配慮しなければならない」（10条）という規定を設けている。しかし、このような規定だけで隊員の安全が確保される保証はきわめて少ないと思われるのである。

7　日米ガイドラインの改定の問題点

　以上に検討してきたような「安全保障」法制の「整備」の動きと不可分に関連しているのが、2015年4月27日に日米両国政府の間で合意された「日米防衛協力のための指針」（日米ガイドライン）の改定である。この改定にも、憲法の立憲平和主義の観点からすれば、以下のように見過ごすことができない重大な問題点があるように思われる。

　まず第1に、この新ガイドラインは、日本の国内での「安全保障」法制の立法化と連動しつつも、それを先取りするものであって、国会の役割を軽視し、主権者国民の意向をも軽視するものであるといってよいと思われる。「安全保障」法制の具体的な法案については、まだ閣議決定もなされておらず、国会にも提案されていないにもかかわらず、外務、防衛大臣の判断でその基本的な骨格をアメリカ側と取り決めたことは、国会のみならず、内閣の役割をも軽視したものといえよう。もっとも、新ガイドラインは、「いずれの政府にも立法上、予算上、行政上またはその他の措置をとることを義務付けるものではなく、また、指針はいずれの政府にも法的権利又は義務を生じさせるものではない」と書いている。単なる「指針」と称する所以であるが、ただ、指針は、そのすぐあとに続けて、「しかしながら、二国間協力のための実効的な態勢の構築が指針の目標であることから、日米両政府がおのおのの判断に従い、このような努力の結果をおのおのの具体的な政策及び措置に適切な形で反映することが期待される」と述べている。このガイドラインが事実上の拘束力をもつことは否定できないのである。「安全保障」法制の立法化、とりわけアメリカへの軍事協力がこのように新ガイドラインによって対米約束として先行することになったことは、「安全保障」法制の本質を象徴する意味合いをもつといってもよいで

あろう。

　第2に、この新ガイドラインは、現行の日米安保条約の枠組みを大幅に踏み超えるものであって、本来ならば日米安保条約の改定なしはできないはずのことを取り決めている。日米安保条約は、日米の共同の軍事行動は「日本国の施政の下にある領域における、いずれか一方に対する武力攻撃」が発生した場合にのみ行われることを定めているし（5条）、アメリカ軍隊の日本での駐留は「日本国の安全に寄与し、並びに極東における国際の平和及び安全の維持に寄与するため」に認められている（6条）が、この新ガイドラインは、そのような場合のみならず、広く「アジア太平洋地域及びこれを超えた地域」における日米軍事協力を謳っている。それは、冒頭個所で「日米同盟のグローバルな性格」をも謳っているのである。安倍首相は、4月29日の米国議会での演説で、この新ガイドラインを「真に歴史的な文書」と述べたが、それは、この新ガイドラインが日米安保条約の枠組みをも超えるものであることを認めたからであるといってよい。しかし、このように現行安保条約の枠組みを大幅に超えた軍事協力を約束するためには、本来、条約の改定手続が必要であるはずである（憲法73条3号）。そのような改定手続をなんら踏まえないで、このような新ガイドラインを取り決めることは、それ自体が憲法に対する重大な違反行為といえるのである。

　第3に、そのこととも関連するが、新ガイドラインは、憲法9条にも真っ向から抵触する内容をもっている。そもそも日米安保条約自体が憲法9条に抵触する内容のものであるが、かりにその点はしばらく措いたとしても、従来の政府見解に照らしても、集団的自衛権の行使は違憲とされ、また日米安保条約もそのような限定の下で1960年に改定がなされたはずである。その意味では、1997年の日米ガイドラインも「周辺事態」における日本の対米後方支援を認めた点ですでに問題をはらむものであったが、今回の新ガイドラインは、その「周辺事態」の枠をも取り払って「グローバルな平和と安全のため」の対米軍事協力を、しかも武力の行使を伴う集団的自衛権の行使をも約束するものとなっているのである。

　具体的には、新ガイドラインは、「日本以外の国に対する武力攻撃への対処行動」を定めて、そこで、「自衛隊は、日本と密接な関係にある他国に対する

武力攻撃が発生し、これにより日本の存立が脅かされ、国民の生命、自由及び幸福追求の権利が根底から覆される明白な危険がある事態に対処し、日本の存立を全うし、日本国民を守るため、、武力の行使を伴う適切な作戦を実施する」と書いている。1997年のガイドラインには見られなかった記述でる。しかも、新ガイドラインは、そのように協力して行う「作戦」の一環として、アセット（装備品など）の防護、捜索・救難、海上作戦、弾道ミサイル攻撃に対処するための作戦、後方支援を挙げている。例えば海上作戦では、「自衛隊及び米軍は、適切な場合に、海上交通の安全を確保することを目的とするものを含む機雷掃海において協力する」と書かれている。この海上作戦についても地理的な限定は付されていないので、中東湾岸地域における機雷掃海も含まれているである。

第4に、新ガイドラインは、そのようなことを定める一方で、「日本及び米国により行われる行動及び活動は、おのおのの憲法……並びに国家安全保障政策の基本的な方針に従って行われる。日本の行動及び活動は専守防衛、非核三原則等の日本の基本的な方針に従って行われる」(傍線・引用者)と書いている。驚くべき欺瞞というべきであろう。はるか中東地域における集団的自衛権の行使を認めながら、どうしてそれが「専守防衛」の枠内で行われるということがいえるのであろうか。日米間の公式の文書で、かくも明白に矛盾したことが書かれていることは、国民に対する詐術以外のなにものでもないと思われる。

第5に、新ガイドラインは、「安全保障」法制の「整備」に対応する形で、「日本の平和及び安全に対して発生する脅威への対処」を定め、そこでつぎのように述べている。「同盟は、日本の平和及び安全に重要な影響を与える事態に対処する。当該事態については、地理的に定めることはできない」。新ガイドラインは、このように書いて、そのような事態における「後方支援の強化」を謳っているのである。「安全保障」法制の「整備」の一環として周辺事態法を「重要影響事態法」へと改定しようとする動きと対応しているのである。

また、新ガイドラインは、「地域の及びグローバルな平和と安全のための協力」を定めて、「アジア太平洋地域及びこれを超えた地域の平和及び安全」のために日米両国が「パートナーと協力しつつ、主導的役割を果たす」ことを謳っている。そして、そのような活動の一環として「後方支援」を挙げて、「日米両政府は、国際的な活動に参加する場合、相互に後方支援を行うために協力す

る」としている。また、平和維持活動に関しては、「日米両政府は、適切な場合に同じ任務に従事する国連その他の要員に対する後方支援の提供及び保護において協力することができる」としている。「安全保障」法制の「整備」の一環として「国際平和支援法」や「国際平和協力法」の制定・改定を行うことと連動しているのである。さらには、「三カ国及び他国間協力」についても言及し、「日米両政府は、三カ国及び多国間の安全保障及び防衛協力を推進し及び強化する」とも書いている。「安全保障」法制の「整備」において、単に米国との軍事協力のみならず、それ以外の国との関係でも、例えば「存立危機事態」や「重要影響事態」において軍事協力ができるようにしようとしていることと対応しているのである。

　以上、日米ガイドラインの改定の問題点を簡単に述べてきた。日米ガイドラインの改定にはこのような多くの問題点があるにもかかわらず、日本政府は、これはあくまでも「指針（ガイドライン）」でしかなく、国会での承認手続を必要としないとの姿勢を変更しないであろう。そうであるとすれば、国民としては、新ガイドラインの国内法制化としての意味をもつ「安全保障」法制の「整備」に際してその問題点を明らかにし、その「整備」を阻止することによって、新ガイドラインの運用を食い止めることが必要になってくると思われる。

　そしてそのためには、そもそも、このような事態に至った経緯なり背景としてどういうことがあったのか、また集団的自衛権とは国際法上どのようなものであり、それは従来日本国憲法との関係においてどのようなものとして理解されてきたのかといった点について検討することが必要になってくる。さらには、そのこととも関連して、集団的自衛権の憲法的認知を主要な狙いの一つとすると思われる明文改憲論についても検討することが必要となってくる[6]。そこで、以下、第1章からの本論においてはそれらの問題について具体的な検討を行うことにしたい。

1)　「閣議決定」については、http://www.kantei.go.jp/jp/kakugi/2014/kakugi-2014070102.html 参照。
2)　「具体的方向性」については、https://www.jimin.jp/news/policy/127420.html 参照。
3)　新しい日米ガイドラインの全文については、http://www.mofa.go.jp/mofaj/na/st/page4_001144.html 参照。

4） 本章で引用した政府資料などは、自民・公明の与党協議において提出されたものである。これらの資料を提供して下さった関係者に御礼を申し上げたい。
5） なお、集団的自衛権に関する最近の文献としては、森英樹編『別冊法学セミナー・集団的自衛権行使容認とその先にあるもの』（日本評論社、2015年）及び水島朝穂『ライブ講義　徹底分析！集団的自衛権』（岩波書店、2015年）参照。
6） 改憲問題に関する最近の文献としては、渡辺治編著『憲法改正問題資料（上・下）』（旬報社、2015年）参照。

第1章
憲法9条と集団的自衛権

1 はじめに

　2012年12月の衆議院総選挙で、自民党は294議席を占めて圧勝して、第二次安倍内閣が誕生した。この選挙において、自民党は憲法改正を選挙公約に掲げたが、それとともに、つぎのように集団的自衛権の行使の容認論を明確に打ち出した。「日本の平和と地域の安定を守るため、集団的自衛権の行使を可能とし、『国家安全保障基本法』を制定します」。自民党は、現在の日本国憲法の下においても、「国家安全保障基本法」を制定すれば、集団的自衛権の行使は可能であるとする見解を打ち出したのである。このような見解は、従来の政府見解（長期にわたる自民党政権時代をも含めて）を根本的に変更するものであって、憲法上重大な疑義をはらむものといわなければならない。

　しかも、留意されるべきは、このような集団的自衛権行使容認論は安倍首相のかねてからの持論でもあるということである。安倍首相は、2006年に刊行した著書『美しい国へ』の中で、つぎのように述べていた。「権利（＝集団的自衛権）はあっても行使できない──それは、財産に権利はあるが自分の自由にはならない、というかつての禁治産者の規定に似ている」「日本も自然権としての集団的自衛権を有していると考えるのは当然であろう」[1]。2013年に刊行した著書『新しい国へ』の中でも、つぎのように述べている。「集団的自衛権の解釈を変更すべきだと私は考えます」「集団的自衛権の行使とは、米国に従属することではなく、対等となることです。それにより、日米同盟をより強固なものとし、結果として抑止力が強化され、自衛隊も米軍も一発の弾も撃つ必要はなくな

る。これが日本の安全保障の根幹を為すことは、言うまでもありません」。[2]

　それだけではない。新聞報道によれば、2012年の衆議院総選挙の結果、新たに当選した議員の中では、78％が集団的自衛権の行使に関する政府解釈を「見直すべき」としているとのことである（毎日新聞2012年12月18日）。驚くべき数字といわなければならない。ちなみに、同報道によれば、その内訳は、自民党議員の93％、維新の会の全員、そしてみんなの党の83％が「見直し」論に賛成している。公明党は、87％が「見直し」に反対し、民主党は、「見直し」反対が45％で、「見直すべき」が39％で、社民党、共産党は、全員「見直し」反対となっている。ちなみに、民主党についていえば、前首相の野田佳彦や元代表の前原誠司なども「見直し」論の立場をとっているのである。[3]

　このような最近の集団的自衛権行使容認論の台頭は、憲法の観点からすれば、きわめて憂慮すべき事態といわなければならないであろう。歴代政府が採用してきた集団的自衛権行使違憲論をきちんとした根拠もなく変更し、結果的には憲法の平和主義を根本的に破壊する意味合いをもつことになるからである。このような集団的自衛権行使容認論は、そもそも集団的自衛権とはいかなるものであるかについての十分な認識を踏まえているようにも思えないし、また、日本国憲法9条についてのきちんとした理解を踏まえているようにも思われない。そこで、以下には、まず、国連憲章における集団的自衛権の意味とその運用実態を検討し、ついで、日本政府の集団的自衛権をめぐる解釈の推移を概観し、そこにどのような憲法上の問題点や意義があるかを明らかにした上で、近年において集団的自衛権行使容認論を説いたいわゆる「安保法制懇」（第1次）の議論の問題点を検討することにしたい。

2　国連憲章における集団的自衛権とその運用実態

1　国連憲章51条の集団的自衛権

　(1)　**成立背景**　　国連憲章51条は、つぎのように規定している。「この憲章のいかなる規定も、国際連合加盟国に対して武力攻撃が発生した場合には、安全保障理事会が国際の平和及び安全の維持に必要な措置をとるまでの間、個別的又は集団的自衛の固有の権利 (the inherent right of individual or collective self-defense)を害するものではない。この自衛権の行使に当って加盟国がとった措置は、直ちに安全保障理事会に報告しなければならない。また、この措置は、安全保障理事会が国際の平和及び安全の維持又は回復のために必要と認める行動をいつでもとるこの憲章に基く権能及び責任に対しては、いかなる影響も及ぼすものではない」。

　集団的自衛権という言葉は、この憲章51条で初めて国際法上用いられるようになったものであるが、この規定の成立背景については、すでに多くの研究がなされていて、今日では、成立背景に関する議論はほぼ出尽くしたようにみえる。これまでの研究の成果をごく簡単に要約すれば、つぎのようになる。

　まず、国連憲章の当初の原案は、米英中ソの四カ国代表が1944年10月に策定したダンバードン・オークス提案といわれるもの(「一般的国際機構設立に関する提案」)であったが、それには集団的自衛権に関する51条の規定はなかった。個別的自衛権については、すでに不戦条約(1928年)の時点で認められていたので、特に憲章に盛り込む必要性は感じられていなかった。ところが、1945年2月のヤルタ会談で、常任理事国については拒否権を認めるということにされたので、これに米州諸国が反撥した。常任理事国の拒否権が発動された場合には、安保理事会による集団安全保障は機能しない可能性が出てきたからである。そこで、米州諸国は、1945年3月に、メキシコのチャプルテペックで米州会議を開催して、米州諸国のいずれか一国に対する攻撃はすべての米州機構加盟国に対する攻撃と見なし、軍事力の行使を含むいかなる対抗措置をもとり得るとする決議(「チャプルテペック決議」)を採択した。そして、このような決議の内容を認める条項を国連憲章でも取り入れるように提案し、それが受け入れられない場合には、国際連合には参加しない旨を表明した。「ラテンアメリカの危機」といわれている事態である。このような事態の打開にアメリカが乗り出して、チャプルテペック決議を盛り込んだつぎのような修正条項を提案した。

　「安保理事会が侵略を防止することに成功しなかった場合、そして侵略がいかなる国家によってであれ加盟国に対してなされる場合、そのような加盟国は自衛のための必要な措置をとる固有の権利を有する。武力攻撃に対して自衛の措置をとる権利は、あるグループの国家の全メンバーがその一国に対する攻撃

第1章　憲法9条と集団的自衛権　29

を全体に対する攻撃であると見なすことに同意する、チャプルテペック決議に具体化されているような了解または取極めにも適用される。そのような措置の採用は、安保理事会に直ちに報告されなければならず、また国際の平和及び安全の維持または回復のために必要と認める行動をその際にとるこの憲章の下での安保理の権能及び責任に対しては、いかなる影響も及ぼすものではない」。

しかし、このようなアメリカの提案はイギリスやソ連の反対にあった。アメリカのこの提案は、国連とは別個に地域的組織を助長することになるし、またチャプルテペック決議に特別に言及することには賛成できないといった理由によってである。そして、イギリスは、つぎのような修正案を提案した。

「この憲章のいかなる規定も、安保理事会が国際の平和及び安全を維持または回復するために必要な措置をとることができない場合には、個別的または集団的のいずれにせよ、武力攻撃に対する自衛の権利 (right of self-defense against armed attack, either individual or collective) を無効とする (invalidate) ものではない。この権利の行使にあたってとられる措置は直ちに安保理事会に報告しなければならないし、また、この措置は、安保理事会の平和及び安全の維持又は回復のために必要と認める行動をいつでもとるこの憲章に基づく権能及び責任に対していかなる影響を及ぼすものではない」。

このイギリスの提案に対して、ソ連が若干の字句の修正を提案した。冒頭の文章については、「この憲章のいかなる規定も、個別的または集団的のいずれにせよ、自衛の固有の権利 (inherent right of self-defense) を害する (impair) ものではない」とし、また、安保理事会によって「必要な措置がとられるまでの間 (up to the time) 自衛の措置をとる権利を有する」としたのである。これに対して、米州諸国は、なお難色を示したが、アメリカが、チャプルテペック決議の有効性を保障することで妥協して、最終的には、憲章51条にほぼ近い以下のような規定が採択されることになった。

「この憲章のいかなる規定も、加盟国に対して武力攻撃が発生した場合には、安全保障理事会が国際の平和及び安全の維持に必要な措置をとるまでの間 (until)、個別的又は集団的自衛の固有の権利 (the inherent right of individual or collective self-defense) を害するものではない。この自衛権の行使にあたってとられた措置は、直ちに安全保障理事会に報告しなければならず、また、この措

置は、安全保障理事会が国際の平和及び安全の維持又は回復のために必要と認める行動をいつでもとるこの憲章に基づく権能と責任に対しては、いかなる影響を及ぼすものではない」。

　以上、ごく要点的に憲章51条の成立過程を述べてきたが、集団的自衛権については、すでに国連憲章以前においても、国際連盟時代において、相互援助条約案やロカルノ条約などの「先駆」的事例があるとする指摘もなされている。しかし、これら条約などにおいては、「集団的自衛権」という言葉は用いられていなかった。軍事同盟の事例はその他にも存在していたが、「集団的自衛権」という言葉が用いられるようになったのは、やはり国連憲章が初めてであることは、確認しておいてよいであろう。

　(2)　**集団的自衛権の法的性質**　　国連憲章51条で認められることになった集団的自衛権については、その法的な性質に関して、憲章ができて以来、種々の議論がなされてきた。これらの議論は、従来の学説の整理に従えば、おおよそつぎの三つほどに分けられている。すなわち、①個別的自衛権の共同行使とする見解、②他国に関わる自国の死活的利益を防衛する権利とする見解、③他国の防衛を支援する権利とする見解である。以下、それぞれの見解について簡単にみてみることにする。

　まず第1は、集団的自衛権を、個別的自衛権の共同行使とする見解である。この説をとるボウエットは、つぎのようにいう。「国家Aが、国家BとCの法的に保護された利益を侵害したとする。ここにおいて、Aは、BとCとの関係で確立された義務を侵害することになり、双方 (BとC) は、個別的自衛権を行使することができるし……、あるいはまた、それらを共同して (in concert) 行使することができる。これが、『集団的自衛権』と適切に呼ばれている場合である」。大平善悟も、つぎのように述べてこの説をとっている。「国家の生存に迫る危機が共通し、その危険が関係国に逼迫しているときに、集団的自衛が発生する。この場合には各国の有する個別的な自衛権の同時進行だと考えられる」「現在の国際社会における危険の性質、とくにその増大性と緊迫性を考察した場合には、危険の方面から見て、個別的自衛権の集団的行使と観念することが、きわめて自然だと考えられる」「ただ、武力攻撃が自国になく、他国に武力攻撃があった場合には、そのために自国の方も緊迫した直接の危険を感じ

第1章　憲法9条と集団的自衛権　　31

るときに限って、集団的自衛権が発動しうる」。

　つぎに、第2の見解は、集団的自衛権は、他国に関わる自国の死活的利益を防衛する権利とする説であるが、この説をとるローターパクトは、憲章51条が個別的自衛権とともに集団的自衛権を認めたことについてつぎのようにいう。「このことは、国連加盟国が、自国自身が武力攻撃の対象となった場合のみならず、そのような攻撃が、その安全と独立が……自国の安全と独立にとって死活的(vital)とみなされるような他の国あるいは国々に対してなされた場合にも、自衛のための行動をとることが許されることを意味している」。また、ほぼこれに同視し得る見解として、田畑茂二郎はつぎのようにいう。「集団的自衛権という特殊な自衛権の観念は、国家間の特殊な連帯関係を前提として認められるものであって、一国に対する攻撃が当然他の国に対する攻撃を意味するような特殊の連帯関係があることを予定するものといわなければならない。……単純な他国防衛のための権利とのみみるのは適当でないであろう」。また、高野雄一も集団的自衛権についてつぎのようにいう。「これは『固有』の文字にかかわらず、国連憲章でとくに認められた概念である。ある国が武力攻撃を受けた国または地域(条約区域)と密接な関係にあって、そのために、右の武力攻撃が自国に対する急迫した危険と認められる場合、攻撃を加えた国に反撃しうる権利である」。

　さらに、第3の見解は、集団的自衛権の法的性質を他国を防衛する権利と捉えるものであるが、この見解をとるケルゼンは、つぎのようにいう。「もし『集団的自衛』という言葉が、なんらかの意味をもつとすれば、それは、攻撃を受けた国家自身によって行使される防衛を意味するだけでなく、その援助にやってきた他国による防衛を意味することになる。後者の国家との関連では、『自』衛('self'-defense)という言葉は、憲章51条の文言としては……誤りである。集団的『自』衛(collective'self'-defense)によって意味されているのは、武力攻撃に対する集団的『防衛』(collective'defense')なのである」。また、ブラウンリーは、つぎのように述べて、実質的にはこの立場を支持している。「不法な武力行使の対象となった第三国を救助する慣習上の権利あるいはより正確には権能がある。この権利を制裁と呼ぶか、集団的防衛と呼ぶか、それとも、集団的自衛権と呼ぶかは、……重要ではない」。さらに、横田喜三郎もつぎのようにいう。

「自衛」を英語ではself-defenseというが、フランス語ではlégitime défense、つまりは正当防衛のことをいい、刑法上、正当防衛によって防衛されるのは、自己の権利に限定されず、他者の権利の防衛も含まれる。「それと同様に、国際法上でも、単に自国に対する攻撃ばかりでなく、他国に対する攻撃がある場合に、その他国の国際法上の権利、たとえば、領土保全または独立を防衛することは、正当防衛であるということができる。……他国が攻撃された場合に、その攻撃を排除し、他国の権利を防衛するために、他国を援助することは、正当な防衛として、適法であるということになる。こうして、自衛は正当防衛と同じ意味であり、正当防衛のことにほかならないことがあきらかになれば、いわゆる集団的自衛は、実は集団的正当防衛にほかならないのであって、国際法上で正当であり、適法であるということになる[15]」。

集団的自衛権の法的性質をめぐる以上のような見解については、それぞれについて問題点が指摘されうるであろう。例えば、①説に対しては、あえて集団的自衛権という観念を独自に認める理由が薄弱とする批判がなされてきたし、また、自国が武力攻撃を現実に受けていないのに、受けたと見なして個別的自衛権を行使できるのかという根本的疑問もある。しかも、この説をとった場合には、集団的自衛権も個別的自衛権の集団的共同行使なのだから、日本国憲法もそのような集団的自衛権の行使を認めているという議論につながりかねない。ちなみに、①説をとる大平は、つぎのようにいっている。「集団的自衛の本質を個別的自衛権の同時行使だと概念すれば、国連憲章上も、また日本国憲法上もともに疑義なく承認されることになる。自衛の意思と能力のある加盟国が共同して共通の危険に対処する法構造が集団的自衛権である。間接の攻撃であっても、自国に対する直接の攻撃と同じく、直接に危険が感じられる場合には、その危険は現実に逼迫したものと認められ、自衛権の発動要件の"危険"ありと認定してくれる[16]」。このように拡大解釈されかねない①説を採用することは、国連憲章上も、また日本国憲法との関連でもできないというべきであろう。

また、②説に関しては、これがほぼ学説上は多数説であり、また後述するように日本政府も1970年代以降はほぼこれに近い見解を採用しているが、ただ、この見解の場合、他国に関わる自国の死活的利益（vital interest）とは一体どの

ようなものを指しているのかが必ずしも明確ではないし、また自国と「密接な関係」にあるというのも、どういう場合にそのような関係があるといえるのかも必ずしも明瞭ではないと言い得る。この説もまた拡大解釈の可能性を内包しているといってよいと思われる。

さらに、③の見解については、個人のレベルの正当防衛論を国家のレベルにそのまま援用してよいのかという疑問があるし、しかも他国を防衛する権利を広く認めた場合には、国連憲章が集団安全保障を基本としていて、集団的自衛権の行使は、あくまでも、例外的、限定的なものとしていることとの整合性も問題となってくる。

このように集団的自衛権の性質に関しては、いずれの見解にも問題点が存しているが、それらが現実に行使されてきた実態を客観的に認識した場合には、それは、まさに③の「他国を防衛する権利」として援用されてきたことは認めざるを得ないように思われる。最上敏樹もいうように、「自らが攻撃されていないのに、あるいは攻撃される蓋然性がきわめて低いのに攻撃主体たる他国に反撃するということは、いわば『他国を防衛する権利』を有するというのに等しい」[17]からである。それを、自国に対する武力攻撃が迫っているとか、あるいは自国と密接な関係があるというようにして、武力行使を正当化することは、自衛権観念の拡張的な使用、あるいは集団的自衛権の実態を覆い隠す役割を果たしているように思われるのである。集団的自衛権はまさにそのように「他国の防衛」の権利であることを冷静に認識した上で、そうであるからこそ、その容認については、抑制的、限定的でなければならないということになってくるように思われる。

ちなみに、国際司法裁判所は、後述するニカラグア事件判決（1986年）で、基本的には、この③の見解を採用した上で、被攻撃国が武力攻撃がなされたことを宣言し、かつ第三国に対して支援の要請がなされることという二つの要件を付すとともに、集団的自衛権の行使は、「重大な形態における武力行使」（＝武力攻撃）がある場合に限られ、「より重大でない形態の武力行使」については、集団的自衛権の行使はできず、「均衡の取れた対抗措置」がとれるにすぎないとした[18]。これも集団的自衛権の行使に関する一つの抑制的な見解ということができるように思われる。

(3) **集団的自衛権と集団安全保障の関係**　集団的自衛権が、国連憲章全体の中でどのような位置づけをされているのか、とりわけ国連憲章が採用している集団安全保障との関係でどのように捉えられるかについても、従来からいくつかの異なった見解が出されてきた。それら見解は、ごく大ざっぱに分ければ、①異端説、②補完説、そして③折衷説とに分かれる。これらのうち、まず、①説は、集団的自衛権は、国連憲章の集団安全保障システムにとっては元来異端的なものであるとするものであり、これに対して、②説は、集団的自衛権は集団安全保障システムが機能しない場合の補完的なものとするものである。そして、③説は、集団的自衛権と集団安全保障の関係は両側面をもつとするものである。

まず、①説は、集団安全保障の発想と集団的自衛権の発想の違いを強調して、国連憲章は前者の考え方を基本的に採用したことを強調する。この説によれば、集団安全保障の考え方とは、本来、対立関係にある国家をも含めて多数の国家が互いに武力行使を慎むことを約束し、その約束をいずれかの国家が破って他国を侵略した場合には、それ以外のすべての国が共同して戦い、侵略行為をやめさせることにする安全保障の制度である。国連憲章が採用した安全保障の方式は基本的にこのようなものである。これに対して、集団的自衛権の考え方は、相互に密接な関係にある国家同士が、外部に敵を想定して、多くの場合には軍事同盟を結んで、外敵に備えて、外敵からの攻撃があった場合には、共同して対処しようとするものである。このように両者の発想は原理的に異なるものであり、集団安全保障の発想からすれば、集団的自衛権は、異端的なものとなる。例えば、最上はつぎのようにいう。「個別的自衛権のほうは、世界の現実をにらんで必要やむを得ず盛り込まれた、憲章2条4項の例外をなす規定だったと言ってよい。だが集団的自衛権のほうは、部分的には憲章2条4項の例外規定でもあるものの、軍事同盟を容認するものである点において、国連の根幹ともいうべき集団安全保障体制に背馳するものでもあったのである」[19]。

これに対して、②説をとる横田は、つぎのようにいう。「集団的保障が確立していれば、集団的自衛は必要がない。集団的保障が十分に確立していない場合に、それを補うものとして、集団的自衛が必要になる。現在では、集団的保障が十分に確立していないために、集団的自衛の必要がある。集団的保障とし

第1章　憲法9条と集団的自衛権　35

ては、現在では、国際連合がもっとも重要なものである。……しかし、安全保障理事会は、大国の拒否権のために、有力な活動をすることができない。……こうして、集団的保障の機構としては、かなり大規模の、高度のものができているにもかかわらず、実際には活用されていない。つまり、集団的保障が十分に確立していない。そこで、これを補うものとして、最近には、集団的自衛に重きが置かれ、それがしだいに発達しようとしている[20]」。

　さらに、③の折衷説をとる高野雄一は、集団的自衛権は、集団安全保障を補完する積極面とそれと矛盾対立する消極面との「功罪」があるとして、つぎのようにいう。「集団的自衛権は、集団保障体制の下においてありうべき突然の侵略、武力攻撃に対して、国家の安全を個別的に維持し、集団保障の機能を補充する役割を果たす」。他方で、「国際連合における地域的集団保障機構は、集団的自衛権と結合することによって、政治情勢のいかんによって、同盟的性格を発揮しうる法的基礎を十分にもつことになった。これは、国際連合の否認した同盟対同盟の対抗を公然と認める結果にもなる。国際連合成立後の現実政治は、不幸にして国際連合をこの方向に導いているといわざるを得ない[21]」。

　以上のような見解の相違について、私見を述べれば、①説をとることが集団安全保障の理念に照らしても、また集団的自衛権の運用実態を踏まえても、妥当なものと思われる。まず、理念的にみた場合に、集団安全保障と集団的自衛権とが理念的に異なった考え方に基づいていることは明らかであろう。集団安全保障が外部に仮想敵を想定しないで、対立関係にある国家をもその内部に含めて全体として互いに武力行使を禁止して安全を保障していこうとする考え方であるのに対して[22]、集団的自衛権の考え方は、多くの場合外部に仮想敵を想定して、その仮想敵が自国または自国と同盟関係にある国を攻撃してきた場合に共同して侵略に対処することによって安全を保障していこうとするものである。集団安全保障の考え方は、かつての軍事同盟による安全保障の考え方が破綻したことを踏まえて構想されたのであるが、集団的自衛権の考え方は、かつての軍事同盟の考え方と類似し、むしろそれを再現させようとするものといってもよいのである[23]。しかも、現実に、集団的自衛権がどのように運用されてきたかをみてみた場合には、その多くが、国際の平和を確保するという国連の理念とは離れて、大国の小国に対する軍事介入を正当化する役割を果たしてきた

ことは否定しがたいと思われる。以下には、そのことを具体的な運用実例に即してみてみることにする。

2 集団的自衛権の運用実態

　国連憲章51条で規定された集団的自衛権が第二次大戦後において援用されてきた事例は細かなものを含めるとそれなりの数に上るが[24]、以下には主要なものだけを挙げることにする。これらの事例をみただけでも、集団的自衛権の多くは大国の小国に対する軍事介入の口実に用いられ、国際の平和のためには役立ってはこなかったことが明らかになると思われる。

　(1) **アメリカのベトナム侵攻（1965年）**　これは、アメリカが1965年に集団的自衛権の行使を理由として北ベトナムを攻撃して、ベトナム戦争に全面的に介入した事例である。ベトナムにおいては、1954年にベトナムの南北統一の選挙を実施することなどを内容とするジュネーヴ協定が結ばれたが、その後北ベトナムでは社会主義的な改革が進められ、また南ベトナムはアメリカの経済軍事支援を受けて、両者は対立を深めて、統一選挙の実施が困難な状況に陥っていた。しかも、南ベトナム内には、民族解放戦線が結成されて、政府軍との間に内戦状態が始まっていた。アメリカは、この内戦が北ベトナム政府の指令によるものであるとしてサイゴン政権に軍事援助を強めたが、1964年に米艦船と北ベトナム艦船とが交戦するいわゆるトンキン湾事件が発生したことを契機として、翌1965年には北爆を開始して、全面的なベトナム戦争に突入していった。

　アメリカが、北ベトナムに対する武力攻撃を正当化した理由は、概ねつぎのようなものであった。①北ベトナムから南ベトナムに対する武力攻撃があり、数千の武装兵士や軍事用品などによる侵攻があった。②南ベトナムは、国際的に独立した国際団体として約60カ国によって認められている。南ベトナムは独立国家として認められていると否とにかかわらず、自衛権を有している。③南ベトナム政府は、南ベトナムを防衛するために援助することをアメリカに要請してきたので、アメリカは、憲章51条の集団的自衛権を行使した。④アメリカは、また、SEATO（東南アジア条約機構）集団防衛条約に基づいても、南ベトナム政府の要請によって集団的自衛権の行使ができた[25]。

　しかし、このような主張に対しては、つぎのような反論が出されたし、これ

らの反論は、基本的に正当なものであった。①南ベトナムは、ジュネーヴ協定において独立した国家とは認められていない。単一国家として認められているのは、南北を含めたベトナムである。したがって、北ベトナムからの侵攻は、外部の国からの武力攻撃とはいえず、むしろ内戦である。②そのような内戦において、外部の国が軍事介入をして北ベトナムに対して武力攻撃を行うことの国際法上の根拠はない。③北ベトナムのゲリラなどによる南ベトナムに対する介入は、国連憲章51条でいう武力攻撃とまではいえない。④南ベトナム政府は、アメリカのいわば傀儡政権であった。したがって、そのような傀儡政権による集団的自衛権行使の要請は、有効な要請とは見なし得ない。⑤アメリカの南ベトナムでの軍事的プレゼンスは、ジュネーヴ協定を妨害しないとするアメリカの約束を侵害するものである[26]。

アメリカは、ベトナム戦争において枯れ葉剤などの生物化学兵器を使い多数の死者を出したが、国際世論の強い批判も受けて、1973年にはベトナムから全面撤退することで、ベトナム戦争は終結した。集団的自衛権が悪用された典型的な事例であったといえよう。

(2) **ソ連のチェコスロバキア侵攻（1968年）** これは、チェコスロバキアにおけるいわゆる「プラハの春」に対してソ連が集団的自衛権を口実として軍事侵攻した事例である。1956年のフルシチョフによるスターリン批判は東欧諸国にも徐々に影響を及ぼし、1967年には、チェコスロバキアで、共産党第1書記のドブチェックによる共産党批判がなされた。これを契機として、知識人や民衆も旧来のスターリン主義の批判を行い、「二千語宣言」が出されたりして民主化への動きが加速した。こうしていわゆる「プラハの春」が到来したが、しかし、それに対してソ連は、チェコスロバキアの動きは社会主義制度の崩壊をもたらすものとして批判し、ドブチェックがそれに従わないと知ると、1968年8月には、ソ連などの戦車隊が大挙してプラハを占領して、チェコスロバキアを軍事的に制圧した[27]。

このような軍事侵攻について、ソ連は、チェコスロバキア政府による要請に基づき、ワルシャワ条約機構の国々による集団的自衛権の行使であるとして正当化を図ろうとしたが[28]、しかし、チェコスロバキアの政府や国民議会は、そのような要請をしたことを否認した。しかも、そもそも、外部の国からのチェコ

スロバキアに対する武力攻撃は存在していなかったので、集団的自衛権行使の前提要件も欠いていた。国際社会は、ソ連の軍事侵攻を批判し、安保理事会はソ連を非難する決議案を審理したが、それはソ連の拒否権にあって採択されなかった。

(3) **ソ連のアフガニスタン侵攻（1979年）** 1979年12月にアフガニスタンで、アミン政権に対するクーデタが発生して、アミン政権は崩壊して、代わってカルマル政権が誕生した。しかし、このクーデタはソ連の軍事介入によって行われたものであった。ソ連は、その軍事介入をアフガニスタン政府からの要請に基づき、またソ連アフガニスタン友好善隣協力条約に基づき集団的自衛権の行使として行ったと説明したが、しかし、この要請は、ソ連の傀儡政権によるものであったし、またアフガニスタンに対する外部の国による武力攻撃は存在していなかった。このようなソ連の軍事介入に対して、アメリカをはじめとして国際社会は非難の声を上げ、国連総会は、1980年1月に「アフガニスタンからの全外国軍隊の撤退要求」決議を大多数の賛成で可決した。安保理事会でも、「外国軍隊の無条件撤回」を内容とする決議案が提案されたが、ソ連の拒否権にあって、採択されなかった。この事例においても、集団的自衛権は、大国の小国に対する軍事介入の口実に用いられたのであった。

(4) **アメリカのニカラグア侵攻（1981年）** 1979年7月に、ニカラグアではサンデニスタ政権が誕生した。アメリカは当初はこの政権と友好的な関係をもっていたが、1981年に発足したレーガン政権は、サンデニスタ政権がエルサルバドルなどの隣国の反政府ゲリラに対して武器弾薬の援助を行ったりしていることなどを理由として、サンデニスタ政権に反対する武装勢力（コントラ）を援助するとともに、アメリカ自身も、ニカラグアの港湾に機雷を設置したり、港湾施設、海軍基地などを攻撃した。これに対して、ニカラグアは、1984年に国連安保理事会に非難決議案を提出したが、アメリカの拒否権にあって採択されなかったので、国際司法裁判所に提訴した。管轄権をめぐるアメリカ政府の異議申し立てを退けて、国際司法裁判所は本案審理を行ったが、その審理において、アメリカは、ニカラグアから侵略を受けているエルサルバドルなどからの要請に基づいて軍事介入を行ったのであり、それは、集団的自衛権の行使として正当化されると主張した。

第1章　憲法9条と集団的自衛権　39

これに対して、国際司法裁判所は、1986年にアメリカの行為は集団的自衛権の行使の要件を欠くという判断を示した。[32] 国際司法裁判所によれば、集団的自衛権の行使が認められるためには、基本的に二つの要件が必要である。第1は、被攻撃国が武力攻撃をなされたことを宣言するということであり、第2は、被攻撃国から第三国に対して支援の要請がなされるということである。さらに、国際司法裁判所は、集団的自衛権の行使が認められるのは、重大な形態における武力行使がなされた場合に限られるとした。そして、このような基準を本件事件に当てはめて、エルサルバドルなどが武力攻撃を受けていることを宣言し、アメリカに軍事援助の要請をしたのは、アメリカの軍事介入のあとであり、軍事介入の時点ではそのような要請はなかったと判定した。また、たしかに、ニカラグアによるエルサルバドルなどの反政府勢力に対する武器弾薬などの援助はなされていたが、しかし、武力攻撃がなされていたわけではなかった。したがって、かりにエルサルバドルからアメリカに対する軍事介入の要請がなされたとしても、アメリカは、集団的自衛権の行使をすることはできないとした。

(5) 湾岸戦争におけるアメリカなどの軍事介入（1991年）　1990年8月にイラクはクウェートに軍事侵攻を行った。クウェートが元来イラクの領土であったといった主張が表向きなされたが、根本は石油をめぐる争いであった。これに対して、アメリカは安保理事会でイラク非難決議を採択するように働きかけ、安保理事会は、イラクのクウェートからの撤退要請決議(660)や経済制裁決議(661)を行ったが、さらに1990年11月には、イラクがクウェートから翌1991年1月15日までに無条件撤退しない場合には、「国際の平和と湾岸地域の安全を回復するためにあらゆる必要な手段を行使する」旨の決議(678)を採択した。[33] この期限が切れるとともに、アメリカなどのいわゆる多国籍軍はイラクに軍事攻撃を開始し、イラクを軍事的に制圧した。2月27日にはブッシュ大統領が戦争終結を宣言し、フセイン大統領も、2月28日には停戦を決定した。

この湾岸戦争においては、上記安保理決議661が、クウェートに対するイラクの武力侵攻に対しては憲章51条が規定する個別的又は集団的自衛権の行使ができる旨を認めていたこともあって、クウェートは決議661の後でアメリカなどに援助を要請した。[34] そして、そのような要請をも踏まえて、アメリカなどの

多国籍軍が集団的自衛権の行使としての意味をも伴ってイラクへの軍事攻撃を行った。いわば安保理の「お墨付き」の下での集団的自衛権の行使となったのである。

しかし、このような多国籍軍の軍事介入に関しては、いくつかの疑問が指摘されてきた[35]。まず第1は、アメリカなどが中東問題についてとったダブル・スタンダードの対応である。安保理事会は、イスラエルがパレスチナ地域を不法占拠してきことに対してパレスチナからの撤退決議（242、338など）を繰り返し行ってきたが、イスラエルはそれらを無視してきた。にもかかわらず、安保理やアメリカなどはイスラエルに対して武力制裁はもちろんのこと、経済制裁もしてこなかった。ところが、イラクに対しては、経済制裁決議の効果が出始めていたにもかかわらず、1991年1月15日の直後にアメリカは空爆に踏み切ったのである。このような対応は、明らかにダブル・スタンダードであり、国連憲章の定める紛争の平和的解決の原則に照らしても疑問があったと思われる。

第2に、国連憲章51条は、集団的自衛権の行使を「安保理事会が国際の平和及び安全の維持に必要な措置をとるまでの間」において暫定的に認めているにすぎず、したがって、安保理事会が一連の決議を行った段階では、集団的自衛権の行使はできなかったはずである。たしかに、安保理決議661は、集団的自衛権の行使を認めていたが、そのような決議自身が、国連憲章51条の趣旨には合致しないものであったように思われる。しかも、安保理決議678は、必ずしも憲章41条などの強制行動を明示的に義務づけていたわけではなかったのである[36]。

第3に、多国籍軍が行った軍事攻撃は、集団的自衛権の行使に必要とされる均衡性を著しく逸脱したものであった[37]。ちなみに、グリーンピースが発表した報告書によれば、湾岸戦争における死者の数は、多国籍軍の兵士などが480人、クウェート人が2000人から5000人であるのに対して、イラクの兵士や市民などの死者は16万人から21万人にのぼるとされた。同報告書が、「これは戦争ではなく、大量虐殺である」と述べたことは、必ずしも誇張ではなかったし、また元アメリカ司法長官のラムゼー・クラークが国際戦犯法廷を開催してブッシュ大統領に有罪判決を言い渡したのも決して理由のないことではなかったのである[38]。

(6) **NATO諸国のアフガニスタン攻撃（2001年）** 2001年9月11日にアメリカ

第1章　憲法9条と集団的自衛権　41

で起きた同時多発テロ事件は、世界中に大きな衝撃を与えた。アメリカは、その犯人グループは、オサマ・ビンラディンに率いられるアルカイダであるとして、アルカイダをかくまっているとされるアフガニスタンのタリバン政権に対してアルカイダの引き渡しを求めた。そして、それが受け入れられないことを理由として、アメリカは、アフガニスタンに対して自衛権の行使を根拠にして武力攻撃を行った。そして、そのようなアメリカの武力攻撃に協力する形でイギリスなどのNATO諸国も、集団的自衛権の行使を理由としてアフガニスタンに対する武力攻撃に参加した。

　このようなアフガニスタンに対する武力攻撃に関しては、まず第1に、そもそもアメリカは同時多発テロ事件に対する自衛権の行使を理由としてアフガニスタンに対する武力攻撃を行うことができるかどうかが問題となった。アルカイダが同時多発テロ事件の犯人だったとしても、当時アフガニスタンを実効支配していたタリバン政権はアルカイダとは別個の政府であったのであり、したがって、かりにタリバン政権がアルカイダをかくまっていたとしても、そのことを理由としてアフガニスタンに武力攻撃を行うことは、自衛権の行使としては見当違いであったと言わざるを得ないと思われる。そうであるとすれば、第2にそのようなアメリカの行動に対して、NATO諸国が集団的自衛権の行使を行うことも、国連憲章上の根拠を欠いた不法な武力行使であったと言わざるを得ないと思われる[39]。このようなアメリカのアフガニスタンに対する武力攻撃やそれと呼応してNATO諸国によって行われた集団的自衛権の行使は、その後の、いわゆる「対テロ戦争」を泥沼化させ、欧米諸国とイスラム諸国との友好的な関係の維持確立に大きな障害をもたらしたように思われる。

　以上、集団的自衛権という名の下の行使されてきた武力行使の主要な事例をごく簡単に検討してきたが、以上によっても明らかなように、集団的自衛権は、その大多数において大国が小国に対する軍事介入を正当化するための口実として用いられてきたといってよいと思われる。それは、国際の平和のために役立ってきたのかといえば、むしろ、真の意味での国際平和の確立を阻害する役割を果たしてきたように思われる。クリスティーヌ・グレイも、2000年までの集団的自衛権の行使実例を概観して、「第二次大戦後における集団的自衛権に関するすべての国家実行 (all the state practice) は、異論の多い (controversial)

ものであった」と述べているが、けだし、妥当な見解といってよいであろう。そして、このような見解は、2000年以降の集団的自衛権の行使についても、基本的には妥当するものと思われる。

3　政府の集団的自衛権論の展開

1　日本国憲法制定直後における集団的自衛権論

　日本国憲法の制定議会やその直後においては、政府は、個別的自衛権についても、憲法9条の下では実質的に放棄しているという見解をとっていた。例えば、憲法制定議会において、吉田首相は、つぎのように答弁していた。

　「戦争抛棄に関する本案の規定は、直接には自衛権を否定しては居りませぬが、第9条2項に於て一切の軍備と国の交戦権を認めない結果、自衛権の発動としての戦争も、又交戦権も抛棄したものであります」「近年の戦争は多くは国家防衛権の名に於て行われたことは顕著なる事実であります。故に、正当防衛権を認むることが偶々戦争を誘発する所以であると思ふのであります」（傍点・引用者）。

　このような政府見解の下においては、集団的自衛権の保有・行使は基本的に問題にならなかったといってよい。それでも、国連憲章が集団的自衛権を規定していたので、国会でも、いずれかの時点ではなんらかの形で議論になることは不可避であった。そして、最も早い時点で集団的自衛権が国会で議論されたのは、1949年12月21日であるとされている。この日、衆議院外務員会で西村熊男外務省条約局長は、つぎのように答弁している。

　「この集団的自衛権というものが国際法上認められるかどうか、ということは、今日国際法の学者の方々の間に非常に議論が多い点でございまして、私ども実はその条文（＝国連憲章51条）の解釈にはまったく自信を持っておりません。大多数の先生方は、大体自衛権というものは、国家がそれ自身本来の権利として持つものであって、何もそれは集団的の国家群としてあるような性質のものではないので、否定的に考える向きが多うございます」（傍点・引用者）。

　これによれば、この時点では、政府も、集団的自衛権についてはなんら明確な見解をもっていなかったことがわかる。政府のこのような立場は、翌1950年

2月の吉田首相の答弁でも維持されている。同年2月3日の衆議院予算委員会で中曽根康弘議員が「集団的自衛権を認めるか」と質問したのに対して、吉田首相は、「当局者としては集団的自衛権の実際的な形を見た上でなければお答えができません」と回答を留保したのである。[43] このような政府見解に変化が生じるのは、1951年以降である。

2　旧日米安保条約の時期（1951～1959年）における集団的自衛権論

　1950年6月に朝鮮戦争が勃発して、アメリカは、日本と片面講和を結ぶ方針を固めて、それと合わせて日米安保条約を取り結ぶことにした。そして、集団的自衛権がこれらの条約で初めて規定されることになった。

　まず、対日平和条約（1951年9月8日）5条（c）は、「連合国としては、日本国が主権国として国連憲章51条に掲げる個別的又は集団的自衛の固有の権利を有すること及び日本国が集団的安全保障取極を自発的に締結することができることを承認する。」と規定し、合わせて同条約6条は、「外国軍隊の日本国の領域における駐屯又は駐留を妨げるものではない」と規定した。ここに、初めて条約上、日本も国連憲章51条が定める集団的自衛権を有することが定められたのである。そして、対日平和条約と同時に締結された旧日米安保条約（1951年9月8日）は、その前文でつぎのように規定した。「平和条約は、日本国が主権国として集団的安全保障取極を締結する権利を有することを承認し、さらに、国連憲章は、すべての国が個別的及び集団的自衛の固有の権利を有することを承認している。これらの権利の行使として、日本国は、その防衛のための暫定措置として、日本国に対する武力攻撃を阻止するため日本国内及びその附近にアメリカ合衆国がその軍隊を維持することを希望する」（傍点・引用者）。

　上記前文では、「これらの権利の行使として、日本国は……」と書かれていて、あたかも日本が集団的自衛権の行使ができるかのように読める規定になっている。このような条文の趣旨については、必ずしも明らかではないが、当時の日本政府としては、日本の国内に米国軍隊を駐留させることは日本側の希望であるとともに、米軍の利益にもかなうという「五分五分の論理」によるという意味合いが込められていたようである。[44] いずれにしても、ここでいう集団的自衛権が、日本がアメリカのために武力行使を行うという趣旨で用いられてい

たわけではないことは確かであり、前文の集団的自衛権行使の意味するところは、せいぜいこの条約によって、日本は、米軍の駐留を希望するということであったようにみえる。

具体的に国会審議で集団的自衛権が問題となったは、1951年11月7日の参議院の平和条約等特別委員会においてである。そこで、岡本愛祐議員が、平和条約によって日本も集団的自衛権をもっていることが認められているので、朝鮮戦争に警察予備隊を派遣してくれという要請がなされた場合に日本としてどうするのかと質問したのに対して、西村熊男条約局長は、つぎのように答弁した。[45]

「日本は独立国であるから集団的自衛権も個別的自衛権も完全にもつわけである。ただし、憲法9条により日本は自発的にその自衛権を行使する最も有効な手段である軍隊は一切持たないということにしている。また交戦者の立場にも立たないということにしている。だから我々はこの憲法を堅持するかぎりはご懸念のこと（＝朝鮮半島に警察予備隊を出すようなこと）は断じてやってはいけない」（傍点・引用者）。

旧安保条約が日本に対して「自国の防衛のため漸増的に自ら責任を負う」と規定したことに伴い、日本は、1952年には警察予備隊を保安隊に改組し、ついで1954年には、保安隊をさらに改組して自衛隊を創設することになった。ただ、参議院は、自衛隊法の承認と合わせて「自衛隊の海外出動を為さざることに関する決議」を行って、創設される自衛隊は海外出動は一切行わない旨の決議を採択した。このような自衛隊の創設と相前後して、集団的自衛権の問題も改めて浮上してくることになる。1954年6月3日衆議院外務員会で下田武三条約局長は、つぎのように答弁した。[46]

「現憲法下において外国と純粋の共同防衛協定、つまり日本が攻撃されれば相手国は日本を助ける、相手国が攻撃されたら日本は相手国を助ける、救援に赴くという趣旨の共同防衛協定を締結するということは現憲法下において不可能であろう」「集団的自衛権、これは換言すれば共同同盟または相互安全保障条約あるいは同盟条約ということでありまして、つまり自分の国が攻撃されもしないのに、他の締約国が攻撃された場合に、あたかも自分の国が攻撃されたと同様にみなして自衛の名において行動するということは、一般の国際法からはただちに出てくる権利ではございません」「まだ一般的の確立した国際上の

第1章 憲法9条と集団的自衛権 45

観念ではございません。特別の説明を要して初めてできる観念でございますから、現憲法のもとにおいては集団的自衛ということはなし得ない」(傍点・引用者)。

これによって、政府答弁としては、初めて明確に集団的自衛権の行使が許されないとした。もっとも、この答弁においても、禁止される集団的自衛権行使の意味とか、それが具体的にどのような憲法上の根拠に基づいて禁止されるのかについては必ずしも明らかではなかった。その点が国会で激しく議論されることになったのが、いわゆる「60年安保国会」である。

3 「60年安保国会」における集団的自衛権論

旧日米安保条約は、いわゆる「内乱条項」に示されるように対米従属的性格が強いものであったので、日本政府にとってはやがては是正されてしかるべきものであった。他方で、アメリカにとっても、その片務的性格は、「継続的かつ効果的な自助及び相互援助」を定めたバンデンバーグ決議(1948年)[47]に照らしても日本の国力の回復に伴ってやがては是正されるべきものであった。ただ、具体的にどのような改定がふさわしいかについては、日米双方の間で必ずしも意見の一致がすぐにはみられなかった。例えば、アメリカ側が当初提案した案には、「太平洋において他方の行政管理下にある領域又は地域に対する武力攻撃が自国の平和と安全を危うくするものであると認め、自国の憲法上の手続きに従って共通の危険に対処するように行動することを宣言する」という条項もみられたが[48]、このような条項は憲法上の制約からしても日本政府が到底受け入れられるものではなかった。

かくして、日米双方の妥協の産物として調印されたのが、新安保条約であったが、同条約は、まず前文で「両国が国連憲章に定める個別的又は集団的自衛の固有の権利を有していることを確認し」と謳った上で、第5条では、「日本国の施政の下にある領域における、いずれか一方に対する武力攻撃」が加えられた場合には、日米両国が憲法上の規定及び手続きに従って「共通の危険に対処する」ことを定め、また、第6条では、「日本国の安全に寄与し、並びに極東における国際の平和及び安全の維持に寄与するため」に米国軍隊が日本に基地を設置することができる旨を定めた。新安保条約は、1960年1月19日に調印さ

れ、国会での審議に付されたが、このような条約に関しては、国会の内外で激しい論議が交わされた。「60年安保国会」といわれた所以である。そして、そのような論議の中心の一つが、集団的自衛権をめぐる議論であった。

　ただ、この「60年安保国会」における集団的自衛権に関する政府答弁は、集団的自衛権の意味についても、また理論的な根拠付けについても、必ずしも明確で統一のとれたものではなかった。例えば、岸首相のつぎのような答弁は、集団的自衛権という言葉には広義と狭義があるとし、集団的自衛権行使の全面否定では必ずしもなかった。

　「実は、集団的自衛権という観念につきましては、……広狭の差があると思います。しかし、問題の要点、中心的な問題は、自国と密接な関係にある他の国が侵略された場合に、これを自国が侵略されたと同じような立場から、その侵略されておる他国にまで出かけていってこれを防衛するということが、集団的自衛権の中心的な問題になると思います。そういうものは、日本憲法においてできないことは当然であり（ます）」(1960年2月10日)（傍点・引用者）。

　また、岸首相は、つぎのように典型的な集団的自衛権はもっていないという言い方もした。「集団的自衛権というものの最も典型的に考えられておる点については、日本の憲法は持っておらない。しかし、集団的な自衛権というものをそれに限るということに全部意見が一致しているわけではない。しかし、その本質的な、典型的なものは日本の憲法においてはこれは持たない」(1960年3月31日)（傍点・引用者）。

　さらに、赤城宗徳防衛庁長官は、つぎのように答えて、集団的自衛権の「本来の行使」とそうではないものとを区別する言い方をした。

　「日本が集団的自衛権をもつといっても集団的自衛権の本来の行使というものはできないのが憲法第9条の規定だと思います。……たとえばアメリカが侵害されたというときに、安保条約によって日本が集団的自衛権を行使してアメリカ本土へ行って、そうしてこれを守るというような集団的自衛権、かりに考えますならば、日本はそういうものは持っておらないわけであります。でありますので、国際的に集団的自衛権というものは持っておるが、その集団的自衛権というものは日本の憲法第9条において非常に制限されておる」（傍点・引用者）。

この「60年安保国会」においては、新安保条約5条に基づいて在日米軍基地に対する攻撃がなされた場合に日本が武力行使を行うことが集団的自衛権の行使に当たるかどうかも論議された。この点についての政府見解は、つぎのように、集団的自衛権の行使には当たらないというものであった[52]。
　「在日米軍の攻撃というものは、必ず日本の領土、領海、領空に対する武力攻撃でありますから、日本としては、あくまでも日本の施政下にある領土に対する武力攻撃があった場合として、個別的自衛権の発動によってこれに対処する、これでもって、必要にして十分な説明のつくものである、かように思います」。
　しかし、このような答弁については、国際法学者から鋭い批判が提示された。例えば、田畑茂二郎は、つぎのように批判した。「新安保条約第5条に規定されているように、米軍基地が外国によって武力攻撃をうける場合、その防衛のために軍事行動を起すことは、たとえその基地が日本領域内に位置しているとしても、かならず常に日本の自衛権（＝個別的自衛権）の発動になるとはいえない。日本に実害が生じ、したがって、日本自身にとっても自衛権の発動とみうる場合もあるであろうが、しかし、そうでない場合も当然あるといわなければならない。この後の日本の行動を強いて自衛権によるものといおうとするならば、いわゆる集団的自衛権の観念によって説明するよりほかないであろう」[53]。
　これと同じ批判は、その後、憲法学者からもなされたが[54]、政府は、アメリカとの関係では安保条約5条によって日本が在日米軍基地を防衛するのは集団的自衛権の行使として理解されるとしつつも、国内向けにはあくまでも個別的自衛権の行使ということで押し通したのである[55]。

4　1970年代以降における政府見解の確立と定着

　(1)　**1972年の政府見解**　日米安保条約は、第10条で10年間の固定期限を定め、10年間が経過した後は、いずれか一方が廃棄を通告した場合には、その1年後には終了するものと定めた。その10年間の固定期限が1970年に切れるのに先立って、日米両国政府は、60年安保闘争の再現を恐れて安保条約の自動延長を決めた。そして、そのことを明らかにした1969年11月の日米共同声明は、一

方では沖縄の1972年の返還を謳うとともに、他方では、韓国や台湾の安全は日本の安全にとっても緊要であるといういわゆる「韓国・台湾条項」を盛り込んだ。このような安保体制の新たな動向に対しては国民の間からも少なからざる批判が出されたので、日本政府は、集団的自衛権についても、より明確な対応をすることを迫られた。そのような対応の一環として政府が、1972年10月14日に参議院決算委員会に提出したのが、つぎのような集団的自衛権に関する「資料」であった。少し長いが、全文を引用すると、以下の通りである[56]。

「国際法上、国家は、いわゆる集団的自衛権、すなわち、自国と密接な関係にある外国に対する武力攻撃を、自国が直接攻撃されていないにもかかわらず、実力をもって阻止することが正当化されるという地位を有するものとされており、国連憲章第51条、日本国との平和条約第5条(c)、日本国とアメリカ合衆国との間の相互協力及び安全保障条約前文並びに日本国とソビエト社会主義共和国連邦との共同宣言3第2段の規定は、この国際法の原則を宣明したものと思われる。そして、わが国は、国際法上右の集団的自衛権を有していることは、主権国家である以上、当然といわなければならない。

ところで、政府は、従来から一貫して、わが国は国際法上いわゆる集団的自衛権を有しているとしても、国権の発動としてこれを行使することは、憲法の容認する自衛の措置の限界をこえるものであって許されないとの立場に立っているが、これはつぎのような考え方に基づくものである。

憲法は、第9条において、同条にいわゆる戦争を放棄し、いわゆる戦力の保持を禁止しているが、前文において「全世界の国民が、……平和のうちに生存する権利を有する」ことを確認し、また、第13条において「生命、自由及び幸福追求に対する国民の権利については、……国政の上で、最大の尊重を必要とする」旨を定めていることからも、わが国がみずからの存立を全うし国民が平和のうちに生存することまでも放棄していないことは明らかであって、自国の平和と安全を維持し、その存立を全うするために必要な自衛の措置をとることを禁じているとはとうてい解されない。しかしながら、だからといって、平和主義をその基本原則とする憲法が、右にいう自衛のための措置を無制限に認めているとは解されないのであって、それは、あくまでも国の武力攻撃によって国民の生命、自由及び幸福追求の権利が根底からくつがえされるという急迫、

不正の事態に対処し、国民のこれらの権利を守るためのやむを得ない措置としてはじめて容認されるものであるから、その措置は必要最小限度の範囲にとどまるべきものである。そうだとすれば、わが憲法の下で、武力行使を行うことが許されるのは、わが国に対する急迫、不正の侵害に対処する場合に限られるのであって、したがって、他国に加えられた武力攻撃を阻止することをその内容とするいわゆる集団的自衛権の行使は、憲法上許されないといわざるを得ない」(傍点・引用者)。

この政府見解の中で、政府は「従来から一貫して」集団的自衛権の行使はできないとしてきたと述べている点は、必ずしも正確な言い方ではないことは、上述したところからも明らかであろう。ただ、いずれにしても、これによって、集団的自衛権に関する政府の見解の土台は、ほぼ確立したといってよい。

ところで、日米安保体制は、1970年代後半になると軍事協力を具体的に強化する指針が打ち出されることになる。1978年11月の「日米防衛協力のための指針」(旧日米ガイドライン) の策定がそれである。この「指針」では、①侵略を未然に防ぐための態勢、②日本に対する武力攻撃に際しての対処行動等と並んで、③「日本以外の極東における事態で日本の安全に重要な影響を与える場合の日米間の協力」についても研究をすることが定められた[57]。しかし、これは、安保条約上では想定されていないことであり、集団的自衛権の行使を視野に入れたものではないかという批判が出された。他方で、政府は1978年には有事法制研究にも着手する旨を明らかにし、これをめぐる論議も国会の内外で展開されてくることになる。そのような論議の中で、政府としてはあらためて集団的自衛権についての見解を明らかにすることを求められた。そのような中で出されたのが、1981年の政府見解である。

(2) **1981年の政府見解**　1981年5月29日の政府見解は、稲葉誠一議員の質問書に対する政府の答弁書として出されたものであるが、それは、以下のように、1972年の政府見解を基本的に踏襲し、簡略化したものである[58]。

「国際法上、国家は、集団的自衛権、すなわち、自国と密接な関係にある外国に対する武力攻撃を、自国が直接攻撃されていないにもかかわらず、実力をもって阻止する権利を有しているものとされている。我が国が、国際法上、このような集団的自衛権を有していることは、主権国家である以上、当然である

が、憲法第9条の下において許容されている自衛権の行使は、我が国を防衛するため必要最小限度の範囲内にとどまるべきものであると解しており、集団的自衛権を行使することは、その範囲を超えるものであって、憲法上許されないと考えている」。

この政府見解が、その後も基本的には維持されてきたといってよい。その後は、この基本見解を踏まえた上で、憲法上行使できない集団的自衛権の範囲を狭める解釈論が展開されてきたのである。例えば、1983年3月15日には、いわゆるシーレーン防衛に関する以下のような政府見解が出された。[59]

「わが国に対する武力攻撃が発生し、わが国が自衛権を行使している場合において、わが国を攻撃している相手国が、わが国向けの物資を輸送する第三国船舶に対して、その輸送を阻止するために無差別に攻撃を加えるという可能性を否定できない。そのような事態が発生した場合において……、自衛隊がわが国を防衛するための行動の一環として、その攻撃を排除することは、わが国を防衛するための必要最小限のものである以上、個別的自衛権の行使の範囲に含まれる」。

これは、従来の政府見解からは一方はみ出したものであったが、それでも、1981年の集団的自衛権に関する政府見解は基本的に維持した上でその範囲を限定的に捉えようとするものであった。

5 冷戦終結後の集団的自衛権論──「一体化」論による限定論

1991年のソ連の崩壊とともに、第二次大戦後長い間続いた東西冷戦は終結したが、それと相前後して起きた湾岸戦争は、冷戦終結後においても新たな武力紛争が発生することを示した。そして、この新たな紛争への対処のために、日本では「国際貢献論」が唱えられて、自衛隊の海外出動が始まることになる。一つは、国連のPKO活動への参加であり、あと一つは日米安保体制の「再定義」による海外での対米軍事協力の拡大である。1997年の「日米防衛協力のための指針」(日米新ガイドライン)は、そのことを「指針」という形で示したが、これに基づいて1999年には周辺事態法が制定され、また、2001年の9.11事件に際してはテロ対策特措法が制定され、さらにアメリカの対イラク戦争に際してはイラク特措法が制定されて、対米軍事協力が積極的に行われることになった。

これらの軍事協力に関しては、集団的自衛権の行使に踏み込むとの批判が少なからず出されてきたが、政府は、従来の集団的自衛権解釈を踏まえつつも、「一体化」論を前面に打ち出して、それらの対米軍事協力は、憲法が禁止した武力行使には該当せず、したがって集団的自衛権の行使にも当たらないとした。

　(1) **政府の「一体化」論**　もっとも、「一体化」論自体は、すでに冷戦時代の政府見解の中にも見出されるものであった。例えば、すでに1959年の段階で、政府はつぎのように答弁していた[60]。

　「経済的に燃料を売るとか、貸すとか、あるいは病院を提供するとかということは軍事行動とは認められませんし、そういうのは朝鮮戦争の際にも日本はやっておるわけであります。こういうことは日本の憲法上禁止されないということは当然だと思います。しかし極東の平和と安全のために出動する米軍と一体をなすような行動をして補給業務をすることは、これは憲法上違法ではないかと思います」（傍点・引用者）。

　ただ、この時期においては、自衛隊の海外出動はなされておらず、議論そのものが一般論としてなされていたが、冷戦終結後においては、「一体化」論は自衛隊のPKO参加やテロ対策特措法などにおける対米軍事協力との関係でより具体的現実的に論じられてくることになる。また、上記の政府見解では、「補給業務」は「一体化」に該当するとされていたのが、テロ対策特措法などでは「一体化」には該当しないとされて、その範囲がより限定されてくることになる。ちなみに、冷戦終結後において「一体化」論について政府のまとまった基準を打ち出したのは、1996年5月21日のつぎのような政府答弁である[61]。

　「各国軍隊による武力の行使と一体となるような行動に該当するか否かは、一つ、戦闘行動が行われている、または行われようとしている地点と当該行動の場所との地理的関係、二つ、当該行為の具体的内容、三つ、各国軍隊の武力行使の任にあるものとの関係の密接性、四つ、協力しようとする相手方の活動の現況等の諸般の事情を総合的に勘案して個々具体的に判断されるべきである」。

　政府は、さらに1997年11月27日にも「一体化」論についてつぎのような見解を明らかにした[62]。

　「いわゆる一体化論と申しますのは、我が国に対する武力行使がない、武力

攻撃がない場合におきまして、仮に自らは直接武力の行使に当たる行動をしていないとしても、他のものが行う武力の行使への関与の密接性などから、我が国も武力行使をしたという法的評価を受ける場合があり得る。そのような法的評価を受けるような形態の行為はやはり憲法9条において禁止せられるのである」。

具体的には、周辺事態法(1999年)における自衛隊の「後方地域支援」活動、テロ対策特措法(2001年)における「協力支援活動」、さらにはイラク特措法(2003年)における「安全確保支援活動」などが、武力行使と「一体化」しているか否かが問題とされたが、政府は、このような見解を踏まえて、いずれも「一体化」を否定し、したがって、集団的自衛権の行使にも当たらないとした。しかし、このような政府の見解の問題点は、例えば、イラク特措法において同法が規定している「非戦闘地域」について小泉首相が「自衛隊が活動している地域が非戦闘地域だ」と述べたことにも示されている。[63] イラク特措法での自衛隊の活動は集団的自衛権の行使に限りなく踏み込むものだったことは、否定できないであろう。

(2) **小泉内閣の見解**　ちなみに、小泉首相は、首相就任前には集団的自衛権の政府解釈の見直しを検討すべきであると述べていたが、首相就任後においては、従来の政府見解を基本的には踏襲する旨を、土井たか子議員の「小泉内閣発足にあたって国政の基本政策に関する質問主意書」(2001年4月27日提出)に対する「答弁書」(2001年5月8日)において以下のように明らかにした。[64]

「政府は、従来から、我が国が国際法上集団的自衛権を有していることは、主権国家である以上当然であるが、憲法9条の下において許容されている自衛権の行使は、我が国を防衛するため必要最小限度の範囲にとどまるべきものであると解しており、集団的自衛権を行使することは、その範囲を超えるものであって、憲法上許されないと考えてきている。憲法は我が国の法秩序の根幹であり、特に憲法9条については過去50年余にわたる国会での議論の積み重ねがあるので、その解釈の変更については十分に慎重でなければならないと考える。他方、憲法に関する問題について、世の中の変化も踏まえつつ、幅広い議論が行われることは重要であり、集団的自衛権の問題について、様々な角度から研究してもいいのではないかと考えている」。

この政府見解の特色は、従来の政府見解を基本的には踏襲しつつも、世の中の変化を踏まえて、集団的自衛権についてもさまざまな角度から幅広い検討をしてもよいのではないかとした点にある。その点で、この見解は、従来の政府見解を少しはみ出した意味合いをもっている。集団的自衛権行使について「赤信号」から「黄信号」に変わったと指摘される所以でもある。(65) もっとも、小泉内閣においても、集団的自衛権行使については、「黄信号」にはなったが、「青信号」になることはなかった。「一体化」論もぎりぎりのところでは、維持されたのである。

　(3)　**自衛隊イラク派遣訴訟名古屋高裁判決**　「一体化」論については上述したような問題点があったが、他方で、注目されたのは、この「一体化」論を踏まえつつ、自衛隊のイラクでの活動を違憲違法とする画期的な高裁判決が2008年に出されたということである。イラク特措法に基づきイラクに派遣された航空自衛隊の活動が憲法が禁止する「武力行使」に該当して、また原告らの平和的生存権を侵害して違憲違法であるとする原告らの訴えに対して、名古屋高等裁判所（青山邦夫裁判長）（2008年4月17日）は、原告等の平和的生存権侵害の主張は退けたが、自衛隊の活動については違憲違法とする判断を、要旨以下のように述べたのである。(66)

　航空自衛隊の空輸活動は、「それ自体は武力の行使に該当しないものであるとしても、多国籍軍との密接な連携の下で、多国籍軍と武装勢力との間で戦闘行為がなされる地域と地理的に近接した場所において、対武装勢力の戦闘要員を含むと推認される多国籍軍の武装兵員を定期的かつ確実に輸送しているものであるということができ、現代戦において輸送や補給活動もまた戦闘行為の重要な要素であるといえることを考慮すれば、多国籍軍の戦闘行為にとって必要不可欠な軍事上の後方支援を行っているものということができる。したがって、このような航空自衛隊の空輸活動のうち、少なくとも多国籍軍の武器兵員をバグダッドへ空輸するものについては、……平成9年2月13日の大森法制局長官の答弁に照らし、他国による武力行使と一体化した行動であって、自らも武力の行使を行ったと評価を受けざるを得ない行動である」「よって、武力行使を禁止したイラク特措法2条2項、活動地域を非戦闘地域に限定した同条3項に違反し、かつ憲法9条1項に違反する」。

54

名古屋高裁の青山判決は、このように政府の「一体化」論をいわば逆手にとって、航空自衛隊の空輸活動を違憲違法としたのである。「一体化」論が、このような積極的な役割をも果たし得ることがこの判決で確認されたことは、留意されてよいであろう。

4　従来の政府見解の問題点と意義

　以上において、従来の政府の集団的自衛権論の展開を概観してきたが、このような政府見解に関しては、憲法に照らせばいくつかの検討すべき問題点と意義があるように思われる。そこで、以下には、それらについて検討してみることにする。

1　「武力による自衛権」論を踏まえている点

　従来の政府見解は、集団的自衛権の行使を否認しているが、他方で必要最小限度の自衛権の行使は認めている。しかも、そこでいうところの自衛権は、「武力なき自衛権」ではなく、「武力による自衛権」である。そのことは、1981年の政府見解では必ずしも明示されていないが、1972年見解では、「武力行使を行うことが許されるのは、我が国に対する急迫不正の侵害に対処する場合に限られる」と述べていることからも明らかである。そして、その点は、自衛隊を合憲とした1954年の政府見解以来の基本的立場を踏襲したものといってよい。[67]

　しかし、このような「武力による自衛権」論については、憲法論としては少なからず疑問が存するところであろう。1972年の政府見解は、「武力による自衛権」論をとることの根拠として、憲法前文の平和的生存権や憲法13条の生命・自由・幸福追求権を挙げている。この政府見解が、国家固有の自衛権という言い方をしないで、憲法前文や憲法13条を引き合いに出していることは、憲法解釈論としては一定程度評価できなくはないが、しかし、これらの憲法規定を根拠にして「武力による自衛権」を根拠付けることは、憲法前文や憲法13条の趣旨を読み間違ったものであって、所詮は支持することができないと思われる。政府見解は、憲法前文が国民に平和的生存権を保障し、また憲法13条が国民に生命・自由・幸福追求権を保障している以上は、国家としては国民のこれ

らの権利を守るためには、「武力による自衛権」が認められなければならず、憲法9条もそのことを禁止したものと解釈することはできないとするが、しかし、このような解釈は明らかに憲法9条や憲法前文そして憲法13条の趣旨を読み間違ったものというべきであろう。たしかに、憲法前文は国民の平和的生存権を保障し、また憲法13条は国民の生命・自由・幸福追求権を保障しているが、しかし、これらの権利をどのような手段や方法で保障するかは、必ずしもこれらの条項からは直ちにはでてこないのである。むしろ、憲法9条は、軍事力が国民の生命・自由を侵害してきたという歴史的体験を踏まえて、一切の戦争を放棄し、また自衛のためであると否とにかかわらず、一切の戦力(＝武力)の保持を禁止し、さらには国の交戦権(＝武力の行使)をも否認しているのである。そのような憲法の非軍事平和主義の趣旨からすれば、憲法は、国民の平和的生存権や生命・自由・幸福追求権を戦力(＝武力)の保持・行使によることなく非軍事的な方法で保障することを国家に要請していると捉える方が憲法の趣旨にかなった解釈というべきと思われる。この点で、従来の政府見解は、批判を免れがたいと思われる。[68]

　従来の政府見解に関して、さらに問題となるのは、自衛権行使の要件についてである。1972年の政府解釈は、前引したように、「わが憲法の下で武力行使を行うことが許されるのは、わが国に対する急迫、不正の侵害に対処する場合に限られる」としている。これは、集団的自衛権の行使はそのような場合に該当しないとすることの理由付けとしてなされているけれども、ただ、個別的自衛権行使の要件をこのように捉えることが妥当かどうかは、それ自体議論の余地があるように思われる。というのは、国連憲章51条は、承知のように、自衛権発動の要件について「国連加盟国に対して武力攻撃が発生した場合」と規定しているからである。つまり、自衛権発動のためには、武力攻撃が現実に発生することが必要な要件とされているのである。武力攻撃が現実に発生していない場合に、いわゆる先制的な自衛権の行使を行うことは、許されないというのが、この国連憲章51条の趣旨なのである。この国連憲章の規定はもちろん、現実の国際政治の中で必ずしも遵守されてはこなかったけれども、ただ、国連憲章の趣旨そのものは、文言上は明確といってよいのである。このような国連憲章の規定からすれば、上記の政府見解は、武力行使の要件として必ずしも「武

力攻撃が発生した場合」とすることなく、「急迫、不正な侵害」でもよいとしており、その要件は明らかに緩やかなものになっているのである。ここにおいて「侵害」とは、具体的にいかなる事態を指すかは必ずしも明らかではないが、「武力攻撃に至らない侵害」も、含み得るものであることは否定できないであろう[69]。

2014年7月の閣議決定は集団的自衛権行使を容認することをその主要な狙いとしているが、同時に、「切れ目のない対応」をするという名目の下に「武力攻撃に至らない侵害」への対処についても法制の整備の必要性を説いている。「武力攻撃に至らない侵害」への対処として武力行使を行うことが可能とする議論も、集団的自衛権行使の容認論と同様に、1972年の政府見解を根拠としてなされる可能性は少なくないのである。そうであるとすれば、やはりこの政府見解自体が、この点での批判を免れ得ないものと思われるのである[70]。

2 「国際法上は保有しているが、憲法上行使できない」とする点

従来の政府の解釈は、上述したように、日本は、集団的自衛権を国際法上は保有しているが、その行使は憲法上はできないとするものであるが、このような解釈にあって問題となるのは、集団的自衛権を憲法上は保有しているか否かが不明確な点である。この点に関して、政府は、かつて1981年6月3日の国会答弁で「（集団的自衛権を）持っているといっても、それは結局国際法上独立の主権国家であるという意味しかないわけでございます。したがって、個別的自衛権と集団的自衛権との比較において、集団的自衛権は一切行使できないという意味においては、持っていようが持っていまいが同じだ」と述べたことがあり[71]、この答弁はその後、1997年2月13日の政府答弁でも繰り返されたが[72]、それ以降は、このような答弁はなくなり、憲法上の保有の是非については明言しないことになったようである。

このような政府見解に対しては、二つの相反する立場からする批判が提起されてきた。一つは、集団的自衛権の行使を容認すべきとする立場からであり、あと一つは、集団的自衛権の憲法上の保持を否認する立場からである。まず、前者の立場からする批判は、集団的自衛権を保持しているにもかかわらず、それを行使できないのはおかしいのであり、行使まで認めなければ首尾一貫しな

いというものである。安倍首相の前引したような禁治産者の議論というのも、その類の議論である。また、後者の立場からする批判は、政府見解は、憲法上集団的自衛権の保有を認めているかどうかを曖昧にしているが、政府見解を徹底させれば、行使できないではなく、保有していないことになるはずではないかといった指摘である。[73]

　まず、前者の批判に対しては、それが「俗論」であることは、参議院の憲法調査会で国際法学者の浅田正彦によってもつぎのように指摘されている。「権利を保持するということとそれから権利を行使するということ、権利を保持する能力と権利を行使するというのを峻別するというのは、法律学でいえばもう言わば常識でありまして、例えば民法でいいますと、前者は権利能力という用語を使います。後者は、行為能力という言葉を使います。……国際法においてもこれは同様であろうというふうに思います」「日本も日本国憲法の解釈として、集団的自衛権を国際法上は保持しておるけれどもそれを行使、憲法上できないというふうな解釈を取っておるその解釈が正しいということを前提とすれば、それは十分あり得ることであって、これが論理的に矛盾しているとかあり得ないということでは全くないというふうに思っております」[74]。また、同じ会議で、大沼保昭もつぎのように述べている。「法的に権利をもっているのに行使しないのは矛盾であるということには全くならない」「国際法上持っている権利を日本が憲法上それを制限するということは法的に全くあり得ることで、それを矛盾と言うことの私は意味が全く理解できません」[75]。

　このような議論は、法律論としては、きわめて当然の議論というべきであり、したがって、政府見解について、権利の保有と権利の行使とを区別するということそれ自体については、特に疑義を差し挟む必要はないともいえよう。

　ただ、問題は、政府見解の場合に、果たして集団的自衛権を憲法上保有しているかどうかについては、明確にしていないという点である。この点に関連して、例えば、佐瀬昌盛は、政府が、憲法上集団的自衛権を保有していないとはいえない理由として、対日平和条約や日米安保条約などで集団的自衛権の保有を認めてきたこと、また1960年時点でも政府は国会答弁などで集団的自衛権を憲法上もっているといってきた経緯があることなどを指摘している。[76] たしかに、そのような経緯は、政府が1972年以降になってから集団的自衛権は憲法上

保有していないということを言いづらくしているということはあり得るであろうが、ただ、対日平和条約や安保条約は国際条約であり、したがって、条約上の保有問題と憲法上の保有・不保有とは別問題であるというように捉えることは決して無理な説明ではないと思われる。つまり、国連憲章上は日本が集団的自衛権を保有・行使できることは確かであり、対日平和条約や日米安保条約はそのことを条約上で確認したにとどまり、憲法上の保有をも認めたことには必ずしもならないのである。国際法と国内法の関係をどのように理解するかについては、さまざまな見解が現在でもあるが、私自身は、基本的には二元論の立場に立つので、国際法上の保有問題と国内法（憲法）上の保有・不保有の問題は区別して捉えることができる、というよりはむしろ区別して捉えるべきものと考えている。

　そのような立場からすれば、日本国憲法9条は、集団的自衛権の行使のみならず、その保有をも禁止したものと捉えることが妥当と思われるのである。あるいは集団的自衛権を憲法上は否認したものと捉えてよいと思われる。そのように捉えないと、憲法上保有しているのに、憲法上行使できないのはおかしいという上記のような議論が常に出てくる可能性があるからである。ちなみに、芦部信喜は、集団的自衛権について「日本国憲法の下では認められない」と述べている。この見解は、行使のみならず保有も憲法上認められないという趣旨かどうかは必ずしも明確ではないが、特に行使について限定することなく、一般的に「認められない」としている以上は、保有も認められない趣旨に解することができるように思われる。

3　「憲法9条の下では行使できない」とする点

　従来の政府見解は、上引したように、集団的自衛権の行使は憲法9条の下においては認められないというものであるが、ただ、9条の第1項を根拠として認められないのか、それとも9条の第2項を根拠として認められないのかは、必ずしも明らかではない。この点も、従来の政府見解の問題点の一つといってよいであろう。

　この点、かつて内閣法制局長官を務めた高辻正巳は、つぎのように述べて、9条の第1項を根拠とする旨を明らかにしている。「他国が第三国から武力攻

撃を受けた場合、その他国と利害を同じくする我が国が、武力攻撃を受けているわけではないのにもかかわらず、その他国を防衛するため第三国に対してする武力の行使、すなわち集団的自衛権の行使は、その他国と第三国との間の武力衝突にちなむ国際紛争を解決する手段に仕えるもの以外のなにものでもない。我が国と第三国との関係でこれをみても、そこには、他国に対する武力攻撃の停止を第三国に対して求める我が国の主張がその第三国に受け入れられないこと、つまり我が国とその第三国との間に国際紛争のあることが、必然の前提として存在し、したがって、集団的自衛権の行使は、そのような国際紛争を第三国の意思を圧服することによって解消させるため武力に訴えるもの、すなわち、我が国がその第三国に対して武力攻撃を仕掛けるもの、というほかはない。そうすると、国際紛争を解決する手段としての武力の行使を永久に放棄することにした我が憲法9条1項のもとでは、武力攻撃を受けた国がたとえ我が国と連帯関係にあって、その他国の命運が我が国の命運に深くかかわるというのであっても、その他国のために我が国が集団的自衛権を行使することは認められないということにならざるを得ない」[79]（傍点・引用者）。

　もっとも、このような見解は、高辻が1958年秋ころから「私見として固まってきたもの」で、政府見解としては、高辻が1965年3月にその趣旨のことを述べたのを例外として[80]、それ以降の国会で表明されたことはないようである[81]。政府見解としては、1981年の政府統一見解もそうであるが、9条の第1項を明確に引き合いに出すということはしていないのである。一体どうしてそうなのか、その理由は不明であるが、私の推測では、9条1項論についても、問題があると考えられたからではないかと思われる。

　たしかに、第1項の「国際紛争を解決する手段としては」という文言を高辻のように解釈することは文言解釈としては決して不可能ではないであろう。ただ、この文言が、不戦条約以来の国際条約上の用い方を踏まえて、主として侵略戦争を禁止する意味をもち、自衛戦争や制裁戦争を禁止する意味は必ずしももってこなかったことからすれば、この文言から集団的自衛権の行使の禁止を導き出すことは必ずしも簡単ではないようにもみえる。政府としては、「国際紛争を解決する手段としては」という文言をできるだけ限定的に解釈しておきたいという思惑が働いたのかもしれない。

それに対して、9条の第2項についてはどうであろうか。9条2項は、いうまでもなく、戦力の保持を全面的に禁止しており、また交戦権を否認しているのであるから、このような第2項の下においては、集団的自衛権行使の前提となる武力の保持・行使そのものが不可能となってくる。政府はこれを自衛権の行使についてはクリアするために、前述したような「武力による自衛権」論とそれに基づく最小限度自衛力論を展開してきたが、この議論を前提とする限りは、他国の防衛をその内実とする集団的自衛権を正当化することは困難と言わざるを得ないように思われる。言い換えれば、9条の第2項が、個別的自衛権の枠を超えて集団的自衛権の行使を可能とする議論に対する歯止めの役割を果たしてきたといってよいように思われるのである。そのことを明言しないのは、高辻のような9条1項論も政府部内において強く存在していたからなのであろうか。あるいは第1項と第2項の双方によって集団的自衛権の行使は禁止されると解釈したのであろうか。あるいはまた、第1項でも第2項でも、いずれにしても9条によって集団的自衛権の行使が禁止されるということには変わりがないのだから、あえて第1項であろうとも、第2項であろうともどちらでもよいということになったのであろうか。これらの点は不確かであるが、いずれにしても、政府見解が、集団的自衛権行使が禁止されるのが、9条の第1項によるか、それとも第2項によるか、あるいはその双方によって禁止されるのかを明示しないのは、憲法解釈論としては、いささか不明瞭であるとの指摘を免れがたいと思われる。

4　最後の歯止めとしての集団的自衛権行使の否認

　集団的自衛権の行使が認められないとする従来の政府見解などについては、以上のような問題点があることは、指摘しておくべきであるが、ただ、他方で、このような政府見解が、憲法9条の下において、日本がアメリカの意向などに従って、海外で直接武力行使をすることを禁止する役割を果たしてきたことは確かであろう。日本国憲法施行以来70年近くの間、日本が海外で直接武力行使をすることをせず、その結果、海外の人たちを戦争で殺戮することもなく、また自衛隊員が殺傷されることもなかったのは、まさに集団的自衛権の行使は憲法上禁止されるという政府見解が維持されてきたからであった。その意味で

は、集団的自衛権行使禁止の憲法解釈は、日本が戦争国家にならないための最後の歯止めとしての規範的意味をもってきたということもできるのである。その意味は、きちんと確認しておくべきであろう。[82]

そして、この点に関して合わせて指摘しておくべきは、このような政府見解は、上述したところからも明らかなように、決して政府が当初から積極的に展開してきたものではなかったということである。それは、平和憲法を擁護しようとする国民の広範な運動を背景とした国会などでの熾烈な質疑討論の中で政府が少なからず受動的にとってきたものであったということである。政府は、日米安保体制の下で憲法の理念に反する日米軍事協力を着実に推進してきており、集団的自衛権の行使に実質的に踏み込むような施策も少なからずとってきた。1997年の日米新ガイドラインの策定以降の政府の施策は、そのように位置付けられるであろう。しかし、それにもかかわらず、集団的自衛権行使の禁止という最後の歯止めとなる憲法解釈論だけは、なんとかその間も維持してきたのである。

ところが、このような政府見解に対しては、近年、集団的自衛権の行使を認めるべきであるという立場からする議論が少なからず出されるようになってきた。そして、そのような議論は、アメリカなどからも積極的に提示されるようになってきた。三次にわたるいわゆるアーミテージ報告がその典型例である。[83]そして、それに呼応するかのように、日本国内においても、従来の政府見解を変更すべきとする議論が政府部内からも公然と出されてきたのである。第一次安倍内閣の私的諮問機関である安保法制懇（第1次）の報告書、そして第二次安倍内閣の安保法制懇（第2次）の報告書がそれである。そこで、以下には、安保法制懇（第1次）の報告書について検討することにしよう。

5 　安保法制懇（第1次）報告書の四つの類型論

安倍首相は、2007年5月に首相の私的諮問機関である「安全保障の法的基盤の再構築に関する懇談会」（第1次安保法制懇）（座長・柳井俊二元駐米大使）に以下の四つの類型を問題意識として提示した上で、これらの類型に関して、憲法解釈のあり方を含む提言を求めた。①公海における米艦船防護、②弾道ミサイル

迎撃、③PKO活動等における武器使用、④PKO活動等における他国への後方支援。

ただ、安倍首相は、その後まもなく辞任したので、安保法制懇の報告書（以下、「報告書」と略）は、安倍首相に手渡されることはなく、つぎの福田首相に手渡された。しかし、福田首相も、そのつぎの麻生首相も、この「報告書」に基づいて具体的な対応をすることはなく、民主党政権に政権交代したので、この「報告書」はお蔵入りするかにみえた。ところが、2012年12月の衆院選挙の結果、第二次安倍内閣が誕生したことに伴い、安倍首相は再度安保法制懇（第2次）をほぼ同じメンバーで立ち上げて、集団的自衛権についての検討を要請した。同懇談会は、2014年5月に最終報告書を提出したが、そこでは、上記の4類型以外にもさらに集団的自衛権を行使すべき事例がいくつか挙げられている。ただ、その報告書でも、上記の4類型が基本となっていることは確かなので、以下には、これらの4類型について、その中でも集団的自衛権が問題となる第1及び第2の類型を中心として、「報告書」の内容を検討してみることにしよう。

1 第1類型と第2類型について

(1) **集団的自衛権の行使を合憲とする法的根拠**　「報告書」は、第1類型と第2類型について集団的自衛権の行使を可能とすることの憲法上の根拠を要旨つぎのように述べている（17頁以下）。

まず、憲法の解釈に際しては、文脈、制定経緯、国の基本戦略、各時代の社会・経済等の要請その他関連の諸事情をも考慮する必要がある。特に憲法9条の対象となっている戦争、武力行使、個別的自衛権、集団的自衛権、集団安全保障等は、本来国際法及び国際関係の十分な理解なしには適切な解釈は行い得ない。従来の政府解釈は、激変した国際情勢及び我が国の国際的地位に照らせばもはや妥当しない。

そして、憲法9条1項は、国権の発動たる戦争と、武力による威嚇又は武力の行使を「国際紛争を解決する手段としては、永久にこれを放棄する」ものであって、「個別的自衛権はもとより、集団的自衛権の行使や国連の集団安全保障への参加を禁ずるものではないと読むのが素直な文理解釈であろう」。そう

第1章　憲法9条と集団的自衛権　63

とすれば、「前項の目的を達するため、陸海空その他の戦力は、これを保持しない」という第2項は、「第1項の禁じていない個別的・集団的自衛権の行使や国連の集団安全保障への参加のための軍事力を保持することまで禁じたものではないと読むべきであろう」。

「報告書」の集団的自衛権行使を合憲とする根拠付けは、要約すれば、以上に尽きるように思われるが、しかし、このような根拠付けは、従来の政府の解釈を否定して、その変更を迫るものとしてはあまりにもお粗末なものと言わざるを得ないと思われる。まず、憲法解釈、特に9条解釈のあり方についてであるが、たしかに、憲法9条の解釈に際して国際法や国際情勢などについての理解も必要なことはいうまでもないが、しかし、例えば、国際情勢についてはまさに立場によってさまざまに捉え得るのであって、安保法制懇の見方が唯一正しい見方ということは決していえないのである。しかも、集団的自衛権については、本章の「2　国連憲章における集団的自衛権とその運用実態」でも指摘したように、それが国連の集団安全保障との関係についてどう捉えるかについても種々の見解があるし、また集団的自衛権の運用実態をみれば、それを肯定的に捉えることに対しては少なからぬ疑問が生じるのである。そのことを抜きにして、集団的自衛権に関して安易な9条解釈を行うことはできないというべきなのである。

つぎに、具体的な9条解釈の中味に即していえば、安保法制懇の解釈は、従来から一部の学説で唱えられてきたし、また政府も一時期その趣旨のことを述べて、その後すぐに撤回したいわゆる自衛戦力合憲論そのものである。このような自衛戦力合憲論は、憲法解釈としては到底成り立ちようがないとして、政府も、1954年以降は、いわゆる「自衛力」論を採用してきたのである。それをあらためて否定するのに、またぞろ自衛戦力合憲論を持ち出すということは、歴史を逆回転させるのみならず、憲法解釈論としても、その枠をはるかにはみ出すものといえよう。

ちなみに、その解釈論を内容に即してごく簡単に批判すれば、第1に、9条1項はたしかに自衛戦争までも禁止したものかどうかについては論議の存するところであるが、集団的自衛権までも認めたものではないことは、前述した高辻正巳の見解でも示されている。第2に、かりにその点は措くとしても、9条

64

2項の「前項の目的を達するため」という文言は、同項の戦力不保持に内容的な限定を加える趣旨のものではなく、むしろ戦力不保持の動機が「人類の平協、世界平和の念願」に基づくものであることを強調する趣旨のものであることは制定議会における議論をみれば明らかである。[87] 第3に、そもそも戦力に関しては、あらかじめ自衛のための戦力と侵略のための戦力を区別することは土台不可能である。いかなる国の軍隊も公然と侵略を目的として掲げることはあり得ない以上は、自衛のための軍隊を保持できるとすることは、結局9条2項の規範的意味を完全にないがしろにすることになる。第4に、もしかりに9条2項が自衛のための戦力の保持を認めていたとした場合には、当然あってしかるべき宣戦講和の権限の所在とか、軍隊に対する指揮命令権の規定が憲法にはないのである。このことは、軍隊の存在を9条2項は想定していないことを裏付けるものといってよいのである。以上の点からすれば、9条2項は自衛のためであると否とを問わず、戦力の保持を禁止し、また交戦権を否認したものと言わざるを得ないであろう。

そうであるとすれば、戦力の保持行使を前提とする集団的自衛権の行使も容認することはできないのである。安保法制懇の見解は、その憲法的な基盤を欠いたものというべきであろう。

(2) **第1類型と第2類型が想定する事態**　「報告書」は、安倍首相の諮問に応じて、第1類型の事態としては、「共同訓練等で公海上で、自衛艦船が米軍艦船の近くで行動している場合、米軍艦船が攻撃を受けた場合」（傍点・引用者）を想定しており、また第2類型の事態としては、「米国に向かうかもしれない弾道ミサイルの迎撃」を想定している。しかし、このような想定に関しては、そもそも、「安倍首相自身が提起した問題設定は、集団的自衛権に関する設問（＝第1類型と第2類型）については軍事的にありえない事態を前提としている」とする批判が元内閣官房にいた柳澤協二からも出されているのである。[88] その細部については、私見は柳澤の見方と必ずしも同じではないが、「軍事的にありえない事態を前提としている」とする点については、基本的に同感できると思われる。

まず、第1類型に関していえば、そもそも日米艦船が公海上で単なる共同訓練をしている場合に米艦船に他国が武力攻撃を仕掛けてくるというような事態

は、ほとんど想定できないように思われる。2013年4月に米韓合同軍事演習が朝鮮半島近くで一カ月近く行われたが、北朝鮮はそれを強く批判したが、米軍に対して武力攻撃をすることはなかったのである。いわんや公海上における日米共同訓練に対する北朝鮮の武力攻撃などはほとんど想定できないと思われる。第1類型（「共同訓練等」）ということであるいは想定され得るのは、日本有事の場合に、それに対処しようとする米艦船が攻撃を受けた場合であるが、そのような場合は、従来の政府見解によれば個別的自衛権で対応できるとされているので、あえて集団的自衛権をもってくる必要性はない。

　むしろ、第1類型の下でおそらくは想定されているのは、アメリカが他国と武力衝突をしていて、その他国が公海上で米艦船に攻撃をしている場合に、それに対して自衛隊が米国艦船に対して武力行使を伴う軍事支援を行うことができるかどうかであるように思われる。しかし、そのような場合に、自衛隊が米艦船の防護のために他国を武力攻撃するようなことは、そもそも、日米安保条約自体が認めていないのである。日米安保条約はあくまでも「日本国の施政の下にある領域における、いずれか一方に対する武力攻撃」が発生した場合にのみ「共通の危険に対処するように行動する」（5条）ことを定めているにすぎないのであって、それを超えた地域における共同の武力行使はなんら認めていないのである。そのような場合についても自衛隊の武力行使を容認する趣旨を含むとすれば、第1類型は、憲法のみならず、現行安保条約をも逸脱することになりかねないのである。

　また、第2類型についていえば、この類型が想定する事態が生じる可能性はほとんどないというのが、軍事専門家の一般的見方である。そもそも北朝鮮によるアメリカ本土に対するミサイルは、北極圏を通ってアメリカ本土に行くので、日本の上空は通過しないのである。また、北朝鮮がハワイやグアムに向けてミサイルを発射する可能性はたしかに絶無とはいえないが、しかし、そのような場合に、自衛隊のミサイル（SM-3）では、能力的に高度100〜200キロ程度までしか届かず、高度1000キロ以上を飛行する弾道ミサイルを打ち落とすことはできないのである。柳澤もいう。「米国に向かう長距離のミサイルは、弾頭はすでに相当高度・速度に達しており、しかも、日本から離れて行く。これを、弾頭よりも速度が遅く到達高度が低い迎撃用ミサイルで『追跡して』撃ち落と

すことは物理的に不可能だ[90]」。

このようなことは明らかであるにもかかわらず、あえて、このような事態を安倍首相や安保法制懇が想定する真意は一体どこにあるのであろうか。それは推測するしかないが、屁理屈であれ、なんとか理由をみつけて集団的自衛権の行使を認めたいという意向があるとともに、もう一つには敵基地攻撃能力をもったミサイルを近い将来装備したいという思惑があるからというのは、うがった見方であろうか。政府与党内で先制攻撃能力論が浮上していること[91]は、そのような見方を裏付けているようにも思われるのである。

2　第3類型と第4類型について

「報告書」は、PKOにおける武力行使を合憲とする根拠として、要旨つぎのように述べている。9条1項の「国際紛争を解決する手段としては」武力による威嚇又は武力の行使を放棄するという文言は、「そこでの『国際紛争』」は我が国が当事者となっている国際紛争の解決のために我が国が個別国家として武力に訴えることは放棄するという趣旨であって、我が国が国連等の枠組の下での国際的な平和活動を通じて、第三国間の国際紛争の解決に協力することは、むしろ憲法前文（『われらは、いづれの国家も、自国のことのみに専念して他国を無視してはならない……』）からも期待されている分野と言わなければならない」（21頁）。

しかしながら、このような9条1項の解釈論はやはり間違ったものと言わざるを得ないであろう。何故ならば、PKOが出動するような事態も「国際紛争」であることは間違いないのであって、日本が個別国家として関与していないから「国際紛争」には該当しないというのは、文言解釈として明らかにおかしいからである。従来の政府見解でも「国際紛争」とは「一般に、国家（あるいは国家の準じる団体）間で特定の問題について意見を異にして、互いに自己の意見を主張して譲らず、対立している状態」と定義して[92]おり、特に我が国が当事国となっている紛争には限定していないのである。また、「報告書」が憲法前文を引き合いに出して、PKO活動における武力行使を正当化することも、根拠薄弱というべきであろう。

そもそも、PKO（平和維持活動）自体、国連憲章に明確な根拠をもつものでは

第1章　憲法9条と集団的自衛権　67

なく、その性格もあいまいなものである。「憲章第6章半」ともいわれている所以である。たしかに、PKOが憲章第6章の「紛争の平和的解決」に資する役割を果たす場合に、それに日本が参加するについては憲法上の問題はないし、また、そのような平和的解決のための非軍事的なPKOについては日本としても積極的に参加すべきであると思われる。しかし、PKOの中でも、憲章第7章の軍事的な措置に立ち入るような活動については、日本としては憲法上参加できないというべきと思われる。

なお、PKOの場合には、たしかに、現実に第3類型と第4類型が想定するような事態は生じ得るであろう。しかし、日本は、PKO協力法において、その活動について五原則（①紛争当事国の停戦合意の成立、②自衛隊の参加についての紛争当事国の同意、③中立性の維持、④以上の3条件が満たされない場合の自衛隊の撤収、⑤武器使用は要員の生命安全の防護のための必要最小限度のみが認められる）をもって参加することにしたはずである。このような原則自体が（とりわけ武器の保持と使用を認めている点については）、憲法9条に照らせば、問題があるのに[93]、そのような枠組を取り払って全面的に武力行使を可能とするような議論は、到底憲法9条の下では容認できないであろう。しかも、第3類型や第4類型のような事態での自衛隊の武器使用が容認されたならば、つぎには、多国籍軍への自衛隊の参加と武力行使への道が開かれてくることになるであろうことは容易に想定され得るのである。そのような危険性を伴う武力行使はPKOについてであれ認めることはできないのである。

3 「新たな安全保障政策構築の方法」と「課すべき制約」について

「報告書」は、上述したような論理を用いて第1、第2類型について集団的自衛権の行使が必要であるとした上で、「新たな安全保障政策構築の方法」としては、憲法解釈の変更によって可能であって、憲法の改正は不要であるとして、その理由を要旨つぎのように述べている。①9条が禁止しているのは、「国際紛争を解決する手段として」の「国権の発動たる戦争と、武力による威嚇又は武力の行使」であり、集団的自衛権の行使などを明文上禁止するものではない。②従来の政府解釈は、その時々の政治状況に照らして、具体的な問題に直面して、政府が主として国会答弁などで表明してきたものである。③従来の解

釈が過去の安全保障環境などを反映した歴史的なものである以上、その解釈は、このような環境が激変した今日では適合せず、その変更を迫られている。よって、これらの解釈の変更は、「政府が適切な形で新しい解釈を明らかにすることによって可能であり、憲法改正や立法措置を必要とするものではない」（26頁）。

他方で、「報告書」は、集団的自衛権が全面的に認められた場合には米国が当事国となっている紛争の多くに日本が参加させられるのではないかといった不安が国民の間に生じることも懸念されるので、一定の制約を定めておくことが必要であるとして、要旨つぎのような点を提言している。①米艦防護及び弾道ミサイル防衛に関して集団的自衛権に基づいてとり得る措置についてはそれぞれ関係法律においてその具体的措置の範囲と手続を規定する。②自衛隊の部隊の海外派遣については国会の承認にかからしめることにする。③集団的自衛権に基づいて米国に協力する場合には、日米同盟の信頼性を維持・増進する上で不可欠であり、我が国の安全確保に資するものに限ること等の基本方針を閣議決定などで確定しておく（25頁）。

「報告書」が、集団的自衛権の行使を認めるためには憲法改正は必要なく、政府がなんらかの形でその旨を明らかにすればよいとしているのは、9条1項についての上記①のような解釈論からすれば、そういう結論になるであろう。しかし、それが憲法解釈論としてまったく根拠をもたないものであることは上述した通りである。また、上記②と③の理由は、憲法改正の必要性を説く議論としてはあるいは成り立ち得るかもしれないが、解釈による変更を正当化する議論としては、まったく根拠のないものである。そもそも、集団的自衛権の行使が憲法上できないとする憲法解釈は、政府自身が少なくとも1970年代以降40年の長きにわたってとってきた見解である。それを政府が例えば一片の閣議決定などで変更した場合には、一体どういうことになるのであろうか。この点、元内閣法制局長官であった阪田雅裕は、つぎのようにいう。「そういう成文法の意味すら内閣が自由に左右できるとなると、一体法治主義とか法治国家というものは何だということになり、国民の憲法や法律を尊重しようという、遵法精神にも非常に影響することになりかねません」[94]。高見勝利もつぎのようにいう。「その時点で第9条の規定は明文改正をまたず、国家権力を拘束する最高

の法規範としての意味を喪失する。……そのとき、日本は『法の支配』『法治国』の看板を下ろすほかあるまい」。浦田一郎もつぎのようにいう。「集団的自衛権が行使できるように解釈を変えたとすれば、……9条は何も禁止していないことになります。……これは、実質的には9条の削除を意味します」。

　「報告書」は、集団的自衛権の行使の解禁が国民に不安を与えることを考えて、一定の「制約（歯止め）」をかけるようにすべきとして上引のような三点ほどを提言しているが、しかし、それらは歯止めとしての意味をほとんど持ち得ないものといえよう。法律が歯止めとしての意味を持ち得ないことは、自民党の「国家安全保障基本法案」をみれば明らかであるし、また自衛隊の海外派遣についての国会の承認も事前の承認とは書いていないのである。さらに、政府が集団的自衛権の行使についての基本方針を閣議決定したとしても、それがアメリカとの関係では拘束的な意味をほとんどもたないであろうことはこれまでの日米関係（例えば、事前協議制など）をみれば明らかであろう。自衛隊の野放図な対米軍事協力を制約してきたのは、憲法9条であり、またその下での集団的自衛権行使の禁止という憲法解釈であった。その制約を一方的に取り外しておきながら、制約にもならない「歯止め」を申し訳的に云々しても、なんらの説得力を持ち得ないのである。

6　小　　結

　以上、集団的自衛権をめぐるいくつかの問題点を憲法9条との関連で検討してきた。結論的にいえることは、憲法9条を前提とする限りは、集団的自衛権の行使を容認する解釈論をとることは断じてできないということである。それは、憲法解釈の「枠」をはるかに踏み越えて、憲法の最高法規性を否認し、日本が立憲国家であることをも否認することを意味している。

　しかも、そのようにして集団的自衛権の行使を容認することによって、自衛隊は世界中どこにでも出兵して、戦火を交えて多数の死者を生み出すことになるであろう。日本は、平和国家から戦争国家へ、軍事国家へと変質することになるであろう。

　安倍首相は、冒頭に引用したように、「集団的自衛権の行使とは、米国に従

属することではなく、対等になることです」「それにより、結果として抑止力が強化され、自衛隊も米軍も一発の弾も撃つ必要はなくなる」と述べているが、これは、明らかに事実認識としても間違っている。集団的自衛権の容認は、対米従属を一層強めることに資することはほぼ間違いない。これまでにもアメリカから、「show the flag !」とか、「boots on the ground !」といわれてきたが、今後は、これに忠実に従わざるを得なくなるであろう。そのような関係を「対等になる」とは到底いえないであろう。三次にわたるいわゆるアーミテージ報告が、日本に対して執拗に集団的自衛権の行使を要請してきたのも、日米の「対等な関係」を求めてではなく、むしろアメリカの要請に日本が従って、軍事協力をもっとできるようにするためであることは明らかであろう。

また、集団的自衛権は抑止力になるという安倍首相の認識もおかしいと思われる。ちなみに、国際法学者のクリスティーヌ・グレイは、冷戦時代においては、NATOやワルシャワ条約機構などの集団的自衛権の条約の存在自体が武力攻撃に対する抑止として機能し、かくて小国を保護してきたのではないかといった議論もあり得るとした上で、しかし、このような議論は不確かな(speculative)ものであり、「事実としては、これらの条約が他の国家当事者による介入を正当化することに資してきたという別の結論を導き出すことも可能である」としているのである。[98] けだし、妥当な見解というべきであろう。

現在の国際社会、特に東アジアは、「安全保障のジレンマ」に陥っているといってよい。[99] 集団的自衛権行使の容認は、そのジレンマをさらに深める意味をもつことになる。東アジア地域における「安全保障のジレンマ」から脱却するには、日本が率先して憲法9条の理念の下で「軍縮のイニシアティブ」(核軍縮を含めて)をとることであって、[100]決して集団的自衛権を容認していくことではないと思われる。

1) 安倍晋三『美しい国へ』(文春新書、2006年) 131頁。
2) 安倍晋三『新しい国へ』(文春新書、2013年) 253頁以下。
3) 野田佳彦『民主の敵』(新潮新書、2009年) 134頁、前原誠司『政権交代の試練』(新潮社、2012年) 96頁。
4) 田岡良一『国際法上の自衛権(補訂版)』(勁草書房、1981年) 191頁、西崎文子『アメリカ冷戦政策と国連1945年—1950年』(東京大学出版会、1992年) 19頁、小田滋・石本泰

雄編集代表『祖川武夫論文集・国際法と戦争違法化』(信山社、2004年) 139頁、豊下樽彦『集団的自衛権とは何か』(岩波新書、2007年) 18頁、森肇志「集団的自衛権の誕生」国際法外交雑誌102巻1号 (2003年) 97頁など参照。

5) 以下の諸提案については、see, S.A.Alexandrov, *Self-Defense against the Use of Force in International Law* (Kluwer Law International, 1996) p.86. また、中谷和弘「集団的自衛権と国際法」村瀬信也編『自衛権の現代的展開』(東信堂、2007年) 30頁以下参照。

6) 森・前掲注 (4) 85頁以下。

7) 従来の三分類については、祖川・前掲注 (4) 156頁、藤田久一『国連法』(東京大学出版会、1998年) 295頁参照。なお、山本草二『国際法 (新版)』(有斐閣、1994年) 736頁は、①集団的自衛権は、一国に対する武力攻撃が行われることによって、他の諸国も、各自の個別的自衛権を共同行使するかまたは地域的安全保障に基づいて共通の危険に対処するための共同行動をとるか、いずれかの場合とする説と、②自国の実体的な権利が侵害されているからではなく、平和・安全に関する一般的利益に基づくものであるとする説に二分類しているし、また森・前掲注 (4) 80頁も、基本的に①「自国の防衛」とする見解と②「他国の防衛」とする見解とに分かれるとして二分類に整理している。本文でいう分類の②を「自国の防衛」の中に含めれば、そのように分類することも可能であろうが、私は、②は、①と③の中間的な見解だと考えるので、従来の分類に従って、整理した方が適切であると考える。さらに、松葉真美「集団的自衛権の法的性質とその発達」レファレンス696号 (2009年) 88頁は、①正当防衛論、②自己防衛論、③自己防衛論に基礎を置く、他国に関わる死活的な利益の防衛論の三つに分類している。①の正当防衛論は、他国の防衛を支援する権利とほぼ同じであるが、その根拠を正当防衛論におく見解のことをそのように呼んでいる。なお、諸学説の検討については、安田寛・宮沢浩一・大場昭・西岡朗・井田良ほか『自衛権再考』(知識社、1987年) 56頁以下も参照。

8) D.W.Bowett, *Self-Defence in International Law* (Manchester University Press, 1958) p.206.

9) 大平善悟「集団的自衛権の法理」安全保障研究会編『安全保障体制の研究 (上)』(時事通信社、1960年) 199頁以下。

10) H.Lauterpacht (ed.), *Oppenheim, International Law, A Treatise, Vol.II* (Longmans, Green and CO Ltd, 1952) p.155. なお、ローターパクトは、「集団的自衛権は、合理的に (rationally) 考えられた個別的自衛権以上の何ものでもない」(p.156) とも書いているので、集団的自衛権を広い意味では個別的自衛権の範疇に属すると捉えているようであるが、ただ、それは私の分類でいう①とは異なっているようにみえるので、②の分類とした。

11) 田畑茂二郎『国際法Ⅰ (新版)』(有斐閣、1973年) 365頁以下。

12) 高野雄一『新版国際法概論 (下)』(弘文堂、1972年) 389頁。

13) H.Kelsen, *The Law of the United Nations* (Stevens & Sons Limited, 1951) p.915.

14) H.Brownlie, *International Law and the Use of Force by States* (Oxford University Press, 1963) p.330.

15) 横田喜三郎『自衛権』(有斐閣、1951年) 126頁以下。

16) 大平・前掲注 (9) 200頁以下。

17) 最上敏樹「集団的自衛権」国際法学会編『国際関係法辞典』(三省堂、1995年) 403頁。浅井基文『集団的自衛権と日本国憲法』(集英社新書、2002年) 80頁も、「集団的自衛権の本質は、『他衛』であって、自衛ではありません」としている。
18) ニカラグア判決については、see, *ICJ Reports*, 1986, p.14. 特に、see, para.195-199.
19) 最上敏樹「集団的自衛権とは」樋口陽一・水島朝穂・最上敏樹・藤島宇内ほか『世界別冊・ハンドブック・新ガイドラインって何だ?』(岩波書店、1997年) 59頁。樋口陽一『憲法Ⅰ』(青林書院、1998年) 439頁も、集団的自衛権と集団安全保障との間には、「建前上、本質的な差異がある」として、集団的自衛権は、憲章第七章の集団安全保障にとってはいわば「鬼子」であったとする。 さらに、松井芳郎『国際法から世界を見る (第三版)』(東信堂、2011年) 293頁も、「集団的自衛権を基礎とする軍事同盟は、憲章の明文に違反するものではないとしても、その理念 (=集団安全保障) とは決定的に矛盾し (ている)」とする。
20) 横田・前掲注 (15) 104頁以下。筒井若水『国連体制と自衛権』(東京大学出版会、1992年) 116頁もこの立場をとっている。
21) 高野雄一『国際安全保障』(日本評論新社、1953年) 67頁以下。 また、森肇志「国際法における集団的自衛権の位置」ジュリスト1343号 (2007年) 21頁も、「集団的自衛権が、一方では……集団の安全保障体制を補完するものでありながら、同時に戦争を誘発しかつ拡大させる危険性、さらには集団安全保障体制を瓦解させる危険性があるという点で、それと矛盾・対立する契機を内在するものである」「その意味で、集団的自衛権は、そもそも秩序と無秩序との間に誕生したのであり、二面性を有するものだった」としているので、③の折衷説的な立場をとっているようにみえる。
22) 集団安全保障については、とりあえずは、松井・前掲注 (19) 231頁、山本吉宣「集団安全保障」国際法学会編・前掲注 (17) 403頁など参照。
23) なお、N.Krisch, *Selbstverteidigung und kollektive Sicherheit* (Springer, 2001) S.406ff. は、若干違った視点からではなるが、自衛 (集団的自衛を含めて) と集団安全保障とは国際関係に関する思考において相矛盾した性質を体現するものであるとした上で、国際社会は、集団安全保障あるいは人類の平和を国家の自衛あるいは安全よりも優先させて考えるべきだとしている。集団的自衛権と集団安全保障を矛盾対立するものと捉えている点では、①説の見解を基本的にとっているようにみえる。
24) 中谷・前掲注 (5) 46頁以下は、冷戦期の事例として、12の事例を、冷戦後の事例としては、湾岸戦争におけるアメリカなどの武力行使 (1990年)、ロシアをはじめとするCIS (独立国家共同体) によるタジキスタンへの武力行使 (1993年)、同時多発テロ事件に伴うNATO諸国のアフガニスタンへの武力行使 (2001年) の3事例を挙げている。
25) ベトナム戦争と国際法に関しては、see, R.Falk (ed.), *The Vietnam War and International Law* (Princeton Unversity Press,1968). この本の資料編 (583頁以下) に、アメリカ政府のベトナム戦争に関する見解 (The Legality of United States Participation in the Defense of Viet-Nam) が収録されている。なお、リチャード・フォーク (佐藤和男訳)『ベトナム戦争と国際法』(新生社、1968年)、リチャード・フォーク (寺沢一編訳)『ヴェトナムにおける法と政治 (上・下)』(日本国際問題研究所、1969年、1970年) 参照。
26) Alexandrov, op.cit., p.222.

27)　「プラハの春」については、加藤周一『言葉と戦車』（筑摩書房、1969年）、藤村信『プラハの春　モスクワの冬』（岩波書店、1975年）。
28)　*Yearbook of the United Nations*, 1968, p.298. Alexandrov, op.cit., p.247.
29)　*Yearbook of the United Nations*, 1980, p.299. Alexandrov, op.cit., p.226. また、中谷・前掲注（5）47頁参照。
30)　Alexandrov, op.cit., p.247. なお、ソ連のアフガニスタン侵攻についての最近の研究としては、ロドリク・ブレースウェート（河野純治訳）『アフガン侵攻』（白水社、2013年）参照。
31)　*ICJ Reports*, 1984, p.392. この判決については、山本草二「国際裁判手続の予備的段階――先決的問題をめぐる抗弁の分類」『国際法判例百選』（有斐閣、2001年）176頁及び内ヶ崎善英「紛争処理における安保理とICJの役割」『国際法判例百選（第二版）』（有斐閣、2011年）178頁参照。
32)　*ICJ Reports*, 1986, p.14, para. 195-199. なお、この判決については、とりあえずは、松田竹男「武力不行使原則と集団的自衛権――ニカラグア事件（本案）」『国際法判例百選』206頁、浅田正彦「武力不行使原則と集団的自衛権――ニカラグア事件（本案）」『国際法判例百選（第二版）』216頁参照。See, also, C.Gray, *International Law and the Use of Force* (Oxford University Press, 2000) p.123.
33)　安保理決議については、see, http://www.un.org/Docs/sc/
34)　Alexandrov, op.cit., p.264.
35)　湾岸戦争の国際法上の問題点については、松井芳郎『湾岸戦争と国際連合』（日本評論社、1993年）参照。なお古川純・山内敏弘『戦争と平和』（岩波書店、1993年）203頁以下も参照。
36)　多国籍軍の軍事行動をどう捉えるかについて、大沼保昭「『平和憲法』と集団安全保障（2・完）」国際法外交雑誌92巻2号（1993年）59頁は、①多国籍軍として結集した諸国の集団的自衛権の行使とみるか、②憲章42条の軍事的措置とみるか、③安保理決議678の「授権」は集団的自衛権としての武力行使とも憲章42条の「行動」とも両立すると解するか、④憲章上の根拠を欠く違法な行動とみるか、⑤国連の内在的機能に基づく公的制裁活動とみるか等の諸説があり、そのいずれとみるかは「困難な問題である」としている。このように諸説があること自体、その根拠が疑わしいことを物語っているように思われる。
37)　集団的自衛権の行使について均衡性（proportionality）の要件が必要であることは、ニカラグア事件に関する国際司法裁判所の判決も認めているところである。see, *ICJ Reports*, 1986, p.122, para.237.
38)　グリーンピースの報告書については、世界臨時増刊『総決算・湾岸戦争』（1991年）68頁参照。また、ラムゼー・クラーク『被告ジョージ・ブッシュ有罪』（柏書房、1991年）参照。
39)　松井芳郎『テロ、戦争、自衛』（東信堂、2002年）、藤田久一「国際法からみたテロ、アフガン武力紛争」軍事問題資料255号（2002年）8頁、本間浩「国際法からみたアメリカのアフガニスタン攻撃」山内敏弘編『有事法制を検証する』（法律文化社、2002年）39頁参照。

40) Gray, op.cit., p.142.
41) 参議院事務局編『帝国憲法改正審議録戦争抛棄編』(新日本法規出版、1952年) 48頁及び68頁。なお、この点については、とりあえずは、拙著『平和憲法の理論』(日本評論社、1992年) 121頁以下参照。なお、以下の集団的自衛権に関する政府見解の変遷については、阪口規純「集団的自衛権に関する政府見解の形成と展開 (上・下)」外交時報1330号70頁及び1331号79頁 (1996年)、前田哲男・飯島滋明『国会審議から防衛論を読み解く』(三省堂、2003年)、畠基晃『憲法９条』(青林書院、2006年)、豊下・前掲注 (4)、鈴木尊紘「憲法第９条と集団的自衛権」レファレンス730号 (2011年) 31頁、浦田一郎『自衛力論の論理と歴史』(日本評論社、2012年)、佐瀬昌盛『新版・集団的自衛権』(一藝社、2012年)、浦田一郎・前田哲男・半田滋『ハンドブック集団的自衛権』(岩波ブックレット、2013年) などを参考にした。
42) 第７回国会衆議院外務委員会議録第１号 (1949年12月21日) 7頁。
43) 第７回国会衆議院予算委員会議録第７号 (1950年２月３日) 7頁以下。
44) 豊下楢彦『安保条約の成立』(岩波新書、1996年) 57頁以下参照。
45) 第12回国会参議院平和条約等特別委員会議録第12号 (1951年11月７日) 5頁。
46) 第19回国会衆議院外務委員会議録第57号 (1954年６月３日) 4頁以下。
47) バンデンバーグ決議については、西崎・前掲注 (4) 91頁以下および神谷竜男「バンデンバーグ決議と新安保条約」安全保障研究会編・前掲注 (9) 46頁以下参照。
48) この点については、拙著『立憲平和主義と有事法の展開』(信山社、2008年) 14頁。
49) 第34回国会参議院会議録第６号 (1960年２月10日) 77頁。
50) 第34回国会参議院予算委員会議録第23号 (1960年３月31日) 25頁。
51) 第34回国会衆議院内閣委員会議録第41号 (1960年５月16日) 3頁。
52) 第34回国会衆議院日米安保条約等特別委員会議録第21号 (1960年４月20日) 36頁以下。
53) 田畑茂二郎『安保体制と自衛権 (増補版)』(有信堂、1968年) 123頁以下。
54) 杉原泰雄『憲法Ⅱ』(有斐閣、1989年) 159頁。
55) この点については、拙著・前掲注 (48) 16頁。
56) この「資料」は、国会の議事録には収録されていないようであり、参議院事務局に問い合わせた結果、朝雲新聞社『防衛ハンドブック』(2012年版) 574頁掲載の「資料」がそれであると確認したので、同書掲載のものを引用する。
57) 旧日米ガイドラインについては、拙著・前掲注 (48) 19頁。
58) 内閣衆資94第32号 (1981年５月29日) 3頁。
59) 第98回国会参議院予算委員会会議録第６号 (1983年３月15日) 2頁。
60) 第31回国会参議院予算委員会議録第14号 (1959年３月19日) 13頁における林修三法制局長官答弁。なお、政府の「一体化」論については、浦田・前掲注 (41) 151頁以下参照。
61) 第136回国会参議院内閣委員会会議録第８号 (1996年５月21日) 26頁における大森政輔内閣法制局長官の答弁。
62) 第141回国会衆議院安全保障委員会 (1997年11月27日) における大森政輔内閣法制局長官答弁。
63) この点については、拙著・前掲注 (48) 147頁。
64) 2001年５月８日付けの小泉内閣の「答弁書」(内閣衆資151第58号) 1頁。

65) 佐瀬・前掲注（41）168頁。
66) 判時2056号74頁。なお、この青山判決の意義については、自衛隊イラク派兵差止訴訟の会編『自衛隊イラク派兵差止訴訟全記録』（風媒社、2010年）、また樋口陽一・山内敏弘・辻村みよ子・蟻川恒正『新版・憲法判例を読みなおす』（日本評論社、2011年）25頁以下（山内執筆）参照。
67) 1954年の政府見解については、とりあえずは、拙著・前掲注（41）187頁以下参照。
68) この点については、拙著・前掲注（41）85頁以下参照。なお、「非軍事平和主義」については、本秀紀「軍事法制の展開と憲法9条2項の現在的意義」法学セミナー 2015年1月号25頁参照。
69) 山形英郎「国際法から見た集団的自衛権行使容認の問題点」渡辺治・山形英郎・浦田一郎・君島東彦・小沢隆一『別冊法学セミナー・集団的自衛権容認を批判する』（日本評論社、2014年）42頁以下参照。
70) なお、1972年政府見解の問題点については、浦田一郎「集団的自衛権容認論の歴史」民主主義科学者協会法律部会編『法律時報増刊・改憲を問う』（日本評論社、2014年）18頁以下参照。
71) 第94回国会衆議院法務委員会議録第18号（1981年6月3日）8頁（角田礼治郎法制局長官答弁）。
72) 第140回国会衆議院予算委員会議録第12号（1997年2月13日）33頁（大森政輔内閣法制局長官答弁）。
73) 浦田・前掲注（41）136頁。
74) 第159回国会参議院第3回憲法調査会（2004年3月3日）での答弁（参議院憲法調査会のHP参照）。
75) 第159回国会参議院第3回憲法調査会（2004年3月3日）での答弁（参議院憲法調査会のHP参照）。なお、これらの答弁については、豊下・前掲注（4）11頁以下参照。
76) 佐瀬・前掲注（41）113頁以下。
77) この点については、さしあたり、杉原泰雄編『新版体系憲法事典』（青林書院、2008年）「憲法と国際法」800頁（大藪紀子執筆）参照。
78) 芦部信喜（高橋和之補訂）『憲法（第五版）』（岩波書店、2011年）60頁。佐藤功『日本国憲法概説（全訂第五版）』（学陽書房、1996年）121頁も、「日本の場合は、通常の意味における集団的自衛権は認められない」としている。さらに、長谷部恭男『憲法の理性』（東京大学出版会、2006年）21頁も、「国連憲章によって認められた集団的自衛権を自国の憲法で否認するのは背理だと言われることがあるが、もちろん背理ではない。」としている。
79) 高辻正巳「政治との触れ合い」内閣法制局百年史編集委員会編『証言・近代法制の軌跡——内閣法制局の回想』（ぎょうせい、1985年）42頁以下。
80) 第48回国会衆議院予算委員会議録第17号（1965年3月2日）30頁。
81) 阪口・前掲注（41）（上）88頁参照。
82) 浦田ほか・前掲注（41）（浦田執筆）14頁以下も、「政府の集団的自衛権論は、日米の軍事活動に大きなブレーキをかける結果になっている」としている。
83) 第一次アーミテージ報告については、大久保史郎・倉田玲「国家安全保障戦略・アー

ミテージ報告」全国憲法研究会編『法律時報増刊・憲法と有事法制』(日本評論社、2002年) 458頁参照。また、第三次アーミテージ報告については、see, A Report of the CSIS Japan Chair, *The U.S-Japan Alliance* (CSIS, 2012).

84)　安保法制懇(第1次)の報告書(2008年6月24日)については、http://www.1.r.3.rosenet.jp/nbrhoshu/AnpoHoKiban.html

85)　安保法制懇(第2次)の報告書については、拙稿「安保法制懇報告書における集団的自衛権論」龍谷法学47巻2号(2014年) 115頁(本書第2章所収)参照。

86)　拙著・前掲注(41) 76頁以下参照。

87)　拙著・前掲注(41) 77頁。

88)　柳澤協二「集団的自衛権と安倍政権」世界2013年5月号36頁。

89)　浦田ほか・前掲注(41) 38頁以下(半田執筆)及び桜井宏之「集団的自衛権行使に意味なし」軍事民論527号(2013年)1頁以下参照。

90)　柳澤・前掲注(88) 37頁以下。

91)　政府与党に「先制攻撃」のための敵ミサイル基地攻撃能力をもつべきとする議論があることについては、東京新聞2013年2月19日。

92)　第142回国会衆議院安全保障委員会(1998年5月14日)での秋山収内閣法制局第一部長答弁。浅野一郎・杉原泰雄監修『憲法答弁集』(信山社、2003年) 45頁参照。

93)　PKO法の問題点については、さしあたりは、拙著・前掲注(41) 365頁以下参照。

94)　阪田雅裕「集団的自衛権の行使はなぜ許されないのか」世界2007年9月号45頁。

95)　高見勝利「2013年の政治と憲法」法律時報85巻2号(2013年)3頁。

96)　浦田ほか・前掲注(41) 16頁(浦田執筆)。

97)　「国家安全保障基本法案」については、川口創「国家安全基本法は何を狙うか」世界2013年12月号70頁や青井未帆『国家安全保障基本法批判』(岩波ブックレット、2014年)参照。

98)　Gray, op.cit., p.143.

99)　「安全保障のジレンマ」については、さしあたり拙著『改憲問題と立憲平和主義』(敬文堂、2012年) 223頁及び遠藤誠治「共通の安全保障は可能か」遠藤誠治・遠藤乾編『安全保障とは何か』(岩波書店、2014年) 279頁参照。See also, K.Booth/N.J.Wheeler, *The Security Dilemma: Fear, Cooperation and Trust in World Politics* (Palgrave Macmillan 2008).

100)　坂本義和『軍縮の政治学』(岩波新書、1982年) 187頁以下参照。

第2章
安保法制懇報告書の集団的自衛権論

1　はじめに

　「安全保障の法的基盤の再構築に関する懇談会」(以下、「安保法制懇」と略称)は、2014年5月15日にその「報告書」(以下、単に報告書と略称)を安倍首相に提出したが、安倍首相は、それを踏まえて、同日、集団的自衛権行使容認に向けて検討をする旨を明らかにした。そして、その後、11回開催された自民・公明の与党協議で、公明党が集団的自衛権の容認に舵を切ったことによって、7月1日、安倍内閣は、集団的自衛権の行使を容認する閣議決定を行った。しかし、これは、憲法の立憲主義と平和主義を根底から破壊しようとするものであって、到底容認することはできない。閣議決定については、次章で検討することとして、本章では、閣議決定の元になった安保法制懇の報告書について検討することにする。
　ところで、そもそも安保法制懇は、安倍首相の私的諮問機関でしかない。法律になんらの根拠をもつものではない。そのメンバーも、首相のお気に入りの人達によって構成されており、結論は最初からわかっている。報告書の提出時期も首相の政治的思惑によって決められている。このような諮問機関にはそもそも正統性がないことは、北岡伸一・安保法制懇座長代理自らが認めているところである(朝日新聞2014年5月20日)。重大な憲法問題を審議するにもかかわらず、その14人のメンバーには、憲法研究者は1人しか入っていない。その1人も学界を代表するとは到底いえない人で、学界ではきわめて少数説をとる研究者である。その意味では、そこで、憲法についてのきちんとした議論がなさ

れていないのは、ある意味では当然ともいえるが、それにしても、そこで、なされた議論は憲法論としてはあまりにもひどい代物である。

　北岡伸一・安保法制懇座長代理は、あからさまに憲法を軽視する発言をしている。「憲法だけではなにもできない。憲法学は不要だとの議論もある。憲法などを重視しすぎてやるべきことを達成できなくては困る[2]」(東京新聞2014年4月21日)。安保法制懇の議事要録(第三回)には、「集団的自衛権は憲法問題ですらない」といった発言もみられる。[3] まさに憲法破壊、立憲主義破壊の発言というべきであろう。

　安保法制懇の報告書は、集団的自衛権の行使のみならず、集団安全保障やPKO活動における武力行使、さらには在外邦人の保護のための武力行使、いわゆるグレーゾーン事態における武力行使など、想定され得るほとんどすべての事態における武力行使を全面的に可能とすることを提案している。この報告書のいう通りになれば、憲法9条の規範性はほとんどなくなる。憲法9条はあってなきがごとき状態になる。憲法96条も、あってなきがごとき状態になる。つまりは、憲法というものがあってなきがごとき状態になる。憲法の支配から権力の支配へ、法の支配から人の支配になる。安倍首相はなにかといえば、力による現状変更を批判し、法の支配を強調しているが、その本人が力による現状変更を行い、法の支配を踏みにじろうとしている。

　ニューヨーク・タイムズ(2014年5月9日)も、「憲法の主要な機能は政府の権力を抑制するものであることを安倍氏は、知るべきである。政府の思いつきで変えられるようなものではない。さもなければ、そもそも憲法などをもつ理由はなくなってしまう[4]」と述べているが、まさにその通りである。

　9条についてこのような解釈改憲が認められたならば、憲法の他の条項(人権条項や統治機構)についての解釈改憲も同様に私的諮問機関の報告と閣議決定で可能となる。例えば、従来の政府解釈によれば、日本国憲法の下では、徴兵制は違憲とされてきた。[5] しかし、これも解釈改憲によって、合憲とすることが可能とされることになる。

　集団的自衛権の行使によってさしあたって海外で血を流し、また他国の人々を殺戮するのは、自衛官達であろう。しかし、そうなれば、自衛官の中には退職者が出てくるし、また新たに自衛隊に入隊する人は少なくなるであろう。そ

うなれば、徴兵制が必要になってくる。2012年の自民党の改憲草案は徴兵制の導入を合憲とし得るものとなっているが、現在の憲法の下でも解釈改憲によって徴兵制は可能とされかねないのである。

石破幹事長は、集団的自衛権の行使が可能となった場合には、自衛隊員の死を政治家は覚悟しなければならないと述べたが（朝日新聞2014年4月6日）、戦死するのは単に自衛隊員だけではない。報復テロや報復戦争などによって日本が戦争に巻き込まれ、私達自身が死に直面するかもしれないのである。報告書は、そのことを明言していないが、集団的自衛権の行使を容認するということは、そういうことを意味している。そのことをきちんと認識した上で、私達は、集団的自衛権容認の問題に取り組んでいくことが必要と思われる。以下、具体的に報告書について批判的に検討することにする。

2 解釈改憲による集団的自衛権行使容認の違憲性

憲法96条の改正手続を経ることなく、集団的自衛権の行使を認めることは、9条に違反するのみならず、なによりもまず96条に違反する。そして、そのように権力担当者に課された憲法規範を無視するという意味では立憲主義を根底から破壊することになる。

憲法96条は、単に憲法の明文の規定（テキスト）を改正し、あるいは新たな明文規定を設ける場合に、96条の改正手続を必要とするとしているだけではない。実質的な意味での憲法の根本原理（国の基本的なかたち）の変更を行う場合にも、96条の改正手続を必要とすることをも要請している。96条が「この憲法の改正は……」と規定していることの意味は、実質的意味での憲法原理の改正をも含めているのである。この点は、従来、必ずしも明確には指摘されてこなかったが、あらためて確認しておくことが必要であろう。

もちろん、憲法規定には一定の解釈の幅があることは確かである。その解釈の幅の枠内での解釈の変更であれば、いちいち96条の改正手続は要しない。しかし、憲法解釈には自ずから「枠」があり、その「枠」を超えた解釈の変更は、解釈の限界を超えたものというべきであり、96条の改正手続を要するというべきである。

報告書は、9条や自衛権に関して、これまでにもさまざまに解釈の変更がなされてきて、「憲法9条を巡る解釈は戦後一貫していたわけではない」(4頁)として、今回の解釈変更もその一環だとして正当化している。しかし、従来の解釈変更にあっても、集団的自衛権の行使(海外での他国のための武力行使)はできないという一線は一貫して護られてきた。安保法制懇は、その一線をまともな根拠もなしに超えることを提案している。まさに憲法を無視し立憲主義を侵害するものである。

　報告書は、「おわりに」(36頁)で、集団的自衛権行使容認のための憲法改正が不要とする理由として、①個別的自衛権の行使についても解釈によって認められてきた、②そうとすれば、必要最小限度の自衛権の中に個別的自衛権に加えて集団的自衛権を含めることも、政府の適切な解釈によって可能であり、「憲法改正が必要だという指摘は当たらない」(38頁)としている。しかし、個別的自衛権と集団的自衛権とでは、第1章で集団的自衛権について述べたように、その本質がまったく異なるし、集団的自衛権否認は9条の根幹に関わるものである。それを政府の解釈によって変更することは、上述したように、9条と96条の規範性を失わせることになるのであって、到底認められないというべきであろう。

　なお、その後安倍首相は、憲法65条を引き合いに出して、閣議決定による解釈変更を正当化しているが(朝日新聞2014年6月30日)、しかし、行政権の行使の一環として憲法の解釈と運用をする権限が内閣にあるとしても、それはいうまでもなく、憲法の枠内にとどまるべきであって、憲法の枠を超えた形での閣議決定は、上述したように認められないというべきであろう。[10]

3　集団的自衛権行使容認論の論拠

1　「憲法9条の解釈に係る憲法の根本原則」

　報告書は、集団的自衛権行使容認論を説く前提として、9条解釈に係る憲法の根本原則として、①基本的人権の根幹としての平和的生存権及び生命・自由・幸福追求権、②国民主権、③国際協調主義、④平和主義を挙げているが、これらの理解はきわめて恣意的であり、憲法学界の通説ともかけ離れたもので

ある。

　まず、報告書は、憲法前文の「われらは、全世界の国民が、ひとしく恐怖と欠乏から免かれ、平和のうちに生存する権利を有する」という箇所及び13条の生命、自由、幸福追求の権利を引用して、「これらは他の基本的人権の根幹ともいうべき権利である。これらを守るためには、我が国が侵略されず独立を維持することが前提条件であり、外からの攻撃や脅迫を排除する適切な自衛力の保持と行使が不可欠である。つまり、自衛力の保持と行使は、憲法に内在する論理の帰結でもある」(9頁)と述べる。

　しかしながら、このような議論は憲法の平和的生存権や生命・自由・幸福追求権の趣旨を明らかに誤解したものというべきであろう。たしかに、平和的生存権や生命・自由・幸福追求権が「他の基本的人権の根幹」ともいうべき権利というのは、その通りであるが、しかし、ここから国家の自衛力の保持と行使を導き出すのは論理の飛躍であるというべきであろう。かりに百歩譲って自衛力の保持と行使が認められるとしても、それはあくまでも個別的自衛権であって、そこから集団的自衛権の行使までも導き出すことは到底不可能というべきであろう。憲法の平和的生存権は、9条や13条と一体となった形で、まさに戦争や軍事力の存在や脅威から免れて平和的に生存する権利を意味するのであって、他国との軍事的な同盟関係を想定したものではなんらないのである。[11]

　報告書は、②国民主権について「国民主権原理の実現には主権者たる国民の生存の確保が前提となる」(9頁)として、政府の憲法解釈が国民と国家の安全を危機に陥れるようなことがあってはならないとしている。牽強付会もいいところである。政府の解釈変更によって集団的自衛権の行使を容認することこそが、主権者国民の憲法改正権を簒奪することになるのであって、国民主権を侵害することになることに留意すべきであろう。

　③国際協調主義も、非軍事の国際貢献というのが、憲法の趣旨であって、軍事的貢献は憲法からは出てこないのである。④平和主義を、報告書は安倍首相のいう「積極的平和主義」の趣旨に理解しているが、これは憲法の本来の非軍事平和主義をねじ曲げたもので、到底受け入れられない代物である。[12]

2 「必要最小限度の集団的自衛権」論

　現在の日本国憲法の下でも集団的自衛権の行使が容認されるとする議論は、従来、その根拠として、①集団的自衛権を自然権の一種として認める見解、②憲法上の否認規定の不存在を理由として認める見解、③国際法上保有が認められる以上は憲法上も行使が容認されるとする見解、④「他者のための正当防衛」の一種として認める見解、⑤自衛戦力合憲論を理由とする見解、⑥「最小限度の集団的自衛権論」などを挙げてきた。[13] これらの中で、第一次安保法制懇の報告書[14]が、集団的自衛権行使容認論の根拠としたのは、⑤の自衛戦力合憲論であったが、しかし、これは、政府の1954年以来の「自衛力」論を根底的に覆すものであり、憲法9条の趣旨、憲法の体系的解釈に照らしても、到底容認できない議論であった。

　第二次安保法制懇は、第一次法制懇とほとんど同じメンバーで構成され、第一次安保法制懇の上記根拠を踏襲するように見せかけながらも、[15]結局のところは、「必要最小限度の自衛権」の中に集団的自衛権を含める立場を採用しているようにみえる。第一次安保法制懇のときから、政治情勢が変わったから、その根拠付けも変わったというのであろうか。あまりにも恣意的、ご都合主義的であり、「法の論理」は政治の侍女でしかないかのごとくである。しかも、その論拠は、木に竹を接いだようなものである。

　報告書は、容認論の具体的な根拠としていくつかの点を挙げているが、その一つに、これまでの政府見解では、「どうして我が国の国家及び国民の安全を守るために必要最小限度の自衛権の行使は個別的自衛権の行使に限られるのか、逆に言えば、なぜ個別的自衛権だけでわが国の国家及び国民の安全を確保できるのかという死活的に重要な論点についての論証はほとんどなされてこなかった」（19頁）といった点を挙げている。しかし、この点については、これまで、集団的自衛権の行使が認められてこなかったことで、国民の生存が侵害され、国家の存立が脅かされてきたことはなかったし、むしろ日本は違法な戦争（ベトナム戦争やイラク戦争など）に巻き込まれることはなかったことを指摘できよう。

　また、報告書は、「個別的自衛権と集団的自衛権を明確に切り分けて、前者のみが憲法上許容されるという文理解釈上の根拠は何ら示されていない」（7

頁）といった点をも挙げている。しかし、この点については、政府は、従来、自衛権行使についてつぎのような三要件を必要とするとしてきたのである。すなわち、①我が国に対する急迫不正の侵害があること、②これを排除するために他に適当な方法がないこと、③必要最小限度の自衛権の行使にとどまるべきこと。つまり、①の要件で、我が国に対する急迫不正の侵害があることを前提要件としてきたのであり、集団的自衛権の行使はそもそも①の要件を欠いているので、認められないとしてきたのである[16]。

ところが、報告書は、この三要件については、「この三要件を満たす限り行使に制限はないが、その実際の行使に当たっては、その必要性と均衡性を慎重かつ迅速に判断して、決定しなければならない」（22頁）と述べるだけで、その変更を特に提案するでもなく、ただ、三要件の③の必要最小限度の中に集団的自衛権の行使も含まれるべきとして、以下のようにいう。「その『必要最小限度』の中に個別的自衛権は含まれるが集団的自衛権は含まれないとしてきた政府の憲法解釈は『必要最小限度』について抽象的な法理だけで形式的に線を引こうとした点で適当ではない。事実としては、今日の日本の安全が個別的自衛権の行使だけで確保されるとは考え難い。したがって、『必要最小限度』の中に集団的自衛権の行使も含まれると解釈して、集団的自衛権の行使を認めるべきである」（21頁）。

しかし、このような見解は、従来の政府解釈の誤解（もしくは曲解）に基づくものであろう。上述したように、従来の政府解釈では、三要件の中で、①の要件に照らして集団的自衛権は認められないとしてきたのであって、③の要件に照らしてではない。従来の政府見解を批判するのであれば、①の要件を批判すべきであるにもかかわらず（現に2014年7月1日の閣議決定は、①の要件を変更している）、その点は不問に付したままで、③の「必要最小限度」の要件についてその範囲の拡大をすることを提案しているのである。理論的にも稚拙な議論といってよいであろう。

もちろん、従来の「必要最小限度」論自体があいまいなものであったことは留意する必要があるであろう。そのことは、政府が「必要最小限度の自衛権」論の下で、敵基地攻撃をも合憲とし、また世界でも有数の軍事力の保持をしてきたことによっても、すぐわかる。しかし、報告書のようにその「必要最小限

度論」を集団的自衛権行使についても援用するとすれば、そのあいまい性と融通無碍はさらに避けがたくなり、歯止めとしての意味をもたなくなる。①の要件との矛盾は避けがたくなるのである[17]。

3 「戦力」と「交戦権」の解釈

報告書は、上記のような必要最小限度の集団的自衛権の行使容認論をとる場合には、憲法9条2項の「戦力」と「交戦権」については、つぎのように解釈すべきであるとする。まず、「戦力」については、従来の政府の「自衛力」論を基本的に踏まえて、「客観的な国際情勢に照らして、憲法が許容する武力の行使に必要な実力の保持が許容されるという考え方は、今後とも踏襲されるべきものと考える」(21頁)。また、「交戦権」については、従来の政府見解では、「自衛のための武力の行使は憲法の禁ずる交戦権とは『別の観念のもの』であるとの答弁がなされてきた」ことを踏まえれば、「国策遂行手段としての戦争が国連憲章により jus ad bellum (戦争に訴えること自体を規律する規範) の問題として一般的に禁止されている状況の中で、個別的及び集団的自衛権の行使や国連の集団安全保障措置等のように国連憲章を含む国際法に合致し、かつ、憲法の許容する武力行使は、憲法第9条の禁止する交戦権の行使とは『別の観念のもの』と引き続き観念すべきものである」(21頁以下)。

まず、「戦力」の意味については、報告書は、第一次安保法制懇の報告書では自衛のための軍事力の保持は可能としていた立場をすてて、政府の「自衛力」論をとることを明らかにしており、ほとんど同じメンバーなのに一体どうしてそうなったのかが問われてしかるべきであろう。しかも、政府の従来の「自衛力」論については、憲法でその保持を禁止された「戦力」との違いがあいまいであることが指摘されてきたが、報告書でも、その線引きについての明確な指摘はなんらなされていないのである。安保法制懇のメンバーからすれば、もともと自衛戦力論をとっていたのだから、自衛力と戦力の間で線引きをする気持ちなどはないのであろう。

しかし、従来の政府の自衛力論を維持した上でも、それはあくまでも我が国の自衛のための実力という限定はあるのであって、他国防衛のための武力は、自衛力の限界を超えて、憲法がその保持を禁止した「戦力」に該当するという

解釈は十分に成り立ち得るはずである。現に元内閣法制長官の宮崎礼壹はつぎのように述べている。「現在自衛隊が存在できるのは、……我が国民・国土を外国の武力攻撃から守るための最小限度の実力組織、という限度で辛くも合憲性が認められているものであって、『他国防衛のための軍事的実力』の保持は、即ち同項（＝9条2項）の禁止する『戦力』に他ならない」。[18] 従来の政府の立場を踏まえた場合には、これがまともな「戦力」の解釈であるというべきであろう。

つぎに、「交戦権」についての報告書の解釈は、これもまた従来の政府解釈を踏襲するように見せかけている。しかし、従来の政府解釈では、我が国を防衛するための必要最小限度の実力の行使として相手国側兵力の殺傷及び破壊等を行うことは、交戦権の行使としての相手国兵力の殺傷及び破壊等を行うこととは「別の観念」のものとしており、[19] あくまでも個別的自衛権の行使としての相手国兵力の殺傷及び破壊等が「交戦権」とは「別の観念」とされていたのである。ところが、報告書は、個別的自衛権のみならず、集団的自衛権の行使や集団安全保障措置としての武力行使までも「交戦権」とは「別の観念」とされているのである。これでは、憲法9条2項で、無条件で否認されている「交戦権」が憲法規範としてもつ意味はほとんどなくなってしまうことになろう。このような結果になる報告書の集団的自衛権行使容認論は、9条解釈論として到底とることはできないのである。

4　砂川事件最高裁判決の援用

報告書は、さらに、砂川事件に関する最高裁判決を「特筆すべき」として引用して、「同判決が、我が国が持つ固有の自衛権について集団的自衛権と個別的自衛権とを区別して論じておらず、したがって集団的自衛権の行使を禁じていない点にも留意する必要がある」（5頁）としている。しかし、砂川事件とは、承知のように、日米安保条約に基づく刑事特別法違反の罪（基地内への不法立ち入り）に問われた被告人らが、安保条約の違憲性を争った事件である。一審の東京地裁判決は、安保条約は違憲で、被告人らは無罪と判示したが、最高裁に特別上告されて、最高裁は、安保条約は、一見きわめて明白に違憲無効とはいえないとして、「統治行為」論によって破棄差し戻した。

そして、同判決は、以下のように判示したのである。「同条（＝9条）は、同

条にいわゆる戦争を放棄し、いわゆる戦力の保持を禁止しているのであるが、しかしもちろんこれによりわが国が主権国として持つ固有の自衛権は何ら否定されたものではなく、わが憲法の平和主義は決して無防備、無抵抗を定めたものではないのである。……しからば、わが国が自国の平和と安全を維持しその存立を全うするために必要な自衛のための措置をとりうることは、国家固有の権能の行使として当然のことといわなければならない」(傍点・引用者)。[20]

この事件では、旧安保条約に基づく米軍の日本駐留の合憲性が問題とされたのであって、自衛隊の海外での米軍防護が問題とされた事案ではなんらなかったのである。判決が認めている自衛権は、日本を守るための自衛権、つまりは個別的自衛権であって、そのためには戦力を保持しない憲法の下では、米軍の駐留に依存することも、憲法は禁止してないという趣旨であることは明瞭である。この判決を根拠として集団的自衛権を容認するような議論は、これまで政府見解でもなかったし、また学説上もなかった珍奇な(荒唐無稽な)説というべきであろう。[21] 判決が集団的自衛権について言及していないのは、そもそも集団的自衛権は本件では問題となっていなかったからである。それを、「集団的自衛権の行使を禁止してない」と読むのは、意図的な曲解か、そうでなければ、判決文の読み方を知らない人達の読み方であろう。

5 集団的自衛権行使容認の政治的根拠

報告書が集団的自衛権の行使を容認すべきとする最大の理由は、政治的な理由である。報告書は、その点を、「我が国を取り巻く安全保障環境が一層厳しさを増している」として、以下の6点ほどを挙げている(10頁以下)。①技術の進歩と脅威やリスクの性質の変化。例えば、北朝鮮はすでに日本全土を覆う弾道ミサイルを配備し、アメリカに到達する弾道ミサイルを開発中である。②国家間のパワーバランスの変化。パワーバランスの変化の担い手は、中国、インド、ロシアなどである。特に中国の影響力の増大は明らかである。③日米関係の深化と拡大。かつてとは異なり、我が国が一方的にアメリカの庇護を期待するのではなく、日米両国や関係国が協力して地域の平和と安全に貢献しなければならない時代になっている。④地域における多国間安全保障協力の枠組みの動き。⑤アフガニスタンやイラクの復興支援など、国際社会全体で対応しなけ

ればならない深刻な事案の発生が増えてきている。⑥自衛隊の国際社会における活動。自衛隊の実績と能力は、国内外から高く評価されており、復興支援、人道支援、教育、能力構築、計画策定など、さまざまな分野で今後一層の役割を担うことが必要である。

　報告書は、以上のように述べて、集団的自衛権の行使の容認や集団安全保障への武力行使を伴う参加などを提言しているのであるが、しかし、これらは、憲法解釈の変更の理由としてはきわめて薄弱といわなければならない。

　第1に、報告書は、以上のような国際情勢の変化が何故にアメリカが日本の集団的自衛権の行使を伴う軍事的協力を必要としているかについてなんら説明をしていないのである。新しい国際情勢の下でアメリカが具体的にどこかの国から軍事的脅威を受けるようになってきていて、しかも日本の軍事的協力を必要とするに至っているということが具体的にはなんら説明されていないのである。集団的自衛権の行使容認の目的が第一義的にはアメリカへの軍事的協力にある以上は、この点についての明確な説明がないことは、報告書が説得力に欠けるものであることを示しているといってよいのである。

　第2に、報告書では、集団的自衛権の行使が戦後の国際政治の中でどのような役割を現実に果たしてきたのかについての説明や評価がなんら語られていないのである。しかし、その点についての検証を抜きにして集団的自衛権の行使の容認を提言することは、政治的論拠（あるいは立法事実論）としても不十分のそしりを免れないであろう。

　第3に、報告書は、自衛隊の活動が国際社会でも活発になされてきていることを指摘しているが、しかし、かりに自衛隊の海外での活動が一定の評価を受けてきたとしても、それはあくまでも非軍事の活動であって、軍事的な活動ではない。PKO活動についても、いわゆる五原則を踏まえてなされてきた活動であって、PKFなどに踏み込んだ活動ではなかったのである。このことを踏まえれば、憲法に抵触する武力行使に踏み込むことになる自衛隊の活動への拡大を従来の自衛隊の国際社会での活動を根拠として主張することはなんら正当性をもたないものといえよう[22]。

　最後に、かりに報告書が挙げたような国際情勢の変化が認められたとしても、そのことから、解釈改憲によって集団的自衛権の行使を容認することの正

当性を導き出すことは不可能といえよう。そのような国際情勢の変化があるとすれば、憲法改正の手続きを踏むことを提言すればよいのであって、解釈改憲をよしとする根拠にはなり得ないのである。しかも、解釈改憲をよしとする法的な根拠付けが上記のようになんら正当なものではないことからすれば、結局はこのような「我が国を取り巻く国際環境の変化」は集団的自衛権の行使を解釈改憲によって正当化する事由にはなり得ないものというべきであろう。[23]

4 集団的自衛権行使の具体的な事例

報告書は、集団的自衛権の行使が必要となる具体的な事例として、第一次安保法制懇が挙げていた二つの事例、すなわち、①公海上の米艦船の防護と②米国に向かうミサイルの迎撃と並んで、さらに、三つの事例、すなわち、①我が国の近隣で有事が発生した際の船舶の検査、米艦等への攻撃排除等（事例1）、②アメリカが武力攻撃を受けた場合の対米支援（事例2）、そして③我が国の船舶の航行に重大な影響を及ぼす海域（海峡等）における機雷の除去（事例3）などを挙げて、これらの事例に対処するためには、集団的自衛権の行使を容認することが必要であるとしている。

しかし、これらの事例は机上の空論か、従来の政府の見解では個別的自衛権で対処できる事例か、そうでなかったならば、現行の日米安保条約でも対処できない事例であって、いずれにしても、集団的自衛権の行使をなんとか容認するために編み出されたためにする議論というべきである。第一次安保法制懇があげた二つの事例については第1章で論評したので、ここでは、第二次安保法制懇の報告書が集団的自衛権の行使が必要として挙げている三つの事例について検討することにしたい。

1 我が国の近隣で有事が発生した際の船舶の検査、米艦船等への攻撃排除等

まず、報告書が挙げている事例1は、二つのことを述べている。一つは、我が国の近隣で有事が発生した場合の船舶の検査であり、あと一つは、米艦等への攻撃排除等である。

(1) **船舶の検査等**　この問題について、報告書は、つぎのように述べてい

る。「我が国の近隣で、ある国に対する武力攻撃が発生し、米国が集団的自衛権を行使してこの国を支援している状況で、海上自衛隊護衛艦の近傍を攻撃国に対し重要な武器を供給するために航行している船舶がある場合、たとえ被攻撃国及び米国から要請があろうとも、我が国は、我が国への武力攻撃が発生しない限り、この船舶に対して強制的な停戦・立入検査や必要な場合の我が国への回航を実施できない。現行憲法解釈ではこれらの活動が「武力行使」に当たり得るとされるためである。しかし、このような事態が放置されれば、紛争が拡大し、やがて我が国自身に火の粉が降りかかり、我が国の安全に影響を与え、かつ国民の生命・財産が直接脅かされることになる」(13頁)。

具体的にいえば、これは、北朝鮮と韓国・アメリカが武力紛争に立ち至った場合には、北朝鮮に対して武器などを供給する船舶に対して日本は強制検査を行ったりすべきであるという提案である。しかし、結論的にいえば、日本国憲法の非軍事平和主義の立場からすれば、朝鮮半島における武力紛争に際して、日本はアメリカ・韓国の側に立って武力行使を行うようなことはすべきではないということである。そのことは、憲法9条が国際紛争を解決するために武力行使をしてはならないと書いていることの当然の帰結なのである。しかも、武力紛争時における中立国船舶の臨検などは、交戦権として憲法9条2項によって禁止されている行為である[24]。これをかいくぐって集団的自衛権の行使として容認することはできないというべきである。なお、朝鮮半島有事の場合に、北朝鮮に対して第三国が武器などを輸送する場合に、わざわざ米艦船が行動している日本海などを利用するという想定自体が可能性の少ない事態を想定したものといえよう。そのような場合には北朝鮮は、中国あるいはロシア経由で武器などの提供を受けるであろうからである。わざわざ危険な日本海からの輸送という想定自体が為にする議論のように思われる。

(2) **米艦等への攻撃排除等** 報告書が事例1として挙げている二つ目の事態は、朝鮮半島で有事が発生した場合にアメリカの艦船等が攻撃されたときにはこれを排除するために日本も武力行使を伴う協力をすべきであるということである。現在の周辺事態法では、自衛隊は後方地域でしか支援活動ができず、また武器の提供などもできないなど対米軍事支援が限定的だし、またアメリカ以外に対する支援もできないので、それらの点を改めるべきであるとするのであ

る。

　この点は、安倍首相が、5月15日に報告書の提出を受けて行った記者会見でパネルを使って強調した点とも重なっている。すなわち、安倍首相は、日本近隣有事の場合に紛争国から在外日本人（お父さん、お母さん、おじいちゃん、おばあちゃん、子ども達）を輸送する米艦船を自衛隊が防護しないでよいのかといった形で問題を設定し、そのためには集団的自衛権の行使の容認が必要ではないかと説いたのである。

　この話は、国民の感情に訴えて賛同を得るべく持ち出されたものであろうが、しかし、明らかに一つの事実を隠蔽した形で述べられたものであるとともに、そのような事態の危険性についても説明を欠いたものとなっている。

　すなわち、まず、1997年の日米防衛協力のための指針（日米ガイドライン）は、はっきりと「日本国民又は米国国民である非戦闘員を第三国から安全な地域に退避させる必要が生じる場合には、日米両国政府は、自国の国民の退避及び現地当局との関係について各々責任を有する」と明記されているのである。[25] これによっても明らかなように、米艦船が、日本国民を退避のために乗船させるということは基本的にあり得ないのである。

　かりに、そのような事例があり得たとしても、戦闘中の米艦船に日本国民が乗船すれば、攻撃の対象となってむしろ危険な事態を招くことになるのであって、国民の生命安全の確保の観点からすれば、むしろ乗船させるべきではないのである。そのことについて安倍首相は、まったく述べていないのは、不思議というほかない。

　しかも、米艦船を自衛隊が防護するということになれば、自衛隊が反撃を受けることを覚悟せねばならないであろう。つまりは、日本が全面的にその戦争に巻き込まれることになり、戦禍は日本自身に及ぶことになるのである。とりわけ日本海側には原発が密集しており、それらが攻撃を受けたならば、日本は壊滅的な打撃を被るであろう。そのことを安倍首相が伏せていることも、国民を欺くものといえよう。

　たしかに、朝鮮半島有事の場合に朝鮮半島に在住する日本国民をいかに避難させるかは重要な問題であるが、そのためにはまずは民間の（日本または外国の）航空機や船舶を利用するということが考えられるべきであろう。それでも不十

分な場合には、自衛隊の航空機や船舶を利用するということになるのであって、そういった方法を持ち出さないで、いきなり米艦船を持ち出すのは、まさに為にする議論というべきであろう。

2 アメリカが武力攻撃を受けた場合の対米支援

　報告書が挙げている事例2についていえば、これは、アメリカが関わる武力紛争への全面的な軍事協力を提言しているとみるべきであろう。報告書は、「米国も外部からの侵害に無傷ではありえない」として、9.11の同時多発テロ事件を挙げている。また、アメリカが弾道ミサイルによる奇襲といった武力攻撃を受ける事態を想定する。そして、「米国が攻撃を受けているのに、必要な場合にも我が国が十分に対応できないということであれば、米国の同盟国日本に対する信頼は失われ、日米同盟に甚大な影響が及ぶおそれがある。日米同盟が揺らげば我が国の存立自体に影響を与えることになる」(14頁)と述べる。

　しかし、このような全面的な対米軍事協力は、憲法はもちろんのこと、そもそも現行の日米安保条約でも、認められていないのである。日米安保条約5条は、「日本国の施政の下にある領域における、いずれか一方に対する武力攻撃」があった場合に初めて日米両国が共通の危険に対処するように行動すると規定している。「日本国の施政の下にある領域」を離れて、このように全面的な対米軍事支援を認めるためには、安保条約のこの規定を改定することが必要であって、日米ガイドラインの改定だけでは不可能である。

　ちなみに、安保条約5条の制定背景について一言すれば、日米安保改定に際してアメリカ側が当初提案した案は、「太平洋において他方の施政権下にある領域または地域に対する武力攻撃が自国の平和と安全を危うくするものであると認めて、自国の憲法上の手続きに従って共通の危険に対処するように行動することを宣言する」とするものであった。[26]この案を日本政府は、憲法上受け入れられないということで拒否して、現行安保条約5条のような規定となった。政府は、1960年の安保国会(2月9日)での趣旨説明で、「この条約は、国連憲章に従って武力の不行使を定め、かつ条約地域を日本の施政下にある領域に限定し、日本が攻撃されない限り決して発動を見ないこととしている点よりして、他のいかなる国をも脅威しない、全く防衛的な性格のもの」であると説明

していた(傍点・引用者)[27)]。このような条約の下で、日本の領域以外の地域での集団的自衛権の発動が認められないことは、明白というべきである。

　報告書は、最後の方の箇所(34頁以下)で「国内法の在り方」について検討し、自衛隊法などの改正を提言しているが、日米安保条約の改定については、なんら言及していない。「国内法の在り方」についての検討だから、条約の検討はしないということかもしれないが、しかし、それでは、「安全保障の法的基盤の再構築」という懇談会の看板そのものが疑わしいことになるであろう。懇談会には、元外務次官や国際法学者がメンバーに入っているにもかかわらず、安保条約の改定問題については一言も触れていないのは、不思議というほかないのである。

3　我が国の船舶の航行に重大な影響を及ぼす海域(海峡等)における機雷の除去

　報告書は、事例3についてつぎのように述べる。「湾岸戦争に際してイラクは、ペルシャ湾に多数の機雷を敷設し、当該機雷は世界の原油の主要な輸送経路の一つである同湾における我が国のタンカーを含む船舶の航行の重大な障害となった。今後、我が国が輸入する原油の大部分が通過する重要な海峡等で武力攻撃が発生し、攻撃国が敷設した機雷で海上交通路が封鎖されれば、我が国への原油供給の大部分が止まる。これが放置されれば、我が国の経済及び国民生活に死活的な影響があり、我が国の存立に影響を与えることになる」(15頁)。

　そのためには、自衛隊も機雷の除去活動に参加すべきであると、報告書はいうのであるが、しかし、あらためて指摘するまでもなく、機雷の敷設も、また機雷の除去も、国際法上は武力行使の一種と見なされている。「遺棄機雷」であればともかく、そうではなく、武力紛争中に敷設された機雷を除去する行為は、したがって、憲法9条1項が禁止している武力行使そのものに該当して許されないのである。それを集団的自衛権の行使ということで、合法化することは土台できないというべきであろう。

　なお、報告書は、ホルムズ海峡での事態(イランによる機雷敷設)を想定していると思われるが、しかし、現実にイランによる機雷の敷設はなされていないし、他の国による同海域における機雷敷設は行われる公算は少ないと思われる。かりにそのような事態になったとしても、同地域における武力紛争におい

て日本は一方の側に立って参戦すべきではない。日本自身が参戦することになれば、日本への報復テロ攻撃の可能性も想定せざるを得なくなるであろう。石油の確保はたしかに日本の経済活動などにとって重要な意味をもつが、そうであればこそ、中東諸国との友好関係の維持に努めるべきであるし、また、万が一の事態に備えて、十分の備蓄をしておくことが重要であろう。

　なお、報告書は以上のような事例を挙げつつも、「これらの事例のみを合憲・可能とすべきとの趣旨ではない」(13頁) としている。これらの事例は単なる例示でしかないのである。そのことは、その後になされた自民・公明両党の与党協議で、集団的自衛権に関わる事例として8事例が出されたことによっても示されている[28]。

5　集団安全保障への参加その他の問題

1　集団安全保障への参加

　報告書は、集団的自衛権の行使の容認を提言するだけでなく、集団安全保障への自衛隊の参加も日本国憲法の下で可能であると提言している。その根拠として報告書が挙げているのは以下の二つである (24頁以下)。①「国連の集団安全保障措置は、我が国が当事国である国際紛争を解決する手段としての『武力の行使』には当たらず、憲法上の制約はないと解すべきである」。②「集団安全保障措置への参加は、国際社会における責務でもあり、憲法が国際協調主義を根本原則とし、憲法第98条が国際法規の誠実な遵守を定めていることからも、積極的に貢献すべきである」。

　しかし、これらはいずれも憲法の解釈としては取り得ないものというべきであろう。まず、憲法9条1項は、「国際紛争を解決する手段としては」武力の行使などを永久に放棄すると規定しているが、報告書は、この「国際紛争」を専ら日本が当事国となった「国際紛争」に解釈を限定して、日本が当事国となっていない国際紛争は含めないようにして、そのような国際紛争において日本が武力行使をしても、同条項には違反しないとする。しかし、このような解釈論は、「国際紛争」の通常の意味に照らしてもおかしいというべきであろう。従来の政府解釈では、「国際紛争」とは、「国家間で特定の問題について意見を異

にして、互いに自己の意見を主張して譲らず対立している状態をいう」とされている[29]。このような国際紛争には当然に他国間の国際紛争も入ってくるのである。日本が当事国となっている国際紛争には武力行使ができないのに、どうして日本が当事国となっていない国際紛争には武力行使ができるのか、その合理的な説明はつかないのである。9条1項を曲解した解釈というべきであろう。

また、憲法が国際協調主義を採用していることは確かであるが、それは、9条と一体となって非軍事的な国際貢献をすべきことを要請しているのであって、軍事的な対応を要請しているわけではない。憲法98条の趣旨も同様であり、98条から、集団安全保障への参加の責務が出てくるというのは、こじつけもいいところというべきであろう。

報告書は、具体的に、事例4として、イラクのクウェート侵攻のような国際秩序の維持に重大な影響を及ぼす武力攻撃が発生した際の国連の決定に基づく活動への参加を挙げているが(15頁)、しかし、この湾岸戦争の事例においても、国際法上は少なからざる問題が存していたことは周知のところである。しかも、例えばその後のイラク戦争についていえば、アメリカを中心とする多国籍軍の武力行使は明らかに根拠のない間違ったものであった。アメリカの政府当局者もその非を認めているにもかかわらず、日本政府はその検証さえも行っていないのである。そのような日本政府がアメリカのいいなりになって違法、不当な戦争に巻き込まれることは避けるべきなのである。

なお、報告書の提出を受けて同日に行われた安倍首相の記者会見では、政府は、多国籍軍への参加は行わないと述べたが、しかし、その狙いが、「政権の安全保障政策が安保法制懇よりも抑制的だとアピールする」(朝日新聞2014年5月14日)ことにあったとすれば、茶番もいいところであろう[30]。

2 「武力の行使との一体化」の問題

従来、政府は、日米安保条約の下での米軍への後方支援や多国籍軍への後方支援について、武力行使と一体化したと見なされる後方支援活動は、憲法が禁止する武力行使に該当して許されないとしてきた。そして、後方支援活動が武力行使と一体化したかどうかは、①戦闘行動が行われている地域との地理的関係、②当該行動の具体的内容、③武力行使を行っているものとの関係の密接

性、④協力しようとする相手方の活動の現況などの諸般の活動を総合的に勘案して判断すべきとしてきた。[31]

これに対して、報告書は、このような「一体化」論は「我が国特有の概念」であり、「安全保障上の実務に大きな支障を来してきた」(25頁以下)として、このような考えはもはやとるべきではないと主張する。その理由は、第1は、「一体化」論を論理的に突き詰めていけば、「例えば政府は現在行われている日米同盟下の米軍に対する施設・区域の提供は米国の武力行使と一体化しないとしているが、現実に極東有事の際、日米安保条約6条の下で米軍が戦闘作戦行動のために我が国国内基地を使用し始めれば、我が国の基地使用許可は米軍の『武力の行使と一体化』するので、日米安保条約そのものが違憲であるという不合理な結論になりかねない」(26頁)ということであり、第2は、「そもそも事態が刻々と変わる活動の現場において、観念的に一見精緻に見える議論をもって『武力の行使との一体化』論を適用すること自体、非現実的であり極めて困難である」(27頁)ということであり、そして、第3は、「武力の行使との一体化」の論理のゆえに、例えば、「日米間で想定した事態の検討にも支障があり得るとすれば、我が国の安全を確保していくための備えが十分とはいえない」し、「国際平和協力活動の経験を積んだ今日においては、いわゆる『武力の行使との一体化』論はその役割を終えたもの」(27頁)と考えるべきであるということである。

しかし、このような報告書の見解は、基本的に間違ったものというべきであろう。まず第1点については、まさに1960年の安保改定の際にその点が争われたのであり、砂川事件東京地裁判決はその点を一つの根拠にして安保条約は違憲という判断を言い渡したのである。違憲となって不合理な結論になるというのはそれ自体憲法9条を無視した議論というべきであろう。第2点は、たしかに、小泉首相が、どこが戦闘地域かと問われても答えられずに、自衛隊が活動をしている場所が非戦闘地域だという迷答弁（？）をしたように、線引きをすることは困難であろう。だからこそ憲法の立場からすれば、後方支援そのものに問題があるということになるはずなのに、「武力の行使との一体化」論そのものを捨て去るべきだというのは、本末転倒の議論というべきであろう。第3に、「一体化」論は、boots on the groundなどといってきたアメリカにとって

は好ましくはない議論だったかもしれないが、しかし、日本にとっては、その議論の故に、戦死者を出すこともなく、また他国の人々を殺戮することもなかったのである。そのような役割を「一体化」論が果たしたことをまったく評価しない報告書の見解は、それこそ「非現実」な議論というべきであろう。

報告書は、「一体化」論を捨て去って日本が米軍や多国籍軍へとどのような状況下で後方支援すべきかは「政策的妥当性の問題」であり、時々の内閣の意思決定に委ねるべきだとする。しかし、憲法上の縛りがなくなれば、アメリカからの要請を断ることは、日本政府にはほぼ不可能になるであろうことは明らかであろう[32]。

3　その他の問題

報告書は、さらに、PKO活動における「駆けつけ警護」、在外自国民の保護・救出等、武力攻撃に至らない侵害への対応などについても論じているが、これらについては、以下にごく簡単に言及することにする。

(1)　**PKO活動における「駆けつけ警護」**　第一次安保法制懇の報告書は、国連のPKO活動に参加している自衛隊は、他国の活動に対するいわゆる「駆けつけ警護」をも行うべきであるとしていたが、第二次安保法制懇の報告書も、この点は踏襲している。

しかし、日本のPKO活動は、いわゆる五原則（①紛争当事国の停戦合意、②日本の参加についての紛争当事国の同意、③中立的立場の厳守、④以上の3条件が満たされない場合の撤収、⑤要員の生命等を防護するための必要最小限度の武器使用）に基づいて初めて認められてきたものであるし、そのことは、国際的にも知られていることである。そのような日本のPKO活動について、現地の人々から強いクレームが寄せられてきたということは特になかったのである。「駆けつけ警護」論は、PKOを国連憲章の第六章（紛争の平和的解決）というよりはむしろ第七章（紛争の軍事的解決）へとシフトさせる役割を果たしかねないのである[33]。

ちなみに、PKO協力法では、小型武器使用について、「自己又は自己と共に現場に所在する他の隊員若しくはその職務を行うに伴い自己の管理の下に入った者の生命又は身体を防護するためやむを得ない必要があると認める相当の理由がある場合」に「その事態に応じ合理的に必要と判断される限度で」小型武

器の使用をすることができる（24条1項）と規定している。せいぜいこの規定の運用ですむ話であって、武器使用を拡大して、武力行使へと変質させることは避けるべきであろう。[34]

(2) 「武力攻撃に至らない侵害」　従来の政府解釈では、自衛隊が防衛出動するのは、外部からの武力攻撃（＝外部からの組織的、計画的な武力行使を伴う我が国の領土、領海、領空に対する侵害）があった場合に限られる。そのような武力攻撃がないにもかかわらず、自衛隊が出動すべき事例（「グレーゾーン事態」）が考えられるとして、報告書は、以下の2例を提示している（16頁）。①我が国領海で潜没航行する外国潜水艦が退去要請に応じないで徘徊を継続する場合の対応（事例5）、②海上保安庁等が速やかに対処することが困難な海域や離島などにおいて船舶や民間人に対して武装集団が不法行為を行う場合の対応（事例6）。

これらの事例は、明らかに中国を念頭に置いたものだが、しかし、このような事例に自衛隊が武力行使を行えば、軍事的な対立をエスカレートさせることになり、また中国側に武力行使の口実を与えるだけである。そのようなことを考えるよりはむしろ、外交的な交渉で問題を解決すべきであろう。尖閣列島の領有権については、アメリカも一貫して中立的な立場をとっている状態の下で、「日本固有の領土」論は、国際的にも説得力をもたない。[35] むしろ「棚上げ」論をとって問題の平和的な解決に努力すべきであろう。また、靖国神社への首相の公式参拝は今後は行わないことは表明すべきであろう。そうすることで、日中間に対話の機会を作ることの方が、軍事的な緊張をエスカレートさせるよりもはるかに日本の平和と安全のためにも有益であると思われる。

(3) 在外国民の保護・救出　報告書は、さらに在外国民の保護・救出のための武器使用も、領域国の同意があれば、そもそも「武力の行使」には当たらず、「憲法上の制約はない」と解すべきであるとする。また、領域国の同意がない場合にも、「在外自国民の保護・救出は、国際法上、所在地国が外国人に対する侵害を排除する意思又は能力を持たず、かつ当該外国人の身体、生命に対する重大かつ急迫な侵害があり、ほかに救済の手段がない場合には、自衛権の行使として許容される場合がある」ので、「憲法が在外自国民の生命、身体、財産等の保護を制限していると解することは適切ではなく、国際法上許容される範囲の在外自国民の保護・救出を可能とすべきである」（30頁）とする。

しかし、「所在国が侵害を排除する意思又は能力を持たない」ということを誰がどのように判断するのであろうか。ここには、在外国民の保護・救出を名目として日本が侵略戦争を拡大したこと、現に国際社会においてもそのようなことの口実に用いられていることについての反省あるいは批判的な視点がまったくみられないのである。むしろそこには、かつて戦前の日本軍指導部の論理と近似した論理すらうかがえるのである[36]。少なくともかつてのそのような侵略の歴史に対する反省を踏まえた場合、在外国民が現地において生命などの危険にさらされたからといって現地政府の意向を無視して武力行使をすることは自衛権行使の三要件に該当せず、違憲であるとしてきた従来の政府見解を今後とも維持することは当然というべきであろう[37]。[38]

6　小　　結

　以上、安保法制懇の報告書について主として集団的自衛権の行使容認論を中心として検討してきた。以上の検討の結果明らかになったと思われることは、報告書の容認論の根拠が、きわめて薄弱であるということである。このように薄弱な根拠によって、日本国憲法の基本原理であり、また戦後70年近くの間日本の基本的な「国のかたち」であり続けてきた、集団的自衛権否認という憲法規範を解釈変更することは、日本国憲法の破壊、立憲主義の否定をもたらすものであり、断じて容認できないというべきであろう。
　安倍内閣は、このような報告書を踏まえて、与党協議を行い、公明党の同意を取り付けて、2014年7月1日に集団的自衛権の行使を容認する閣議決定を行った。ただ、この閣議決定が集団的自衛権の行使を容認する論理は、1972年の政府見解を援用しつつも、自衛権行使の三要件のうちの第一要件を変更した[39]ものとなっており、この点で、閣議決定の論理は、安保法制懇の論理と重要な部分で異なったものとなっている[40]。しかし、安倍内閣にとっては、その点は大した問題ではなかったのであろう。安保法制懇でともかくも集団的自衛権行使容認の結論を出させれば、それでよかったのであろう。その意味では、安保法制懇は、閣議決定のために単なる露払い（あるいは通過儀礼）的な役割を果たしたにすぎないといってもよいかもしれない。

もっとも、それでは、閣議決定の論理が、それになりに精緻なものかといえば、決してそうではなく、これまたきわめて恣意的で論理的整合性に欠けたものとなっている。そのことは、集団的自衛権の行使を違憲とした1972年の政府見解を援用しながら、集団的自衛権の行使を容認するという180度異なった結論を導き出していることにも端的に示されている。ただ、この点についての詳細な検討は次章に委ねることにする。

1) 　安保法制懇 (第2次) の報告書については、http://www.kantei.go.jp/jp/singi/anzenhosyou2/dai7/houkoku.pdf
2) 　北岡氏は、中央公論2014年 6 月号掲載の論文「憲法に固執して国家の安全を忘れるな」でも、「憲法を厳格に守るだけでは平和は守れない」「いかにして憲法を守るかというところから出発すること自体が誤りである」(79頁) と書いている。
3) 　http://www.kantei.go.jp/jp/singi/anzenhosyou2/dai1/gijiyousi.html
4) 　*The New York Times*, May 9, 2014.
5) 　浅野一郎・杉原泰雄監修『憲法答弁集』(信山社、2003年) 225頁。
6) 　自民党の改憲草案は、前文で国民の国防の責務を謳い、18条で、「何人も、社会的または経済的関係において身体を拘束されない」と規定していて、「政治的関係」における拘束については言及せず、徴兵制の可能性を踏まえた規定となっているのである。
7) 　安保法制懇の報告書と集団的自衛権については、奥平康弘・山口二郎編『集団的自衛権の何が問題か』(岩波書店、2014年)、豊下樽彦・古関彰一『集団的自衛権と安全保障』(岩波新書、2014年)、半田滋『日本は戦争をするのか』(岩波新書、2014年)、渡辺治・山形英助・浦田一郎・君島東彦・小沢隆一『別冊法学セミナー・集団的自衛権容認を批判する』(日本評論社、2014年)、戦争をさせない1000人委員会編『集団的自衛権ってなに？』(七つ森書館、2014年)、水島朝穂「虚偽と虚飾の安保法制懇報告書」世界2014年 7 月号98頁、伊藤真「安保法制懇報告書でみる『集団的自衛権』のあやうさ」法学館憲法研究所HP、拙稿「安保法制懇報告書の憲法解釈論批判」月刊社会民主2014年 8 月号 7 頁など参照。
8) 　拙著『改憲問題と立憲平和主義』(敬文堂、2012年) 4 頁以下参照。
9) 　憲法解釈の「枠」については、清宮四郎『憲法Ｉ (第三版)』(有斐閣、1979年) 389頁及び杉原泰雄『憲法Ｉ』(有斐閣、1987年) 86頁以下参照。
10) 　なお、高橋和之「立憲主義は政府による憲法解釈変更を禁止する」奥平・山口編・前掲注 (7) 183頁及び蟻川恒正「憲法解釈権力」法律時報2014年 7 月号11頁も結論的には同旨と思われる。
11) 　学界の通説的な平和的生存権論については、深瀬忠一『戦争放棄と平和的生存権』(岩波書店、1987年) 225頁以下参照。 なお拙著『平和憲法の理論』(日本評論社、1992年) 245頁以下も参照。
12) 　安倍首相の「積極的平和主義」の問題点については、柳澤協二『亡国の安保政策──

安倍政権の「積極的平和主義」の罠』(岩波書店、2014年)、法と民主主義2014年4月号の特集「憲法9条で真の平和を――徹底検証・安倍流『積極的平和主義』」参照。

13) これらの見解の検討については、拙稿「集団的自衛権論の批判的検討」法と民主主義2013年11月号10頁参照。

14) 安保法制懇(第1次)の報告書(2008年6月24日)の概要については、本書第1章参照。

15) 報告書は、憲法9条1項と2項の解釈について、「我が国が当事国である国際紛争を解決するための武力による威嚇や武力の行使に用いる戦力の保持は禁止されているが、それ以外の、すなわち、個別的又は集団的を問わず自衛のための実力の保持やいわゆる国際貢献のための実力の保持は禁止されていないと解すべきである。これら……と同様の考え方は前回2008年の報告書でもとられていた」(19頁)と述べている。しかし、2008年の報告書(19頁)では、「(9条)第2項は、第1項の禁じていない個別的・集団的自衛権の行使や国連の集団安全保障への参加のための軍事力を保持することまで禁じたものではないと読むべきであろう」(19頁)(傍点・引用者)と書いていたことと微妙な相違を示していることは留意されるべきであろう。

16) 従来の政府解釈については、阪田雅裕編著『政府の憲法解釈』(有斐閣、2013年)31頁及び浦田一郎編『政府の憲法九条解釈』(信山社、2013年)25頁参照。

17) 「必要最小限度の集団的自衛権」論がなんら限定的たり得ないことは、例えば石破幹事長が、アメリカで、「日本の集団的自衛権は非常に限定的だ。政治的なコストを払ってでもやる価値があるか」と問われて、「まずは限定した事例からスタートして、さらに広げることができる」と述べた(朝日新聞2014年5月3日)ことからも、わかる。

18) 宮崎礼壹「憲法九条と集団的自衛権は両立できない」世界2014年8月号151頁。

19) 阪田編著・前掲注(16)24頁。

20) 刑集13巻13号3225頁(3232頁)。砂川事件については、とりあえずは、拙稿「平和主義」樋口陽一・山内敏弘・辻村みよ子・蟻川恒正『新版・憲法判例を読みなおす』(日本評論社、2011年)15頁参照。なお、砂川事件最高裁判決が出されるに際しては、当時の田中長官が駐日米大使と事前に会談して裁判の経過予測などについて話をしていたことが明らかになっている。最高裁判決の公正さを疑わせる重大な問題というべきであろう。この点については、布川玲子・新原昭治編著『砂川事件と田中最高裁長官』(日本評論社、2013年)参照。

21) 高見勝利「砂川事件最高裁判決、田中補足意見、『必要最小限度』の行使」奥平・山口編・前掲注(7)161頁及び浦田一郎「集団的自衛権はどのように議論されてきたか」渡辺ほか・前掲注(7)67頁参照。

22) なお、豊下・古関・前掲注(7)7頁以下は、報告書が、「安全保障環境の変化」を指摘しながらも、米中関係の分析が欠落していること、イラク戦争の総括が欠落していること、安倍政権の「歴史認識」に関わる言動がいかなる影響を及ぼしているかについての分析が欠落していることをも的確に指摘している。

23) なお、報告書は、「憲法上認められる自衛権」(22頁)の箇所で、集団的自衛権の行使が認められる要件あるいは手続きとして、①密接な関係にある外国に対して武力攻撃が行われること、②その事態が我が国の安全に重大な影響を及ぼす可能性がある場合、③当該国から明示の要請又は同意があること、④第三国の領域通過には当該第三国の同意

を得ること、⑤事前または事後の国会承認を得ること、⑥内閣総理大臣の主導の下で、国家安全保障会議の議を経て閣議決定するといった点を挙げている。しかし、これらの要件または手続は、当たり前のことをいったにすぎず、これらをもって、集団的自衛権行使に歯止めがかかるというのはおかしいというべきであろう。

24) 「交戦権」の意味については、芦部信喜（高橋和之補訂）『憲法（第五版）』（岩波書店、2011年）66頁。なお、拙著・前掲注 (11) 71頁も参照。

25) なお、田岡俊次「『集団的自衛権行使』の正当化は無理」週刊金曜日2014年5月30日号38頁によれば、米軍が海外で民間人を救出する優先順位は、①米国旅券の保有者、②米国永住者許可証（グリーンカード）保有者、③イギリス、カナダ、オーストラリア、ニュージーランド国民、④その他という順になっているという。日本人は、④その他の中に含まれることになる。

26) この点については、拙著『立憲平和主義と有事法の展開』（信山社、2008年）14頁参照。

27) 第34回国会衆議院本会議（1960年2月9日）における藤山外務大臣の日米安保条約についての趣旨説明。

28) 与党協議で政府から出された8事例については、第3章の注 (11) 参照。

29) 阪田編著・前掲注 (16) 20頁。

30) 集団安全保障への参加問題は、その後の7月1日の閣議決定でも公明党への配慮もあってか明文では書かれてはいないが、その後に明らかにされた政府の「想定問題集」では、武力行使の新三要件に該当する限りは集団安全保障への自衛隊の参加もあり得るとしている（朝日新聞2014年6月28日）。

31) 阪田編著・前掲注 (16) 106頁以下。

32) なお、その後の閣議決定では、「一体化」論そのものを破棄することはしなかったが、それを大幅に緩和して、「現に戦闘行為を行っている現場」ではない場所で実施する補給などの支援活動は武力行使と「一体化」するものではないとするに至った。これによって日本が武力紛争に巻き込まれる公算はきわめて大きくなったと思われる。

33) たしかに、United Nations, *United Nations Peacekeeping Operations, Principles and Guidelines* (2008) p.31は、平和維持活動の基本原則として、当事者の同意、不偏性、自衛及び任務防衛以外の場合の武力の不行使を掲げており、任務の防衛（defence of mandate）の場合の武力行使を認めている。しかし、そのことをそのまま日本も適用しなければならないというものではなんらない。そもそもPKOへの参加自体が日本が主体的に判断すべき事柄である以上は、どのように参加するかも、憲法に照らして判断すべき問題なのである。

34) なお、NGOの圧倒的多数の人達は、非武装で安全が確保できると考えている。例えば、長年NGOの活動をしてきた「日本国際ボランティアセンター」(JVC) 顧問の熊岡路矢氏は、集団的自衛権行使によって、「平和的、非暴力という日本が70年かけて築いてきたイメージが全部くずれてしまう」と述べている（毎日新聞2014年7月1日）。同様の危惧の念は、その他のNGOの人たちによっても示されていることについては、毎日新聞2014年7月3日や東京新聞2014年7月2日参照。

35) 豊下樽彦『「尖閣問題」とは何か』（岩波書店、2012年）47頁以下参照。

36) 水島・前掲注 (7) 109頁によれば、海軍大臣官房編『軍艦外務令解説』（昭和13年）で

は、「指揮官ハ帝国臣民ノ生命自由又ハ財産ニ非常ノ危害ヲ被ラムトシ其ノ国政府之カ保護ノ任ヲ尽サス且我兵力ヲ用フル外他ニ保護ノ途ナキトキニ限リ兵力ヲ用フルコトヲ得」とされていたという。この記述と報告書の記述がよく似ているのは、単なる偶然なのであろうか。

37) 浅野・杉原監修・前掲注 (5) 106頁及び衆議院安全保障委員会 (1991年3月13日) における大森・内閣法制局長官答弁参照。
38) なお、橋本靖明・林宏「軍隊による在外自国民保護活動と国際法」防衛研究所紀要4巻3号 (2002年) 98頁も、「わが国の場合、海外在留邦人の保護を名目に派兵を行った歴史に対してわが国及び周辺諸国が敏感に反応する現実を抱えており、受入国の同意なしにわが国独自の判断によって自衛隊を派遣することに慎重な態度をとるべきであろう」としている。
39) 1972年の政府見解については、浦田編・前掲注 (16) 168頁参照。
40) また、報告書を受けて政府が出した「基本的方向性」では、報告書がいわゆる芦田理論を踏襲しているような記述をしている点についても、「いわゆる芦田修正論は、政府として採用できない」として、限定的に集団的自衛権行使を容認する方向で検討する旨を明らかにしている。報告書は、政府の集団的自衛権が限定的であることを際立たせる役割を演じているようにもみえる。

第3章
閣議決定による集団的自衛権の容認

1　はじめに

　安倍内閣は、2014年7月1日に、自民・公明両党の与党協議での合意を踏まえて、集団的自衛権の行使を現憲法の下でも可能であるとする閣議決定「国の存立を全うし、国民を守るための切れ目のない安全保障法制の整備について」(以下、「閣議決定」と略称)を行った。[1] これは、日本国憲法の基本原理である平和主義と立憲主義を根底から破壊しようとするものであって、断じて許すことはできないというべきである。

　今回の閣議決定は、日本が憲法施行以来70年近くにわたって憲法の基本原理(国の基本的なかたち)としてきた、集団的自衛権の行使は憲法上認められないという憲法規範を、一内閣の閣議決定によって変更しようとするものであって、そのこと自体が、憲法9条に違反するのみならず、憲法の改正手続を定めた96条にも明らかに抵触するものといわなければならない。ただ、この手続上の問題点についてはすでに第2章で指摘したところであるので、ここでは省略して、[2] 閣議決定に至る簡単な経緯とその内容上の問題点について、批判的に検討することにする。

　なお、閣議決定は、単に集団的自衛権の行使の問題のみならず、「武力の行使との一体化」の問題、PKO活動への参加の問題、さらには「武力攻撃に至らない侵害への対処」などについても、自衛隊の活動の範囲を拡大する内容となっている。閣議決定が「切れ目のない安全保障法制の整備」と称する所以であるが、しかし、これらについても疑問点は少なくない。そこで、これらの問

105

題点についても、集団的自衛権の問題と併せて簡単に検討することにする。

2　閣議決定に至る経過

　安倍首相の私的諮問機関として、2013年2月7日に設置された安保法制懇(「安全保障の法的基盤の再構築に関する懇談会」)(第2次)は、7回の会合を経て、2014年5月15日に「報告書」を提出した。[3] この「報告書」の提出を受けて、安倍首相は、同日に記者会見を行い、集団的自衛権の行使容認に向けて検討する旨の「基本的方向性」を明らかにした。[4] その中で集団的自衛権に関する箇所は以下の通りである。

　「今回の報告書では、二つの異なる考え方を示していただいた。一つは個別的か集団的かを問わず、自衛のための武力の行使は禁じられていない。また、国連の集団安全保障措置への参加といった国際法上、合法な活動には憲法上の制約はない、とするものだ。しかし、これは、これまでの政府の憲法解釈とは論理的に整合しない。憲法がこうした活動のすべてを許しているとは考えない。したがって、この考え方、いわゆる芦田修正論は政府として採用できない。自衛隊が武力行使を目的として湾岸戦争やイラク戦争での戦闘に参加するようなことは、これからも決してない。

　もう一つの考え方は、我が国の安全に重大な影響を及ぼす可能性があるとき、限定的に集団的自衛権を行使することは許されるとの考え方だ。『生命、自由、幸福追求に対する国民の権利』を政府は最大限尊重しなければならない。憲法前文、そして憲法13条の趣旨を踏まえれば、『自国の平和と安全を維持し、その存立を全うするために必要な自衛の措置』をとることは禁じられていない。そのための必要最小限度の武力の行使は許容される。こうした従来の政府の基本的な立場を踏まえた考え方だ。政府としてはこの考え方について、今後さらに研究を進めていきたい」。

　安倍首相が、このように集団的自衛権の全面容認論ではなく、限定的な容認論をとることを明らかにしたのは、国民の多数が全面容認論には反対していることなどを踏まえたものだったが、[5] 政権与党の公明党が集団的自衛権の行使の容認には慎重な姿勢を崩していなかったこともその背景にあったと思われる。[6]

事実、公明党の山口代表は、「報告書」が出された日に行った記者会見でも、つぎのように慎重な姿勢を崩していなかった。「（集団的自衛権については）今後与党の議論になるが、首相の重要な判断は従来の政府の憲法解釈と論理的整合性をもっているか。日本国憲法の平和主義を守り抜くという観点もある。平和主義は憲法9条の規範性によって、武力行使をいたずらに広げないという歯止めの役割を担ってきた。そうした9条の規範性、言い換えれば、法的な安定性を確保できるのかどうか、よくよく吟味しないといけない。こうした観点から、政府の基本的な立場を踏まえているのかどうか研究がなされるべきだ」「具体例においては、これまでの憲法の考え方で対応できる部分が相当あると考える。集団的自衛権の行使を認めることにふさわしい実例、事例は本当にどういうものなのか、今後の与党の議論にゆだねる必要がある」「首相が、従来の憲法解釈との論理的整合性がまったくとれない分野に踏み込むのであれば、憲法改正の手続きをとるのが一つの道筋ではないか[7]」。

与党協議は、このような政府の「基本的方向性」と公明党の慎重論を踏まえて、両者の間でどういう折り合いをつけるのか、それともつけられないのかをめぐってなされることになった。もっとも、公明党は、すでに2014年1月の時点で、山口代表が、「政策的な意見の違いだけで（連立）離脱は到底考えられない[8]」と述べており、また北側副代表も同年5月の時点で「連立解消は毛頭考えていない[9]」と述べていたので、公明党としては最後の切り札を欠いた、守勢に回っていた協議でもあった。

自民党と公明党との与党協議（「安全保障法制の整備に関する与党協議会」座長・高村正彦自民党副総裁）は、5月20日から開催され、その後、7月1日まで11回開催された。同協議は非公開だったので、そこでなにが具体的に議論されたかは、正確には明らかにはされていないが、新聞などの報道によれば、つぎのような議論がなされたようである[10]。

まず、いわゆるグレーゾーン事態についての協議がなされた（5月20日）。この問題については、その後、新たな立法的な措置は講じないということになった。ついで、政府側から、検討すべき具体的な事例として15事例が提示されてきた（5月27日）。グレーゾーン事態への対処が3事例、「国際協力」に関する事例が4事例、集団的自衛権に関する事例が8事例である[11]。公明党は、これらの

第3章　閣議決定による集団的自衛権の容認　107

事例、特に集団的自衛権に関する事例として提示された事例が本当に集団的自衛権の行使を必要とするかどうかを検討すべきとしていたが、ただ、その後、これらの具体的な事例の検討はなされないままに終わった。政府は、また、「武力の行使との一体化」に関する新たな四条件を提示してきた（6月3日）。公明党の修正意見を踏まえて、従来の「武力の行使との一体化」に関する政府見解が修正されることが決められた（6月6日）。

その後の会議（6月13日）で、高村座長から、自衛権行使に関する新三要件が提案された。安倍首相が集団的自衛権容認の閣議決定を国会の会期中にできるようにするために与党協議をまとめるようにと党幹部に指示したことを踏まえてである。自衛権の行使に関する従来の政府見解は、自衛権の行使が認められるのは、①我が国に対する急迫不正の侵害があること、②これを排除するために他に適当な方法がないこと、③必要最小限度の自衛権の行使にとどまるべきことであった。これに対して、高村座長は、①について、「我が国に対する武力攻撃が発生したこと、又は他国に対する武力攻撃が発生し、これにより我が国の存立が脅かされ、国民の生命、自由及び幸福追求の権利が根底から覆されるおそれがあること」という新要件を提示してきたのである。この高村提案に対しては、公明党から、修正意見が出された。最終的には、①については、「他国に対する武力攻撃が発生し」を「我が国と密接な関係にある他国」と変更し、「国民の生命、自由及び幸福追求の権利が根底から覆されるおそれがあること」を「国民の生命、自由及び幸福追求の権利が根底から覆される明白な危険があること」に修正された。また、②については、「これを排除し、国民の権利を守るために他に適当な手段がないこと」が「これを排除し、我が国の存立を全うし、国民を守るために他に適当な手段がないこと」と修正された（6月24日）。この修正案を公明党の執行部は大筋において受け入れることになり、これで、与党協議はほぼまとまることになった。なお、集団安全保障の問題については、先送りすることが決められた（6月24日）。そして、第10回会議（6月27日）では、政府側が閣議決定の最終文案を提示し、これを公明党は受け入れた。第11回会議（7月1日）では、閣議決定案について正式に両党で合意がなされた。これを踏まえて、同日、臨時閣議が開かれて、閣議決定がなされた。

3　集団的自衛権行使容認論の問題点

1　閣議決定の概要

　閣議決定は、前文、「一　武力攻撃に至らない侵害への対処」、「二　国際社会の平和と安定への一層の貢献」、「三　憲法第九条の下で許容される自衛の措置」、「四　今後の国内法整備の進め方」から構成されているが、集団的自衛権については、主として、「三　憲法第九条の下で許容される自衛の措置」で述べられている。そこでは、集団的自衛権を要旨つぎのように1972年の政府見解を基本的に踏襲した形で限定的に容認する旨を述べている。

　「(1)わが国を取り巻く安全保障環境の変化に対応し、いかなる事態においても国民の命と平和な暮らしを守り抜くためには、これまでの憲法解釈のままでは必ずしも十分な対応ができない恐れがあることから、いかなる解釈が適切かを検討してきた。その際、政府の憲法解釈には論理的整合性と法的安定性が求められる。したがって、従来の政府見解における憲法第九条の解釈の基本的な論理の枠内で、国民の命と平和な暮らしを守り抜くための論理的な帰結を導く必要がある。

　(2)この(＝憲法九条が認めている)自衛の措置は、あくまでも外国の武力攻撃によって国民の生命、自由及び幸福追求の権利が根底から覆されるという急迫、不正の事態に対処し、国民のこれらの権利を守るためのやむをえない措置として初めて容認されるものであり、そのための必要最小限度の『武力の行為』は許容される。これが、憲法第九条の下で例外的に許容される『武力の行使』について、従来から政府が一貫して表明してきた見解の根幹、いわば基本的な論理であり、1972年10月14日に参院決算委員会に対し政府から提出された資料『集団的自衛権と憲法との関係』に明確に示されているところである。この基本的な論理は、憲法第九条の下では今後とも維持されなければならない。

　(3)しかし、わが国を取り巻く安全保障環境が根本的に変容し、変化し続けている状況を踏まえれば、今後他国に対して発生する武力攻撃であったとしても、その目的、規模、態様等によっては、わが国の存立を脅かすことも現実に起こり得る。

こうした問題意識の下に、現在の安全保障環境に照らして慎重に検討した結果、わが国に対する武力攻撃が発生した場合のみならず、わが国と密接な関係にある他国に対する武力攻撃が発生し、これによりわが国の存立が脅かされ、国民の生命、自由、および幸福追求の権利が根底から覆される明白な危険がある場合において、これを排除し、わが国の存立を全うし、国民を守るために他に適当な手段がないときに、必要最小限度の実力を行使することは、従来の政府見解の基本的な論理に基づく自衛のための措置として、憲法上許容されると考えるべきであると判断するに至った。

　⑷わが国による「武力の行使」が国際法を順守して行われることは当然であるが、国際法上の根拠と憲法解釈は区別して理解する必要がある。憲法上許容される上記の『武力の行使』は、国際法上は、集団的自衛権が根拠となる場合がある。この『武力の行使』には、他国に対する武力攻撃が発生した場合を契機とするものが含まれるが、憲法上はあくまでもわが国の存立を全うし、国民を守るため、すなわち、わが国を防衛するためのやむを得ない自衛の措置として初めて許容されるものである。

　⑸政府としては、わが国ではなく他国に対して武力攻撃が発生した場合に、憲法上許容される『武力の行使』を行うために自衛隊に出動を命ずるに際しては、現行法令に規定する防衛出動に関する手続きと同様、原則として事前に国会の承認を求めることを法案に明記することとする」（傍点・引用者）。

2　「安全保障環境の変化」

　閣議決定は、以上のように、従来の政府見解を変更することを明らかにしているが、そのような解釈変更の理由はどういうものであるのか。上記の箇所では、「わが国を取り巻く安全保障環境の変化に対応し、いかなる事態においても国民の命と平和な暮らしを守り抜くためには、これまでの憲法解釈のままでは必ずしも十分な対応ができない恐れがある」としているが、ここでいうところの「わが国を取り巻く安全保障環境の変化」とは具体的にどういうものなのか。閣議決定は、冒頭の前文で、若干それに関連したことを以下のように述べている。

　「日本国憲法の施行から67年となる今日までの間に、わが国を取り巻く安全

保障環境は根本的に変容するとともに、さらに変化し続け、わが国は複雑かつ重大な国家安全保障上の課題に直面している。国連憲章が理想として掲げたいわゆる正規の「国連軍」は実現のめどが立っていないことに加え、冷戦終結後の四半世紀だけをとっても、グローバルなパワーバランスの変化、技術革新の急速な進展、大量破壊兵器や弾道ミサイルの開発および拡散、国際テロなどの脅威により、アジア太平洋地域において問題や緊張が生み出されるとともに、脅威が世界のどの地域において発生しても、わが国の安全保障に直接的な影響を及ぼし得る状況になっている。さらに、近年では、海洋、宇宙空間、サイバー空間に対する自由なアクセスおよびその活用を妨げるリスクが拡散し深刻化している。もはや、どの国も一国のみでは平和を守ることはできず、国際社会もまた、わが国がその国力にふさわしい形で一層積極的な役割を果たすことを期待している」。

しかし、ここには、日本国憲法の根本原則である集団的自衛権行使の否認という憲法解釈を変更しなければならない理由は、抽象的には述べられているものの、具体的にはなんら説得的には述べられていないと言わざるを得ないのである。[12] いわゆる正規の「国連軍」が実現のめどが立っていないことはなにもいまに始まったことではないし、冷戦終結後のグローバルなパワーバランスの変化も、冷戦時代の米ソ対立に伴う厳しい安全保障環境に比較して、質的に厳しさを増しているとまではいえないと思われる。たしかに、大量破壊兵器や弾道ミサイルの開発や拡散はアジア太平洋地域においても、また日本にとっても重大な問題であるが、このような問題への対処の仕方は、核の廃絶を被爆国の日本が率先して訴えていくことにあるのであって、集団的自衛権の行使を容認することではないはずである。

「もはや、どの国も一国のみでは平和を守ることはできない」という指摘は、一見もっともらしく聞こえるが、しかし、日本が集団的自衛権の行使を容認する根拠にはなり得ないものである。例えばアメリカはかつてに比べたならば、たしかに国力は相対的に低下したが、しかし、アメリカだけで自国を守るには十分すぎるほどの軍事力をなおもっている。アメリカ本国を守るために日本の軍事力を必要とするというようなことは基本的にないのである。アメリカが日本の集団的自衛権の行使を積極的に評価するのは、アメリカが海外で行う戦争

に対して日本の軍事的な協力を得ることができるからであって、アメリカ自国の防衛のためにではない。また、かりに日本が一国のみでは平和を守ることができない状況にあるとしても、そうであればこそ、中国や北朝鮮、そして韓国をも含めたアジアの「平和の家」を築くことを真剣に検討すべきであって、中国や韓国が反対するような集団的自衛権行使を認めるような対応をして軍事的な緊張を一層高めるような方策を講じるべきではないのである。

以上からすれば、現時点で、あえて歴代政府の見解を変更して、集団的自衛権の行使容認の閣議決定を行う理由は、少なくとも閣議決定の文面からはなんら見いだせないと言わざるを得ないのである。

3 集団的自衛権行使容認の論理

解釈変更によって集団的自衛権の行使を容認する理由が閣議決定の文書ではなんら明確ではないと同様に、集団的自衛権の行使を容認する論理も、なんら説得的とはいえないように思われる。この点に関しては、以下のような問題点を指摘せざるを得ないであろう。

まず第1に、閣議決定は1972年の政府見解の「基本的な論理」を踏襲したものとしているが、しかし、これは、明らかに論理をすり替えたものであり、木に竹を接いだ議論といってよいであろう。なぜならば、1972年の政府見解は、集団的自衛権の行使が認められないということを明らかにしたものであって、その理由として憲法前文や13条の国民の生命・自由・幸福追求権などを踏まえて自衛権行使の三要件を挙げているのである。同政府見解の主要部分を引用すれば、以下の通りである[13]。

「政府は、従来から一貫して、わが国は国際法上いわゆる集団的自衛権を有しているとしても、国権の発動としてこれを行使することは、憲法の容認する自衛の措置の限界を超えるものであって許されないとの立場にたっているが、これは次のような考え方に基くものである。

憲法は、第9条において、同条にいわゆる戦争を放棄し、いわゆる戦力の保持を禁止しているが、前文において『全世界の国民が……平和のうちに生存する権利を有する』ことを確認し、また、第13条において『生命、自由及び幸福追求に対する国民の権利については、……国政の上で、最大の尊重を必要とす

る』旨を定めていることから、わが国がみずからの存立を全うし国民が平和のうちに生存することまでも放棄していないことは明らかであって、自国の平和と安全を維持しその存立を全うするために必要な自衛の措置をとることを禁じているとはとうてい解されない。しかしながら、だからといって、平和主義をその基本原則とする憲法が、右にいう自衛のための措置を無制限に認めているとは解されないのであって、それは、あくまでも外国の武力攻撃によって国民の生命、自由及び幸福追求の権利が根底からくつがえされるという急迫、不正の事態に対処し、国民のこれらの権利を守るための止むを得ない措置としてはじめて容認されるものであるから、その措置は、右の事態を排除するためとられるべき必要最小限度の範囲にとどまるべきものである。そうだとすれば、わが憲法の下で武力行使を行うことが許されるのは、わが国に対する急迫、不正の侵害に対処する場合に限られるのであって、したがって、他国に加えられた武力攻撃を阻止することをその内容とするいわゆる集団的自衛権の行使は、憲法上許されないといわざるを得ない」(傍点・引用者)。

このように1972年の政府見解は、憲法が許容する自衛のための措置は、あくまでも、①外国の武力攻撃によって国民の生命、自由及び幸福追求の権利が根底から覆されるという急迫、不正の事態に対処し、②国民のこれらの権利を守るためのやむを得ない措置として初めて許容されるのであって、③その措置は、右の事態を排除するためにとられるべき必要最小限度の範囲にとどまるべきものであり、したがって、以上を踏まえれば、「他国に加えられた武力攻撃を阻止することをその内容とするいわゆる集団的自衛権の行使は、憲法上許されない」としたのである。

これに対して、今回の閣議決定は、①の要件に「わが国と密接な関係にある他国に対する武力攻撃が発生し、これによりわが国の存立が脅かされ、国民の生命・自由・幸福追求の権利が根底から覆される明白な危険がある場合」をつけ加え、さらに、②の要件を「これを排除し、わが国の存立を全うし、国民を守るために他に適当な方法がないとき」と変更した。とりわけ①の新要件は、1972年の政府見解と似ているようでいて、180度異なったものとなっているのである。1972年の政府見解は、①の要件を踏まえて「他国に加えられた武力攻撃を阻止することを内容とする集団的自衛権の行使」は憲法上許されないと結

論付けたのに対して、閣議決定は、「他国に対する武力攻撃が発生し(た)」場合にも、武力行使ができるとし、それが「国際法上は集団的自衛権が根拠となる場合がある」としているのである。

　このように自衛権行使の要件のうち、とりわけ第一要件が根本的に変わってしまっているのに、「基本的論理は維持される」とか、「従来の政府見解の基本的な論理に基づく自衛のための措置」として集団的自衛権の行使が「憲法上許容される」とすることは到底できないというべきであろう[14]。このような説明をしているのは、公明党や内閣法制局の従来の見解への配慮があるからであろうが、しかし、明らかに変わってしまっているのを、「基本的な論理は維持される」というような言い方をすることは、牽強付会の最たるものであり、それ自体国民を欺くことになると言わざるを得ないであろう[15]。

　第2に、このこととも関連して、問題というべきは、山口・公明党代表が閣議決定を受けた記者会見で「外国の防衛を目的とするいわゆる集団的自衛権は今後も認めない。憲法上許されるのは自国防衛のみに限られる」と述べていることである[16]。公明党としては、外国に対する武力攻撃が発生した場合でも、日本が武力行使をできるのは「国民の生命、自由及び幸福追求の権利が根底から覆される明白な危険がある場合」に限定されるのだから、それはいわば自国防衛であって、外国の防衛を目的とする集団的自衛権とは違うといいたいのであろう。しかし、それならばどうして、わざわざ「外国に対する武力攻撃が発生した場合」という要件を新たに付け加えたのであろうか。憲法上認められるのは、自国防衛に限定されるというのであれば、そのような新要件を付け加えるべきではなかったのである。そもそも集団的自衛権にあたかも外国の防衛を目的とするものと自国防衛のものとがあるかのごとき言い方をすること自体、問題というべきであろう。

　第3に、これと関連して疑問というべきは、閣議決定の後で行われた記者会見で安倍首相は、「海外派兵は一般的に許されないという従来の考え方も変わらない。外国を守るために日本が戦争に巻き込まれるという誤解があるが、そのようなこともあり得ない」と述べ、また、公明党の山口代表も、「武力行使はあくまでも自国防衛、わが国の存立を全うし、国民を守るための自衛の措置としてやむを得ない場合のみとした。専守防衛は全く変わらず、今後も貫く」

と述べたことである。[17]これらの言葉にも、明らかに閣議決定の実態を隠蔽する欺瞞がみられるのである。日本が武力攻撃を受けたわけではないにもかかわらず、アメリカなどが海外で戦争を行っているときに、自衛隊が出動してアメリカの武力紛争の相手国に対して武力行使を行うことがどうして専守防衛になるのか。従来の政府見解によれば、「専守防衛とは相手から武力攻撃を受けたときに初めて防衛力を行使し、その防衛力行使の態様も自衛のための必要最小限度にとどめ、また保持する防衛力も自衛のための必要最小限度のものに限るなど、憲法の精神にのっとった受動的な防衛戦略の姿勢をいうもの[18]」とされている。この定義に従えば、他国が攻撃された場合に自衛隊が出動するということを専守防衛とすることは明らかに専守防衛という言葉の誤用というべきなのである。

また、そのような事態は、自衛隊が海外に出て行って武力行使を行うわけだから、そのような行為を海外派兵に該当しないとすることも、海外派兵という言葉の従来の用法からしても、[19]到底理解不能というべきと思われる。現に政府が示した集団的自衛権行使の8事例の中には、はるか中東地域の海域での機雷除去も含まれている。このような行為のための自衛隊の海外派兵を海外派兵といわないのであれば、およそ世界に海外派兵などというものは存在しないことになるであろう。

第4に、政府与党は、これによって集団的自衛権の行使を限定的なものにしたとしているが、それは言葉の上だけの話であって、実質は集団的自衛権の全面容認となることは否定できないと思われる。例えば、「わが国と密接な関係にある他国」とは具体的にどこの国を指しているのか。「密接な関係」の解釈如何では、地球の裏側の国までも含まれることになるであろう。これによって、集団的自衛権の行使を限定的なものにしたということはできないであろう。また、「他国に対する武力攻撃」によって「わが国の存立が脅かされる明白な危険がある場合」とはそもそもどういう形であり得るのか。常識的には想定不可能であろう。たしかに、「明白な危険がある場合」は、「おそれがある場合」に比べたら、言葉自体としては限定的といえなくもないが、しかし、他国に対する武力攻撃によってわが国の存立が脅かされる「明白な危険がある場合」となると、いきおいそれは、明白性を欠いた漠たるものになり、その判断は恣意的に

ならざるを得ないのである。例えば、政府与党は、これによって石油などのシーレーンが脅かされるような事態をも想定しているようであるが、しかし、それは、かつての日本が「生命線の確保」とか「自立自存」を名目としてアジア諸国に軍事侵攻をしたときの論理といかに類似していることか。日本に対する直接的な武力攻撃がないにもかかわらず、日本の存立が脅かされる明白な危険がある事態があり得るという前提に一旦立ってしまえば、それは、もはや限定的たりえず、拡大解釈の危険性を不可避的に伴うことになるのである。そのことをおそらくは政府当局はわかっていながら、国民に対しては隠蔽しているのである。

　最後に、閣議決定は、このような集団的自衛権の行使についても、「民主的統制の確保」が求められており、防衛出動の場合と同様に「原則として事前に国会の承認を求めることを法案に明記する」としているが、しかし、これでは、「民主的統制の確保」は十分とはいえないであろう。日本自身がある日突然に直接武力攻撃を受けた場合には、国会の事前の承認を受けるいとまのないままに防衛出動をするという場合はなきにしもあらずであるとしても、外国が武力攻撃を受けた場合に、国会の事前承認を受けるいとまもないままに自衛隊が出動しなければならないような事態はほとんど想定しがたいのである。もしかりにあり得るとすれば、それはアメリカの意向を国会の判断よりも優先させる場合であろう。そのような事態を、民主的統制が確保された事態とは到底言い得ないのである。

　しかも、この点に関わって指摘すべきは、2013年に成立した特定秘密保護法である。これによって、政府が特定秘密という指定を行った防衛情報は、国会に対してもその開示はいちじるしく制限されることになるのである。2014年6月に国会法が改正されて、国会に情報監視審査会が設置されたが、これによっても、特定秘密に指定された防衛情報の国会への提供は不十分なままである。集団的自衛権の行使の前提となる情報が国会には提示されないままに、国会は集団的自衛権の行使が妥当か否かの判断を迫られることになり、結局は政府の判断のいいなりになって承認をすることにならざるを得ないのであろう。民主的統制ということをいうのであれば、このような特定秘密保護法を廃止することが必要であろう。

4 集団的自衛権と「抑止力」論

　閣議決定の後に開かれた記者会見で、安倍首相は、これによって「抑止力」が強化されるとして、以下のように述べた。「万全な備えをすること自体が日本に戦争を仕掛けようとするくらみをくじく大きな力をもっているのが抑止力だ。閣議決定で戦争に巻き込まれる恐れは一層なくなっていく。再び戦争をする国になることはあり得ない」「閣議決定を受け、あらゆる事態に対処できる法整備を進めることにより、隙間のない対応が可能となり抑止力が強化される。抑止力の強化によってわが国の平和と安全を一層たしかなものにすることができる」[23]。

　このように集団的自衛権の行使を容認することによって「抑止力」が高まり、戦争に巻き込まれる危険性はなくなるという議論は、一部のマスコミなどでもまことしやかに喧伝されているが[24]、しかし、集団的自衛権行使の運用実態に照らしても明らかに誤ったものと言わざるを得ないであろう。第二次大戦後の集団的自衛権の運用実態をみれば、それはほとんどの場合大国の小国に対する軍事介入・侵攻の歴史であった。アメリカのベトナム侵攻 (1965年)、ソ連のチェコスロバキア侵攻 (1968年)、ソ連のアフガニスタン侵攻 (1979年)、アメリカのアフガニスタン攻撃へのNATO諸国の参戦 (2001年) などがその最たる例である[25]。

　そもそも、抑止力論自体が問題をはらむ議論であることはつとに指摘されてきた通りである。坂本義和は、すでに冷戦時代に、「後発国の視点から見れば、『抑止』というシンボル、あるいはそういうシンボルを掲げて実際にとられている政策や戦略は、先発国の優位や支配の固定化であるというイメージが明確に結ばれてくる」「『抑止』というのは抑圧の戦略だ」と捉えていたが[26]、このような捉え方は、冷戦終結後の今日においても基本的には妥当するものと思われる。イギリスの核問題の専門家のロバート・グリーンも、「核抑止は、それに依存する者とそれで影響を与えようとする相手の両方の安全を直接損なう」と述べている[27]。「抑止」のためには、攻撃をしかけてくるかもしれない相手国に対して甚大な被害を与えるために、相手国よりもはるかに勝る軍事力をもたなければならない。そうなれば、相手国も、さらに強力な軍事力をもとうとする。「抑止力」論は、このような「安全保障のジレンマ」から脱却することはで

きないのである。このような「抑止力」論は、日本国憲法の平和主義とは相容れないものというべきであろう。

しかも、集団的自衛権の行使を容認するということは、海外での他国の戦争に参加することを認めるということである。つまり、一方では他国の戦争に加わることを認めておきながら、他方で、戦争に巻き込まれる恐れは一層なくなっていくというのは、自己矛盾も甚だしいと言わざるを得ないであろう。かつての軍事同盟が二度の世界大戦の大きな要因となったことをも想起すべきであろう。日本の現状に即していえば、閣議決定に対して、早速中国と韓国が懸念する趣旨の見解を出していることにも示されるように[28]、集団的自衛権の容認は、むしろ近隣諸国との緊張を激化させる役割を果たしていることにも留意すべきであろう。

4 「国際社会の平和と安定への一層の貢献」

閣議決定は、「二　国際社会の平和と安定への一層の貢献」と題して、二つの異なった問題をひとくくりにして論じている。すなわち、一つは、アメリカや多国籍軍などへの後方支援が「武力の行使との一体化」になるかどうかという問題であり、あと一つは、PKO活動などに関連していわゆる「駆けつけ警護」ができるかどうかという問題である。このように異なった次元の問題をひとくくりに「国際社会の平和と安定への一層の貢献」として論じること自体に疑問があるが、その点は指摘するだけにとどめて、以下には二つの問題について閣議決定の内容に即して検討することにする。

1　「武力の行使との一体化」の問題

アメリカの行う戦争や多国籍軍の行う戦争に自衛隊が後方支援をする場合に、どこまでの支援が可能かという問題を判断する場合に憲法上の基準として政府が従来採用してきたのが、「武力の行使との一体化」論であった。従来の政府の見解によれば、「武力の行使と一体化」するような後方支援活動は憲法上できないが、「一体化」しない活動であれば憲法上可能であり、その場合、「一体化」するかどうかは、つぎのような基準によって決められるとされた[29]。

①戦闘行為が行われている、または行われようとしている地点と当該行為がなされる場所との地理的関係、②当該行為の具体的内容、③他国の武力の行使の任にあたる者との関係の密接性、④協力しようとする相手の活動現況などの諸般の事情を総合的に勘案して決める。この基準自体あいまいなものであり、また問題を含むものであるといえるが、ただこの基準によって、なんとか自衛隊は例えばイラク戦争においても1人の死者も出さないですんだのである。

　この「武力の行使との一体化」論について、安保法制懇の報告書は、このような形での憲法上の制約を設けるべきではないとしたが、それを受けた閣議決定は、「(1)いわゆる後方支援と『武力の行使との一体化』」の項で概要をつぎのように述べている。「安全保障環境がさらに大きく変化する中で、国際協調主義に基づく『積極的平和主義』の立場から、国際社会の平和と安定のために、自衛隊が幅広い支援活動で十分に役割を果たすことができるようにすることが必要である。政府としては、いわゆる『武力の行使との一体化』論自体は前提とした上で、その議論の積み重ねを踏まえつつ、これまでの自衛隊の活動の実経験、国連の集団安全保障措置の実態等を勘案して、従来の『後方地域』あるいはいわゆる『非戦闘地域』といった自衛隊が活動する範囲をおよそ一体化の問題が生じない地域に一律に区切る枠組みではなく、他国が『現に戦闘行為を行っている現場』ではない場所で実施する補給、輸送などのわが国の支援活動については、当該他国の『武力の行使と一体化』するものではないという認識を基本とした以下の考え方に立って、わが国の安全の確保や国際社会の平和と安定のために活動する他国軍隊に対して、必要な支援活動を実施できるようにするための法整備を進めることとする。㈦わが国の支援対象となる他国軍隊が『現に戦闘行為を行っている現場』では、支援活動は実施しない。㈣仮に、状況変化により、わが国が支援活動を実施している場所が『現に戦闘行為を行っている現場』となる場合には、直ちにそこで実施している支援活動を休止または中断する」。

　このような閣議決定は、たしかに従来の「武力の行使との一体化」論を踏まえた形を一応はとっているものの、従来の四つの基準を捨て去るだけでなく、「後方支援」や「非戦闘地域」といった観念をも捨て去り、限りなくアメリカなどの武力行使と一体化した活動を容認するものにしているのである。閣議決定

は「現に戦闘行為を行っている現場」では支援活動はしないとするが、この「現場」とは「戦闘地域」とは異なった、それより狭い概念として用いられていることは明らかである。政府が作成した「想定問答集」によれば、「現に戦闘行為を行っている現場」とは、「国際的な武力紛争の一環として行われる人を殺傷し又は物を破壊する行為が現に行われている現場」を意味するとされる[31]。このような「現場」でなければ、「戦闘地域」における支援活動も行うことができるとされたのである。そもそも「戦闘地域」そのものがあいまいな概念であることは、つとに指摘されてきた通りであるが、その「戦闘地域」でも自衛隊は公然と支援活動を行うことが可能となるのである。そのようにして自衛隊が行う活動は、もはや「後方支援」活動ですらない。「戦闘地域での後方支援」とはそれ自体形容矛盾だからである。しかも、「戦闘地域」での支援活動は、かりにそれが補給や輸送などに限定されたとしても文字通り「武力の行使と一体化」した活動として相手国軍隊からみられることは火をみるよりも明らかであろう。自衛隊自身は武力行使をしていないという言い訳はまったく成り立たないのである。自衛隊員の中から戦死者が出てくる公算はきわめて高いことになるであろう。「積極的平和主義」とは、そういうことを意味しているのである。

　たしかに、閣議決定は、「仮に状況変化によりわが国が支援活動を行っている場所が『現に戦闘行為を行っている現場』となる場合は、直ちにそこで実施している支援活動を休止または中断する」としている。しかし、「戦闘地域」と「戦闘現場」との区別そのものがあいまいで明確に一線を引くことはできないものである以上は、「戦闘地域」はいつ何時「戦闘現場」になっても不思議ではない。というよりはむしろ、「戦闘地域」とは「戦闘現場」に常時なりうる地域のことを指しているということもできよう。わざわざそのような地域で支援活動を行いながら、その地域が「戦闘現場」になったら、支援活動を休止または中断するというのは、およそ非現実的といえよう。なお、付け加えれば、そのような場合は、支援活動を「休止または中断する」と述べているだけであって、部隊を撤収させるとは書いていないということである。自衛隊の部隊は戦闘現場にとどまる可能性を示唆しているのである。武力紛争に巻き込まれることは必至とも思われるのである。

　それにもかかわらず、安倍首相は、「自衛隊がかつての湾岸戦争やイラク戦

争での戦闘に参加するようなことはこれからも決してない」と強弁している。「戦闘現場」にとどまっていても、戦闘に参加することはないというのは、戦闘の実態を無視した詭弁あるいは言葉の遊び以外のなにものでもないと思われるのである。

2　PKOなどにおける「駆けつけ警護」など

　閣議決定は、「二　国際社会の平和と安定への一層の貢献」の「(2)国際的な平和協力活動に伴う武器使用」の項で、二つの異なった問題を取り上げている。すなわち、一つはPKOにおけるいわゆる「駆けつけ警護」の問題であり、あと一つは、海外在留邦人の救出のための当該外国における武器使用の問題である。両者は、問題の性格がまったく異なっているにもかかわらず、「国際的な平和協力活動に伴う武器使用」としてひとくくりにしていること自体、論理的な整合性を欠いた記述となっていることをまず指摘しておききたい。

　(1)　**PKOにおける「駆けつけ警護」の問題**　この問題に関して、閣議決定は、概ねつぎのように述べている。「わが国として、『国家または国家に準ずる組織』が敵対するものとして登場しないことを確保した上で、PKOなどの『武力の行使』を伴わない国際的な平和協力活動におけるいわゆる『駆けつけ警護』に伴う武器使用および『任務遂行のための武器使用』……ができるよう、以下の考え方を基本として法整備を進めることとする。PKO等については、PKO参加五原則の枠組みの下で、『当該活動が行われる地域の属する国の同意』および『紛争当事者の当該活動が行われることについての同意』が必要とされており、受け入れ同意をしている紛争当事者以外の「国家に準ずる組織」が敵対するものとして登場することは基本的にないと考えられる。このことは、過去二十年以上にわたるわが国のPKO等の経験からも裏付けられる。近年のPKOにおいて重要な任務と位置づけられている住民保護などの治安の維持を任務とする場合を含め、任務の遂行に際して、自己保存および武器等防護を超える武器使用が見込まれる場合には、特にその活動の性格上、紛争当事者の受け入れ同意が安定的に維持されていることが必要である」「受け入れ同意が安定的に維持されているかについては、国家安全保障会議（NSC）における審議等に基づき、内閣として判断する」（傍点・引用者）。

第3章　閣議決定による集団的自衛権の容認　121

従来、政府はPKOについては、参加五原則をつぎのように定めていた。①紛争当事国間の停戦合意の成立、②自衛隊の参加に対する紛争当事者の同意、③平和維持活動の中立的立場の厳守、④以上の条件が満たされない場合の自衛隊の撤収、⑤要員の生命等の維持のための必要最小限度の武器の使用。ところが、閣議決定は、この五原則、とりわけ第五原則を、実質的に変更して、いわゆる「駆けつけ警護」や「任務遂行のための武器使用」も可能としようしているのである。その理由は、「国際協調主義に基づく『積極的平和主義』の立場から、国際社会の平和と安定のために一層取り組んで行く必要があり、そのためにPKOなどの国際的な平和協力活動に十分かつ積極的に参加できることが重要である」というのである。しかし、これでは、実質的な理由はなにも述べられていないと言わざるを得ないであろう。

　この点に関連して安倍首相は、5月15日の記者会見で、PKOに参加している自衛隊部隊が現地のNGOなどが危険に陥った場合に「駆けつけ警護」をする必要がある旨を述べたが、しかし、これもNGOの活動の実態を無視した議論というべきであろう。そのことは、日本の代表的なNGOの一つである日本国際ボランティアセンター（JVC）が、安倍首相の記者会見を受けて、「集団的自衛権をめぐる論議に対する国際協力NGO・JVCからの提言」を発表し、その中でつぎのように述べていることによっても明らかである。「私たち日本国際ボランティアセンター（JVC）は、国際協力NGOとしてこれまで紛争地を含む海外19カ国・地域及び日本国内で30年以上活動してきました。その経験と実践に基づき、非軍事に徹した日本の特異性こそが、優れた国際平和協力だと確信しています。紛争地では武力を行使しなかったからこそ救われた命がたくさんあること、武器を持たないことが信頼を生み安全を保障する大きな力になることを経験してきたからです。私たちは、『NGOを守る』ことを理由に海外での武力行使を正当化することに異議を唱え、武力行使で日本が『失うもの』の大きさを冷静に考慮した議論を求めます」。

　さらに、「駆けつけ警護」や「任務遂行のための武器使用」が憲法9条が禁止する武力行使に該当しない理由として閣議決定が指摘しているのは、「受け入れ同意をしている紛争当事者以外の『国家または国家に準ずる組織』が敵対するものとして登場することは基本的にないと考えられる」ということである。

どうしてそういうことがいえるのかといえば、「過去20年以上にわたるわが国のPKO等の経験からも裏付けられる」というのである。

しかし、ここには、明らかに論理のすり替えがみられるのである。過去20年以上にわたる日本のPKOに際して紛争当事国以外の「国家または国家に準ずる組織」が敵対するものとして登場してこなかったとすれば、それは、自衛隊のPKOが上記五原則に基づいて行われてきたからであって、地域の住民や組織もそのような自衛隊だから敵対するものとしては基本的には登場してこなかったのである。しかし、自衛隊が「駆けつけ警護」や任務遂行のための武器使用などを積極的に行うということになれば、そして、自衛隊も現在のように「小型武器」ではなく、より大型の武器をも保有・使用することになれば、事態は異なってくることは十分にあり得るのである。そうなれば、「国家または国家に準ずる組織」が敵対するものとして登場して自衛隊がそれに対して武力行使をして死者を出す可能性は現在以上にはるかに大きくなるのである。[34] そういう事態を一切想定しないで、「国家または国家に準ずる組織」が敵対するものとして登場してこないと見なすことは、思い込みも甚だしいと言わざるを得ないであろう。

(2) **海外在留邦人の救出のための武器使用** 　閣議決定は、前述したように、「国際的な平和協力活動に伴う武器使用」の中で海外在留邦人の救出のための武器使用の問題も扱っている。しかし、海外在留邦人の救出の問題は「国際的な平和協力活動」とは直接的な関係はないのであって、このような項目の下でこの問題を取り扱うこと自体がミスリーディングであると思われる。

しかも、その論じ方も少なからず問題を含むものといえよう。閣議決定は、この点について、要旨をつぎのようにいう。「自国領域内に所在する外国人の保護は、国際法上、当該領域国の義務であるが、多くの日本人が海外で活躍し、テロなどの緊急事態に巻き込まれる可能性がある中で、当該領域国の受け入れ同意がある場合には、武器使用を伴う在外邦人の救出についても対応できるようにする必要がある」「領域国の同意に基づく邦人救出などの『武力の行使』を伴わない警察的な活動ができるよう、以下の考え方を基本として、法整備を進めることとする」「自衛隊の部隊が、領域国政府の同意に基づき、当該領域国における邦人救出などの『武力の行使』を伴わない警察的な活動を行う場合に

は、領域国政府の同意が及ぶ範囲、すなわち、その領域において権力が維持されている範囲で活動することは当然であり、これは、その範囲においては『国家に準ずる組織』は存在しないということを意味する」(傍点・引用者)。

　もってまわったようなわかりにくい言い方になっているが、いわんとすることは、要するに、つぎのようなことであろう。つまり、海外で日本人がテロなどに遭遇した場合に当該領域国の同意があれば、自衛隊が出動して武器の使用を行うことができるようにするが、それが憲法が禁止する武力行使に該当しないというためには「国家に準ずる組織」が存在しないことが必要であるが、同意を与えた領域国政府の同意を与えた範囲内であれば、「国家に準ずる組織」が存在しないと見なすことができるということであろう。しかし、ここにも、実態を無視した思い込みの議論がなされている。仮に当該領域国が同意を与えたとしても、それは当該領域国の政府当局の主観的な判断に基づくものであって、同意を与えた地域に実際にも「国家に準ずる組織」が存在しないということを意味するわけではなんらないのである。

　そもそも、「国家に準ずる組織」の有無そのものが、客観的に確定できるものではなく、政府（領域国や日本の政府）の政治的な判断によって決められる側面を多分にもっている。従来の政府見解によっても、「国家に準ずる組織」が存在するかどうかの見極めは、「正に具体的な個別具体の事案の事実関係に即して判断されるべきもので、当該行為の主体が一定の政治的な主張を有し、相応の組織や軍事的実力を有するものであって、その主体の意思に基づいてその破壊活動が行われているような場合には、その行為が国に準ずる組織によるものに当たる」とされている[35]。このように「個別具体の事案に即して判断される」性格をもつ「国家に準ずる組織」の有無が警察法上の武器使用か違憲な武力行使かを判断する決め手となるということであれば、政府としては、いきおい「国家に準ずる組織」は存在せず、存在するのは単に夜盗やテロ集団の類いであると強弁して自衛隊を派遣することになりやすいのは見やすい道理であろう。かくして、実際には「国家に準ずる組織」と見なしうる抵抗勢力に対して自衛隊は警察法上の武器使用という名目で、武力の行使を行う可能性は決して少なくないのである[36]。そのようなことをも、「国際的な平和協力活動に伴う武器使用」ということで正当化することはできないのである。

5 「武力攻撃に至らない侵害への対処」

1 治安出動などについての手続きの迅速化

　閣議決定は、「切れ目のない安全保障法制の整備」のためということで、「一　武力攻撃に至らない侵害への対処」で、いわゆる「グレーゾーン事態」への対処の問題についても検討している。もっとも、この問題については、与党協議でも、基本的には現行法制の運用で対処できるとされたので、閣議決定でも、米軍関係への支援の問題を除けば、特に明確な立法提言はなされていないようにもみえる。ただ、そこで、手続きの迅速化が必要だとしてつぎのように述べられている点は見過ごすことができないように思われる。「手続きの迅速化については、離島の周辺地域等において外部から武力攻撃に至らない侵害が発生し、近傍に警察力が存在しない場合や警察機関が直ちに対応できない場合（武将集団の所持する武器等のために対応できない場合を含む）の対応において、治安出動や海上における警備活動を発令するための関連規定の適用関係についてあらかじめ十分に検討し、関係機関において共通の認識を確立しておくとともに、手続きを経ている間に、不法行為による被害が拡大することがないよう、状況に応じた早期の下令や手続きの迅速化のための方策について具体的に検討することとする」(傍点・引用者)。

　ここには、さりげなく自衛隊の治安出動が容易にできるように手続きの迅速化の必要性が提言されているのである。治安出動は、自衛隊法上、命令による治安出動(78条)と要請による治安出動(81条)があるが、前者についていえば、防衛大臣による治安出動待機命令(79条)を経て、内閣総理大臣が「間接侵略その他の事態に際して、一般の警察力をもっては、治安を維持することができないと認められる場合」に発するものであり、治安出動命令が発せられた場合には、自衛隊は、「その事態に応じて合理的に必要と判断される限度で武器を使用することができる」(90条)とされている。そして、内閣総理大臣が治安出動命令を発した場合には、出動を命じた日から20日以内に国会に付議して、その承認を求めなければならず、国会で不承認の議決があった場合には、速やかに自衛隊の撤収を命じなければならないとされている(78条2、3項)。

このような現行自衛隊法が規定している治安出動について閣議決定がどのような手続きの迅速化を考えているかは、必ずしも明らかではない。安保法制懇でも、武力攻撃に至らない侵害に対しては、「各種の事態に応じた均衡のとれた実力の行使も含む切れ目のない対応を可能とする法制度について、国際法上許容される範囲で、その中で充実させていく必要がある」とするのみで、具体的にどのような立法改正を行うべきかについては明確な提言はしていなかった。
　したがって、具体的な立法改正や手続きの迅速化の内容については、それが提案されるのを待つほかないが、ただ、現時点で指摘できることは、治安出動は1960年の安保闘争に際して当時の岸首相によって検討されたように、もともと国民に対して銃口を向ける危険性を内在させたものであるということである。したがって、その発動は極力抑制しなければならないし、その手続きもきわめて慎重かつ厳格になされなければならないということである。そのような治安出動について手続きの迅速化を図るということは、それ自体がすでに問題をはらむと思われるのである。
　たしかに、ここで検討されているのは、主として外部の者による武力攻撃に至らない侵害に対して治安出動を発令する場合の手続きの迅速化であろうが、しかし、治安出動が発令された場合には、正当防衛以外の場合にも「その事態に応じて合理的に必要と判断される限度で武器を使用することができる」とされている。その際に使用しうる武器の限定は実際上ないに等しいことは、自衛隊法90条1項3号が「小銃、機関銃、砲、化学兵器、生物兵器その他その殺傷力がこれらに類する武器」と規定していることからも明らかであろう。そのような武器使用を自衛隊が外国の者に対して行えば、それは、武力行使と紙一重になることは見やすい道理であろう。そのようにして、日本の側が武力行使を行ったと見なされた場合には、相手国からすれば、格好の反撃材料となることになりかねない。そのことをあえて想定した上で、武力攻撃に至らない侵害に対して自衛隊が治安出動を迅速に行えるようにすることは、国際紛争の平和的解決を規定した憲法9条の趣旨を逸脱することにならざるを得ないであろう[38]。

2　米軍部隊の武器等の防護

　ところで、この「武力攻撃に至らない侵害への対処」でさらに見過ごせない

のは、米軍部隊に対する攻撃が発生した場合への新たな対処の必要性を書いている点である。閣議決定は、「わが国の防衛に資する活動に現に従事する米軍部隊に対して攻撃が発生し、それが状況によっては武力攻撃にまで拡大していくような事態においても、自衛隊と米軍が緊密に連携して切れ目のない対応をすることが、わが国の安全の確保にとっても重要である」として、つぎのように書いている。「自衛隊と米軍部隊が連携して行う平素からの各種活動に際して、米軍部隊に対して武力攻撃に至らない侵害が発生した場合を想定し、自衛隊法第95条による武器等防護のための『武器の使用』の考え方を参考にしつつ、自衛隊と連携してわが国の防衛に資する活動（共同訓練を含む）に現に従事している米軍部隊の武器等であれば、米国の要請または同意があることを前提に、当該武器等を防護するための自衛隊法第95条によるものと同様のきわめて受動的かつ限定的な必要最小限度の『武器の使用』を自衛隊が行うことができるよう、法整備をすることとする」。

つまり、簡単にいえば、米軍部隊に対する武力攻撃に至らない侵害が発生した場合にも、自衛隊が「武器の使用」を行うことができるようにすべきだということである。しかし、このような武器使用は、憲法はもちろんのこと、現行安保条約との関係でも問題をはらむものといえよう。すなわち、現行安保条約5条は、「日本国の施政の下にある領域における、いずれか一方に対する武力攻撃」があった場合に初めて、「自国の憲法上の規定及び手続に従って共通の危険に対処するように行動する」と規定しているのであって、米国に対する武力攻撃が発生しない場合に、自衛隊が行動することは想定していないのである。

しかも、上記条文にあるように、日米が共通の危険に対処するように行動するのは、あくまでも「日本国の施政の下にある領域」という地理的限定の下においてである。ところが、閣議決定は、その点についてはなんら明確にすることなく、「わが国の防衛に資する活動に現に従事する米軍部隊」に対する攻撃が加えられた場合には、自衛隊が武器の使用を行えるようにすべきだといっている。日本周辺地域といった限定すらないのである[39]。これでは、「わが国の防衛に資する活動に現に従事している」という名目がつきさえすれば、地球の裏側においても、自衛隊は米軍部隊の武器等防護のために武器の使用を行うことが可能となってくるのである。

第3章　閣議決定による集団的自衛権の容認　127

さらに、その場合の武器使用は、自衛隊法95条に照らせば、米軍部隊の武器弾薬のみならず、「船舶、航空機、車両」などの防護のためにも可能となってくるのである。そのような武器使用は、そのまま武力行使に転化し得る可能性が高いものであろう。集団的自衛権行使への道筋がこのような形でも示されているのである。いずれにしても、日米の軍事的な連携をこのように安保条約の規定をも超えて行おうとすることが、日本国憲法の趣旨を逸脱するものであることは明らかであろう。[40]

6 日米ガイドラインによる日米安保条約の実質改定

集団的自衛権の行使を容認する閣議決定は、現行の日米安保条約にも抵触し、本来ならば、日米安保条約の改定なしにはそれを実施することはできない事柄であることは、上述した通りであるが、ところが、日米両国政府は、日米安保条約の改定という手続きをとることなく、日米ガイドラインの改定という形で実質的な日米安保条約の改定を図ろうとしている。2014年10月に発表された「日米防衛協力のための指針の見直しに関する中間報告」[41]（以下、「中間報告」と略称）はそのことを明確に示している。ここにも、平和主義と立憲主義の無視がみられるのである。

この点に関して、政府が作成した「想定問題集」は、「日米安保条約は改正するのか」という質問に対して、「改正は考えていない。集団的自衛権の行使は義務ではなく、改正の必要もない」と答えているが[42]、しかし、このような回答は到底納得のいくものではないと言わざるを得ないであろう。あらためて指摘するまでもなく、国家間の基本的な関係を規律するのは、条約であり、だからこそ、日米安保条約が存在するのである。日米安保条約と内容の異なった事柄を日米政府の間で取り決めた場合にも、条約の改定の必要がないということになれば、そもそも日米安保条約自体が不要となってくるのである。

もちろん、国家間の関係を取り決めるすべての事項がその細目に至るまで条約によらなければならないのかといえば、必ずしもそうではない。条約の実施に関する細部についてはいわゆる行政協定などによることは従来から認められているところである。問題は、いかなる事項が、憲法73条3号による国会の承

認を経ることを要する条約マターであるかということであるが、従来の政府見解によれば、つぎのような事項が条約によることが必要とされてきたのである[43]。①いわゆる法律事項を含む国際約束、②いわゆる財政事項を含む国際約束、③我が国と相手国との間あるいは国家間一般の基本的な関係を法的に規定するという意味において政治的に重要な国際約束。①は、憲法41条が国会を国の唯一の立法機関と規定していることからも出てくるし、②は財政事項については憲法83条が国会中心主義を採用していることからも導き出されてくるのである。さらに、③は、憲法41条が、国会を国権の最高機関と位置付けていることからも、出てくるといってよいのである。

このような従来の政府見解を踏まえた場合には、アメリカが関わる武力紛争において日本も共同で武力行使を行うような集団的自衛権の行使を容認する取り決めを日米間で行うためには、日米安保条約の改定が必要となってくることは明らかであろう。そのような集団的自衛権の行使は、まさに③にいうような意味で「政治的に重要な国際約束」であることは、確かだからである。それは、また、不可避的に財政支出を伴うという意味では、②の要件にも当てはまるといってよい。さらには、①の法律事項に関しても、単に義務を負う場合に限定せず、一般的抽象的な法規範の定立を法律事項と解する説も有力に唱えられている[44]。この説を踏まえれば、集団的自衛権の行使容認は、この①の要件に照らしても、条約の改正手続によることを必要とすることになるのである。

もっとも、日米政府当局者は、このような批判をある意味では想定しているのかもしれない。というのは、現行の日米ガイドラインにもその種の規定があるが、「中間報告」でも、「この中間報告は、いずれの政府にも法的な権利又は義務を生じさせるものではない」と書かれているからである。2015年4月に改定された日米ガイドラインでも、これと同種の文言が書かれている。「指針」あるいは「ガイドライン (guideline)」と称する所以でもあるが、しかし、これが実質的に日本政府を拘束するものであることは、1997の日米ガイドラインの策定を踏まえて、1999年に周辺事態法が制定されたことによっても示されている。そして、今回は、日米ガイドラインの改定に伴って、武力攻撃事態法や周辺事態法の改定などがなされることになるのである。「指針」が事実上の拘束力をもつことは、明らかであろう。

しかも、その内容をみれば、それが単なる現行日米安保条約の実施細則の改定にとどまらないことも、明白であろう。そのことを「中間報告」に即してみれば、「中間報告」は、「将来の日米防衛協力は次の事項を強調する」として、「切れ目のない、力強い、柔軟かつ実効的な日米共同の対応、日米同盟のグローバルな性質、地域の他のパートナーとの協力」などを挙げているのである。ここにおいて、「切れ目のない（seamless）日米共同の対応」とは、閣議決定にあるように、「武力攻撃に至らない侵害」への対米協力を含めた平時からの日米軍事協力の促進を意味しているし、また「日米同盟のグローバルな性質」は、地球の裏側においても対米軍事協力を行うことを意味している。「中間報告」は、「日米両政府は、日米同盟のグローバルな性質を反映するため、協力の範囲を拡大する」と明言しているのである。さらに、「地域の他のパートナーとの協力」に関しては、「日米両政府は、地域の同盟国やパートナーとの三カ国間及び多国間の安全保障及び防衛協力を推進する」と書かれている。ここでは、韓国やオーストラリアなどとの軍事協力をも視野に入れているようにみえるのである。
　これらは、いずれも、現行の日米安保条約や日米ガイドラインの枠組みをはるかに踏み越えるものであることは明らかであろう。例えば、現行の日米ガイドラインでは、「周辺事態」における対米軍事協力が大きな比重を占めているが、「中間報告」では、「周辺事態」という言葉は完全に消えてしまい、代わって「アジア太平洋地域及びそれを超えた地域」という言葉が登場しているのである。[45] さらにいえば、「中間報告」は、「宇宙及びサイバー空間における協力」にまで言及している。「切れ目のない防衛協力」は、「アジア太平洋地域及びそれを超えた地域」をも飛び越えてはるか宇宙規模にも及ぶものとされているのである。
　まことに奇異というべきは、にもかかわらず、「中間報告」は、「日米両国の全ての行為は、各々の憲法及びその時々において適用のある国内法令並びに国家安全保障政策の基本的な方針に従って行われる。日本の行為は、専守防衛、非核三原則等の日本の基本的な方針に従って行われる」と書いていることである。一方ではアメリカとのグローバルな性質を伴う軍事協力や地域の他のパートナーとの軍事協力を規定しておきながら、他方では専守防衛という基本的な

方針は維持するとすることが、いかに矛盾したことを書いているかについての認識が政府当局者にはないのであろうか。不思議という他はない。閣議決定と同様に、ここでも国民の目を欺く「鵺（ヌエ）的」な説明がなされているとしかいいようがないのである。

7　小　結

　以上、2014年7月1日の閣議決定を批判的に検討してきた。以上のような検討によって明らかになったと思われるのは、このような閣議決定は、憲法の平和主義と立憲主義を根底から否認するものであって、日本国憲法の下では到底許されるものではないということである。そこで用いられている論理も、木に竹を接いだような「鵺的」なものであって、憲法の論理としては到底認めがたいものなのである。それとともに、閣議決定は、現行の日米安保条約にも抵触するものであることも明らかになった。それを日米安保条約の改定という手続きを経ることなく、日米ガイドラインの改定という形で処理することの違憲性も明らかになったと思われる。日本では、法の支配とか、法治国家という言葉が、うわべだけのものであることが、あからさまになったのである。

　もちろん、閣議決定や日米ガイドラインは、それだけでは自衛隊が集団的自衛権の行使を実際に行うための法的な根拠とはなり得ない。自衛隊が現実に海外で行動するためには、自衛隊法、武力攻撃事態法、周辺事態法などの関連法律の改定が必要になってくる。政府は、2015年の通常国会に関連法案の一括提案をしているが、それら法案の内容については、閣議決定と同様に批判的な検討がなされなければならない。このような違憲な内容の法案を成立させるかどうか、国権の最高機関である国会の見識が問われるとともに、主権者国民の見識も問われることになるのである。日本国憲法で不戦の誓いを掲げて、実際にもこの70年間近くにわたって日本は戦争をしないできた。そのような「国のかたち」を捨て去って「戦争をする国」になるかどうか、国民1人1人の良識がまさにいま問われているのである。

　1）　閣議決定については、首相官邸のHP（http://www.kantei.go.jp/jp/kakugi/2014/

kakugi-2014070102.html)。
2） なお、民間の有識者による「国民安保法制懇」は、2014年9月29日に「集団的自衛権行使を容認する閣議決定の撤回を求める」と題する報告書 (http://kokumin-anpo.com/59) を発表したが、そこでは、「憲法の改正が困難であるからと言って、解釈変更という安易な抜け道をとることは、一政権による憲法の簒奪に他ならず、……憲法解釈の根底的不安定化とともに、憲法解釈の実務を担う内閣法制局の役割の変質をも招く」としている。なお、青井未帆「閣議決定で決められるものではない」世界2014年9月号149頁も参照。
3） この報告書については、さしあたり本書第2章での検討を参照。
4） 「基本的方向性」については、http://www.kantei.go.jp/jp/96-abe/statement/2014/0515kaiken.html
5） 世論の動向については、朝日新聞2014年5月14日参照。
6） この点については、渡辺治「安倍政権の改憲・軍事大国化構想の中の集団的自衛権」渡辺治・山形英郎・浦田一郎・君島東彦・小沢隆一『別冊法学セミナー・集団的自衛権容認を批判する』(日本評論社、2014年) 27頁以下参照。
7） 朝日新聞2014年5月16日。
8） 朝日新聞2014年4月13日。
9） 毎日新聞2014年5月1日。
10） 与党協議全11回の主なやりとりについては東京新聞2014年7月2日参照。
11） 15事例とは、「グレーゾーン事態への対処」が、①離島等における不法行為への対処、②公海上で自衛隊が遭遇した不法行為への対処、③平時における弾道ミサイル発射警戒時の米艦防護であり、「国際協力」に関する事例が、①侵略行為に対抗する国際協力としての支援、②国連PKO要員らへの「駆けつけ警護」、③国連PKOで任務遂行のための武器使用、④領域国の同意に基づく邦人救出であり、そして「集団的自衛権」に関する事例が、①邦人輸送中の米艦の防護、②公海上で武力攻撃を受ける米艦船の防護、③わが国の近隣で有事の際に米国を攻撃した国に対して武器を提供する船舶に対する強制的な停戦検査、④米国に向けわが国の上空を横切る弾道ミサイルの迎撃、⑤戦時における弾道ミサイル発射警戒時の米艦船防護、⑥米国本土が武力攻撃を受けた場合において日本近隣で作戦を行う米艦船の防護、⑦戦時における国際的な機雷掃海活動への参加、⑧民間船舶の国際共同護衛である (毎日新聞2014年5月28日)。
12） なお、安保法制懇が集団的自衛権行使容認の理由とした「安全保障環境の変化」については、本書第2章参照。
13） 1972年の政府見解の全文については、浦田一郎編『政府の憲法九条解釈』(信山社、2013年) 168頁参照。
14） 国民安保法制懇の報告書 (前掲注 (2)) は、「集団的自衛権を否定すべき論拠によって、それを容認する正反対の結論を支えようとする無理な論理を押し通した結果、この閣議決定の内容は、その意図も帰結もきわめて曖昧模糊としており、見る者の視点によって姿の変わる鵺 (ヌエ) ともいうべき奇怪なものと成り果てている」と厳しく批判している。なお、高見勝利「集団的自衛権容認論の非理非道」世界2014年12月号177頁以下や水島朝穂「九条の政府解釈のゆくえ」水島朝穂編『立憲的ダイナミズム』(岩波書店、

2014年)23頁による批判も参照。

15) なお、①の要件が新たに「わが国の存立が脅かされ、国民の生命・自由・幸福追求の権利が根底から覆される明白な危険がある場合」とされたことに関しては、「わが国の存立が脅かされる」ことと「国民の生命・自由・幸福追求の権利が根底から覆される」こととの関係が問題となる。この点に関して、政府の「想定問答集」(朝日新聞2014年6月28日)は、「国家と国民は表裏一体のものであり、わが国の存立が脅かされるということの実質を、国民に着目して記述したものである(加重条件ではない)」と説明している。しかし、国家と国民とは必ずしも表裏一体ではないことは、かつてのアジア太平洋戦争の体験(とりわけ沖縄での体験)などを振り返るだけで明らかである。なお、この問題については、山形英郎「必要最小限度の限定的な集団的自衛権論」法律時報2014年9月号67頁参照。

16) 朝日新聞2014年7月2日。
17) 朝日新聞2014年7月2日。なお、公明党は、閣議決定の後で、公明党のHP (http://www.komei.or.jp/news/detail/20140704-14387)で「Q&A 安全保障のここが聞きたい(上・下)」を掲載しているが、そこでも「『専守防衛』とは、日本の防衛に限ってのみ武力行使が許されるということであり、これは堅持します」と述べられている。
18) 浅野一郎・杉原泰雄監修『憲法答弁集』(信山社、2003年)95頁。
19) 従来の政府見解によれば、「海外派兵」とは、「武力行使の目的をもって外国の領土、領海に入ること」をいうが(浅野・杉原監修・前掲注(18)113頁)、集団的自衛権の行使は不可避的にこのような意味での海外派兵とならざるを得ないであろう。
20) 内閣官房のHP (http://www.cas.go.jp/jp/gaiyou/jimu/anzenhosyoyhousei.html)は、ホルムズ海峡が封鎖された場合は「新三要件」に当たるかどうかについて、つぎのように述べている。「石油備蓄が約6ヶ月分ありますが、機雷が除去されなければ危険はなくなりません。石油供給が回復しなければ我が国の国民生活に死活的な影響が生じ、我が国の存立が脅かされ、国民の生命、自由及び幸福追求の権利が根底から覆されることとなる事態は生じ得ます。実際に「新三要件」に当てはまるか否かは、その事態の状況や、国際的な状況等も考慮して判断していくことになります」。つまり、ホルムズ海峡が封鎖された場合には、自衛隊が、新三要件に該当するとして出動することがあり得るとしている。
21) 特定秘密保護法については、さしあたり、拙稿「特定秘密保護法の批判的検討」獨協法学93号(2014年)1頁(本書第4章に所収)参照。
22) 清水勉「特定秘密保護法と国会」法律時報2014年9月号90頁参照。
23) 朝日新聞2014年7月2日。
24) 例えば、読売新聞2014年7月2日。
25) この点については、拙稿「憲法九条と集団的自衛権」獨協法学91号(2013年)13頁(本書第1章所収)参照。
26) 坂本義和『軍縮の政治学』(岩波新書、1982年)62頁以下。
27) ロバート・グリーン(大石幹夫訳)『核抑止なき安全保障へ』(かもがわ出版、2010年)134頁。
28) 東京新聞2014年7月2日。

29) 阪田雅裕編著『政府の憲法解釈』(有斐閣、2013年) 104頁以下参照。
30) 安保法制懇 (第2次) 報告書 (2014年) 25頁以下。
31) 朝日新聞2014年6月28日。
32) 阪田編著・前掲注 (29) 88頁。
33) この提言については、http://www.ngo-jvc.net/jp/projects/advocacy/
34) 安全保障問題研究会「際限なき海外派兵へ、安保政策大転換の深い闇」世界2014年9月号174頁は、「このPKOでの武器使用基準の大幅な緩和や多国籍軍での「武力行使との一体化」の活動こそ、第二次大戦後、はじめて自衛隊の「戦死者」を出す引き金になる公算が大きいのではないか」という。
35) 阪田編著・前掲注 (29) 21頁。
36) 自由法曹団編『徹底解剖！イチからわかる安倍内閣の集団的自衛権』(合同出版、2014年) 85頁は、このような閣議決定は、かつての日本軍が中国大陸で行った「粛正掃討作戦」を「解禁しようとする」ものであると批判している。
37) 安保法制懇・前掲注 (30) 33頁。
38) 自由法曹団編・前掲注 (36) 56頁参照。
39) 小沢隆一「集団的自衛権の行使容認をめぐる最近の動向について」渡辺ほか・前掲注 (6) 118頁。
40) なお、閣議決定は「切れ目のない安全保障法制の整備」を看板に掲げながら、集団安全保障の問題については特に言及していない。この問題については、公明党との与党協議で合意に至らず、閣議決定には盛り込まれなかったからであるが、ただ、政府が作成した「想定問答集」では、前述したように、武力行使の新三要件を満たせば、集団安全保障への参加も可能であるとしている。しかし、武力行使の新三要件は我が国の存立を全うするための要件であるはずであって、それとは直接的な関係のない、いわば国際的な安全の維持に関わる集団安全保障への参加についてこの三要件を当てはめることはできないはずである。ここにも閣議決定の論理的な整合性の欠如をみることができよう。
41) 「中間報告」については、http://www.mod.go.jp/j/approach/anpo/sinsin/houkoku-20141008.html
42) 朝日新聞2014年6月28日。
43) この点については、浅野・杉原監修・前掲注 (18) 414頁以下参照。
44) 例えば、芦部信喜 (高橋和之補訂)『憲法 (第五版)』(岩波書店、2011年) 285頁以下参照。
45) なお、纐纈厚『集団的自衛権容認の深層』(日本評論社、2014年) 86頁は、日米ガイドラインの再改定によって、「日本の自衛隊は「矛」となって、「前線」に展開配備されることが充分予測されるに至った」としている。
46) 閣議決定と日米安保条約との矛盾について指摘するのが、前田哲男「『日米安保条約』と不整合な解釈改憲による『集団的自衛権』容認」市民の意見145号 (2014年) 6頁である。ただし、同論考が、集団的自衛権行使を容認する以上は、安保条約の5条を6条と合わせて改定すべきだと提案していることには、私は反対である。私の趣旨は、安保条約にも抵触するような集団的自衛権の行使容認はできないとするものである。

第4章

特定秘密保護法の批判的検討

1 はじめに

　2013年12月6日に成立した「特定秘密の保護に関する法律」(法律第108号)(以下、「秘密保護法」と略称)は、憲法の三大基本原理である国民主権、人権尊重、平和主義を著しく侵害する危険性をもつものであり、日本国憲法の下では、到底認めることができないものと思われる。この法律に対しては、憲法・メディア法研究者や刑事法研究者をはじめとして多くの研究者やマスコミ関係者、さらには各種の市民団体が反対の声を上げたが、それだけではない。海外からも多くの批判や疑問が出されたのである。

　例えば、ニューヨーク・タイムズは、「日本の危険な時代錯誤」と題する社説で「この法律は日本の民主主義の意味が根本的に変えられることを示唆している。この法律は政府が不都合だと思うものは何でも秘密にすることを許すことになる」と批判したし、国連の人権保護機関のトップのピレイ人権高等弁務官も、法律の成立の直前の時点で「この法案は政府が不都合な情報を秘密として認定するものだ。国内外で懸念があるなかで、成立を急ぐべきではない」と懸念を示していた。さらに、国際ペンクラブのサウム会長は、「この法案は、国にとって差し迫った必要でも、実際の秘密でも公益を守るためのものでもない。それは、政治家と官僚が過剰な秘密保全の考えと、秘密保全へのヒステリーに瀕した脅迫観念の背後に隠れ、ただ市民の情報と言論の自由を弱体化させ、自らの権力を集中させようとしているものに思われる」と批判していたのである。

このような法律は、第二次大戦前の軍機保護法や国防保安法を想起させるだけでなく、その治安立法的性格は、治安維持法さえも想起させるものをもっている[5]。この法律は、この法律に先立って制定された国家安全保障会議設置法（法律第89号）と並んで、現在の政府支配層が推し進めている「戦争ができる国家」作りの一環としての意味合いをもっている。それは、明文改憲を先取りして、解釈（立法）改憲によって日本を軍事・秘密・監視国家にもっていこうとするものであって、日本の将来に重大な悪影響を及ぼすものと思われる。そこで、以下には、この法律の問題点を具体的に明らかにして、その廃止の必要性を憲法の観点から述べることにしたい[6]。

2　立法事実の欠如と立法目的の問題点

1　立法事実の欠如

政府は、この秘密保護法の提案理由をつぎのように述べている。「国際情勢の複雑化に伴い我が国及び国民の安全の確保に係る情報の重要性が増大するとともに、高度情報通信ネットワーク社会の発展に伴いその漏えいの危険性が懸念される中で、我が国の安全保障に関する情報のうち特に秘匿することが必要であるものについて、これを適確に保護する体制を確立した上で収集し、整理し、及び活用することが重要であることに鑑み、当該情報の保護に関し、特定秘密の指定及び取扱者の制限その他の必要な事項を定めることが必要である。これが、この法律を提出する理由である」[7]。

しかし、このような抽象的な理由によってかくも重大な違憲立法の必要性を説明したことにはならないであろう。具体的現実的にこのような法律が必要な理由を国民の前に提示することが必要であったはずであるのに、そのような理由は、提示されずじまいなのである。

このような秘密保護法の制定がなされるについては、これまでの法制度の下で秘密漏洩が頻発して、我が国及び国民の安全に対する重大な侵害が起きたという事実が提示されることが必要であるが、そのような事実はなんら提示されていないのである。

ちなみに、これまでにも、日本には、十分すぎるほどの秘密保護法制が存在

してきた。国家公務員については、国家公務員法（100条、109条）が守秘義務を課しており、違反者には1年以下の懲役を科すると規定しているし、地方公務員については、地方公務員法（34条、60条）で同様な規定を置いている。また自衛隊法（96条の2、122条）では自衛隊関係の情報を「防衛秘密」として保護して、それを漏洩した者に対して5年以下の懲役に処する旨を規定している。さらに、アメリカとの関係では、日米相互防衛援助協定（MDA）等に伴う秘密保護法があり、アメリカから提供された装備品などについての情報が「特別防衛秘密」とされて、それを不当な方法で探知、収集したり、漏洩した者に対しては10年以下の懲役が科せられることになっている。また、日米安保条約に基づく地位協定の実施に伴う刑事特別法では、「合衆国軍隊の機密」を不当な方法で探知、収集した者は、10年以下の懲役に処せられる。

　これら立法の中でもとりわけ自衛隊法や日米安保関連の法律については、憲法の平和主義の観点からすれば、重大な疑義が存するが、ただ、明確に指摘で[8]きるのは、これら既存の法制度では我が国の安全や国民の安全が十分には確保されなかったということが事実をもって指摘されたことはなかったということである。政府の説明によれば、過去15年間あまりの間に政府の秘密情報が漏れた事件としては、5件ほどあったとされているが、しかし、そのうちの2件は、有罪となったが、残りの3件は起訴猶予か不起訴になっている。日本は「スパイ天国」という言い方が、かつての1980年代に国家秘密保護法の制定が画策された際になされ、今回もそのような指摘がなされたが、そのような事実は基本的に存在していないことが、このようなわずかの情報漏洩事件のデータによっても示されているのである。ちなみに、秘密保護法の制定の必要性として、しばしば2010年11月に起きた尖閣列島における中国漁船との衝突事件におけるビデオ流出事件が挙げられるが、しかし、流出したビデオは、そもそも秘密でもなかったのであり、国家公務員法の守秘義務違反で起訴されることもなかったのである。[9]この点を理由として秘密保護法の制定の必要性を説くことはできないのである。

　また、政府や与党関係者は、国会での答弁などにおいて、日米間において情報の共有を図るためにはこのような法律が必要である旨を強調しているし、それは日米間のGSOMIA（軍事情報包括保護協定）を踏まえたものであると思われ

るが、しかし、そもそも日米間の情報の共有のために従来の法制度で不十分であるという事実も必ずしも具体的には提示されていないし、かりにその点を措いたとしても、このような軍事情報の共有の強化は、日米の軍事的連携の強化と集団的自衛権行使への動きを加速させることにつながるだけであって、決して憲法上認められるものではないといえるのである。[10]

2 立法目的の問題点

　秘密保護法は、第1条で、その目的をつぎのように謳っている。「この法律は、国際情勢の複雑化に伴い我が国及び国民の安全の確保に係る情報の重要性が増大するとともに、高度情報通信ネットワーク社会の発展に伴いその漏えいの危険性が懸念される中で、我が国の安全保障（国の存立に関わる外部からの侵略等に対して国家及び国民の安全を保障することをいう。）に関する情報のうち特に秘匿することが必要であるものについて、これを適確に保護する体制を確立した上で収集し、整理し、及び活用することが重要であることに鑑み、当該情報の保護に関し、特定秘密の指定及び取扱者の制限その他の必要な事項を定めることにより、その漏えいの防止を図り、もって我が国及び国民の安全の確保に資することを目的とする」。

　このようにいろいろと書いているが、要するに、この法律は、我が国の安全保障に関する情報のうち特に秘匿を必要とするものを特定秘密とすることで、我が国及び国民の安全の確保に資することを目的とするというのである。しかし、このような立法目的には、憲法の観点からすれば、重大な問題点があるといわなければならないであろう。

　第1に、この法律には、国民主権の下では政府情報は基本的には国民のものであり、したがって国民の知る権利の対象となるという発想が希薄である。たしかに、「第六章　雑則」の22条では「この法律の適用に当たっては、これを拡張して解釈して、国民の基本的人権を不当に侵害するようなことがあってはならず、国民の知る権利の保障に資する報道又は取材の自由に十分に配慮しなければならない」と書かれている。しかし、国民の知る権利の問題は、本来「雑則」で書かれるような問題ではなく、基本原則として書かれて然るべき問題である。しかも、この法律では、「国民の知る権利の保障に資する報道又は取材

の自由」は単なる「配慮」事項とされているにすぎない。これでは、国民の知る権利を重視しているとは到底いえないであろう。

　第2に、この点とも密接に関わって指摘されるべきは、この法律には国民に政府情報を積極的に開示することが究極的には国民及び国家の安全にも資するという発想が希薄であるということである。ちなみに、自民党の町村信孝議員は、国会での討論の中でつぎのようにいっている。「そもそも、国民の知る権利というものは、知る権利は担保しました、しかし、個人の生存が担保できませんとか、あるいは国家の存立が確保できませんというのでは、それは全く逆転した議論ではないだろうかと思うのであります。やはり、知る権利が国家や国民の安全に優先しますという考え方は基本的な間違いがある[11]」。ここでは、国民の知る権利と国家及び国民の安全とが対立的に捉えられ、しかも、後者が前者に優先するものとされているのである。

　このような発想は、多かれ少なかれ秘密保護法の制定を促進した政府与党の考え方の根底にあるものと思われるが、しかし、このような発想が誤りであることは、国家の安全保障と知る権利について2013年にまとめられた国際原則である、いわゆるツワネ原則のつぎのような言葉によっても明らかであろう。「くもりのない目で近年の歴史を振り返ると、正当な国家安全保障上の利益が最大に保護されるのは、実際には、国の安全を守るためになされたものを含めた国家の行為について、国民が十分に知らされている場合だということがわかる[12]」。

　そのことを、私達は、かつてのアジア太平洋戦争において数多く体験したが、つい最近でも、福島原発事故で体験したところである。典型的な例は、SPEEDI（緊急時迅速放射能影響予測ネットワークシステム）の情報の秘匿である。この情報が迅速に開示されておれば、浪江町の住民は放射能濃度が濃い北西方向に逃げないで済み、被ばくは最小限度に抑えられたはずであるにもかかわらず、その情報が迅速に開示されなかったことに伴い、多くの住民が被ばくしたのである。このことを踏まえて、浪江町の馬場町長は、福島での地方公聴会で「国民の命を守るためには、情報公開が必要だ」と述べたのである[13]。

　第3は、このSPEEDIの事例にも示されることであるが、国家の安全と国民の安全とは必ずしも一致しないということである。秘密保護法は、「我が国及

び国民の安全」というように、両者を矛盾のないもののように並列しているが、しかし、両者はしばしば対立矛盾するものであることは、アジア太平洋戦争末期における沖縄戦などに照らせば、明らかであろう。沖縄戦では、広く知られているように、多くの住民が帝国軍隊とともに戦うことを余儀なくされて生命を失ったのである。また、国連開発計画（UNDOF）が出した『人間開発報告書1994年』は、「人間の安全保障」を明確に打ち出した点で有名であるが、[14] ここにも、国民の安全が国家の安全には収斂され得ないことが示されている。というよりは、より積極的に「国家の安全保障」から「人間の安全保障」へのパラダイム転換の必要性が示されているのである。[15] 秘密保護法は、立法目的として「我が国及び国民の安全」の確保と書くことによって、一見したところでは「国民の安全」についても配慮しているように見せかけながら、実のところは、「国民の安全」を「国家の安全」と同視することで、結果的には両者の緊張関係を隠蔽し、「国家の安全」を優先させる考えを採用しているのである。[16]

3　特定秘密の範囲をめぐる問題

秘密保護法によれば、行政機関の長は「当該行政機関の所掌事務に係る別表に掲げる事項に関する情報であって、公になっていないもののうち、その漏えいが我が国の安全保障に著しい支障を与えるおそれがあるため、特に秘匿することが必要であるもの」を「特定秘密」として指定することとされている（3条1項）。

1　特定秘密の漠然不明確性

そして、「別表」では、①「防衛に関する事項」、②「外交に関する事項」、③「特定有害活動の防止に関する事項」、④「テロリズムの防止に関する事項」が挙げられていて、それぞれについて具体的な例示がなされている。しかし、それらは、いずれも、広範かつきわめて漠然不明確なものであって、わざわざ「特定」秘密と呼ぶには値しないものであることは、以下にみる通りである。

(1)　防衛に関する事項　　まず、①「防衛に関する事項」としては、「別表」の一に、つぎのような事項が挙げられている。「イ　自衛隊の運用又はこれに関

する見積り若しくは計画若しくは研究、ロ　防衛に関し収集した電波情報、画像情報その他の重要な情報、ハ　ロに掲げる情報の収集整理又はその能力、ニ　防衛力の整備に関する見積り若しくは計画又は研究、ホ　武器、弾薬、航空機その他の防衛の用に供する物の種類又は数量、ヘ　防衛の用に供する通信網の構成又は通信の方法、ト　防衛の用に供する暗号、チ　武器、弾薬、航空機その他の防衛の用に供する物又はこれらの物の研究開発段階のものの仕様、性能又は使用方法、リ　武器、弾薬、航空機その他の防衛の用に供する物又はこれらの物の研究開発段階のものの製作、検査、修理又は試験の方法、ヌ　防衛の用に供する施設の設計、性能又は内部の用途（ヘに掲げるものを除く）」（傍点・引用者）。

　これらは、すべて従来自衛隊法96条の２及びそれを踏まえた別表４に掲げられていた「防衛秘密」をそのまま秘密保護法にもってきたものであるが、すでに「防衛秘密」に関しても憲法の平和主義との整合性は疑問とされてきたところである。軍隊の存在を否認した憲法９条の下で、軍事秘密そのものと言わざるを得ない「防衛秘密」の存在を認めて国民の知り得ないものとすることは、どうみても憲法の平和主義との整合性を認めることはできないからである。[17] そして、このような批判は、そのままこの秘密保護法の規定に関しても指摘できるであろう。かりに百歩譲って、一定の「防衛」情報が秘密指定されることが認められ得るとしても、それは、憲法の平和主義の観点からすれば、国民の生命と安全に不可分に関わる情報に極力限定されるべきであろう。

　ところが、「別表」では、そのような配慮はなく、自衛隊に関する重要な情報は、そのほとんどすべてが、特定秘密とされてしまいかねないものとなっているのである。例えば、「イ　自衛隊の運用又はこれに関する見積り若しくは計画若しくは研究」の中には、集団的自衛権の行使に関する研究や計画、さらにはその実際の運用なども含まれることになるであろう。国民は、これによって政府や自衛隊が行う違憲な集団的自衛権行使に関する計画や実際の運用についても知らされることのないままに戦争に入っていくことが可能となるのである。

　しかも、ここには、「その他」という言葉が、ロ、ホ、チ、リと四カ所にわたって書かれているのである。これらが後述するように第七章の「罰則」が適用さ

れる犯罪構成要件ともなることを考えると、その漠然不明確性は、憲法9条のみならず、憲法31条や憲法21条にも抵触するものと言わざるを得ないであろう。

　(2) **外交に関する事項**　つぎに、②「外交に関する事項」としては、「別表」の二に、つぎのような事項が挙げられている。「イ　外国の政府又は国際機関との交渉又は協力の方針又は内容のうち、国民の生命及び身体の保護、領域の保全その他の安全保障に関する重要なもの、ロ　安全保障のために我が国が実施する貨物の輸出若しくは輸入の禁止その他の措置又はその方針、ハ　安全保障に関し収集した国民の生命及び身体の保護、領域の保全若しくは国際社会の平和と安全に関する重要な情報又は条約その他の国際約束に基づき保護することが必要な情報、ニ　ハに掲げる情報の収集整理又はその能力、ホ　外務省本省と在外公館との間の通信その他の外交の用に供する暗号」(傍点・引用者)。

　これによれば、外交に関する重要事項はほとんどすべてが特定秘密とされてしまうといってもよいであろう。とりわけ日米安保条約関係の主要な情報は、すべて特定秘密とされるであろう。しかも、イによれば、「その他の安全保障に関する重要なもの」が特定秘密とされるが、そもそも「安全保障」という概念自体が広範かつ漠然としており、見方によってはさまざまなものが「安全保障」の中に含まれ得るのである。例えば、前述の国連開発計画が打ち出した「人間の安全保障」の中には、「食の安全保障」や「経済の安全保障」なども含まれている。TPP交渉の中味は、従来でも秘密裡に進められてきたが、この秘密保護法の下では、それらは特定秘密とされて、その漏えいは、重罰に処せられることになりかねないのである。[18] もっとも、法案の審議の過程で、「安全保障」の意味があまりにも漠然すぎるという批判を受けて、第1条で「安全保障」について、「国の存立に関わる外部からの侵略等に対して国家及び国民の安全を保障することをいう」という定義付けが付け加えられたが、しかし、これによって「安全保障」の意味内容が明確に限定されたのかといえば、決してそういうことはできないと思われる。

　たしかに、外交交渉の過程では、一定の情報の非公開が必要な場合があることは理解できるが、しかし、そのために国民に不利益な情報が秘密にされてしまう危険性があることは、沖縄密約でいやというほどに知らされている通りである。[19] その点についてのきちんとした歯止めのないままにかくも広範かつ漠然

不明確な外交情報を特定秘密にすることは、到底認めがたいといえよう。

　⑶　**特定有害活動の防止に関する事項**　　特定秘密に指定されうる情報の三つ目は、「特定有害活動の防止に関する事項」である。「別表」の三によれば、これにはつぎのような事項が含まれる。「イ　特定有害活動による被害の発生若しくは拡大の防止のための措置又はこれに関する計画若しくは研究、ロ　特定有害活動の防止に関し収集した国民の生命及び身体の保護に関する重要な情報又は外国の政府若しくは国際機関からの情報、ハ　ロに掲げる情報の収集整理又はその能力、ニ　特定有害活動の防止の用に供する暗号」。

　ここにおいて、「特定有害活動」とは、秘密保護法12条２項１号が規定する定義によれば、「公になっていない情報のうちその漏えいが我が国の安全保障に支障を与えるおそれがあるものを取得するための活動、核兵器、軍用の化学製剤若しくは細菌製剤若しくはこれらの散布のための装置若しくはこれらを運搬することができるロケット若しくは無人航空機又はこれらの開発、製造、使用若しくは貯蔵のために用いられるおそれが特に大きいと認められる物を輸出し、又は輸入するための活動その他の活動であって、外国の利益を図る目的で行われ、かつ、我が国及び国民の安全を著しく害し、又は害するおそれのあるものをいう」とされている。一般的には、いわゆるスパイ活動の防止に関する情報が含まれるとされているが、しかし、それに限定されるものではないことは、このように長い定義を読めば、明らかであろう。

　ここでは、公になっていない情報の中で、①その漏えいが我が国の安全保障に支障を与えるおそれがあるものを取得するための活動、②核兵器、軍用の化学製剤若しくは細菌製剤若しくはこれらの散布のための装置若しくはこれらを運搬することができるロケット若しくは無人航空機又はこれらの開発、製造、使用若しくは貯蔵のために用いられるおそれが特に大きいと認められる物を輸出し、又は輸入するための活動、③その他の活動の三つの活動がまず列挙されており、それらの活動であって、外国の利益を図る目的で行われ、かつ、我が国及び国民の安全を著しく害し、又は害するおそれのあるものが、「特定有害活動」とされている。しかし、一見すれば、明らかなように、①はそれ自体がすでに漠然としたものであるし、②はそれなりに具体的な活動といえるが、しかし、③の「その他の活動」の中になにを含めるかは行政機関の長の判断に委

ねられているのである[20]。

このような定義の中でいわゆるスパイ活動の定義と重なるとみえるのは、「外国の利益を図る目的で行われ、かつ我が国及び国民の安全を著しく害し、又は害するおそれのあるもの」という文言であるが、しかし、「外国の利益を図る目的で行われる」活動とは現実に外国の利益を図ったことは必要とはされておらず、また「外国の利益」自体がなにを具体的に意味しているかも不明である。このように漠然とした活動が「特定有害活動」とされて、そのような「特定有害活動」の発生の防止のための「措置」又は収集した「情報」などが特定秘密と指定され得るようになっているのである。

言い換えれば、スパイ防止という名目でなされる措置またはそういう名目で収集された情報などについては、特定秘密として国民の知る権利の対象から全面的にはずされることになるのである。かくして、そのような措置や情報が本当にスパイ防止のためのものであるかどうかも、またそれらが実は市民生活の監視のためになされたものでないかどうかも、国民は知ることができないのである。

(4) テロリズムの防止に関する事項　特定秘密に指定し得る情報の四つ目は、「テロリズムの防止に関する事項」である。

ここにおいて、「テロリズム」とは、「政治上その他の主義主張に基づき、国家若しくは他人にこれを強要し、又は社会に不安若しくは恐怖を与える目的で人を殺傷し、又は重要な施設その他の物を破壊するための活動」をいうとされる（12条2項1号）。しかし、この定義はそれ自体文意不鮮明で拡大解釈が可能なことは、法案審議の最中の2013年11月29日に石破茂自民党幹事長がそのブログで「単なる絶叫デモはテロ行為とその本質において変わらない」と発言したことによっても示される[21]。これによれば、時の政府の方針に反対するデモも、それが「単なる絶叫」になれば、テロ行為とされてしまいかねないのである。デモ行為が、議会制民主主義を補完する上で不可欠の重要性をもつことを完全に無視した発言であると同時に、この法律の「テロリズム」の定義の危うさをも示しているといってよいであろう。

この定義に関して、審議段階で問題となったのは、「政治上その他の主義主張に基づき、国家若しくは他人にこれを強要」する行為が、それ自体でテロリ

ズムに該当するのか、それとも、そのように「強要し、又は社会に不安若しくは恐怖を与える目的で人を殺傷し」、又は「重要な施設その他の物を破壊するための活動」がテロリズムに該当するのかという点である。政府は、国会答弁では、人を「殺傷」し、又は物を「破壊」する活動のみがテロリズムに該当するのであって、単なる「強要」は「テロリズム」には当たらないとしたが[22]、そのような解釈が条文の文理解釈として一義的に出てくるかといえば、必ずしもそうとはいえないあいまいな定義になっているのである。政府解釈のように「人の殺傷」と「物の破壊」のみがテロリズムに該当するというのであれば、そのことが一義的に判るように定義を変更すればよいはずなのに、それをしないのは、はやり「強要」をもテロリズムに含める余地を残しておきたいからであろう。かくして、「絶叫デモ」も、テロリズムとされる危険性が法案には残ってしまっているのである。

　このようなあいまいな定義を踏まえて、別表の四は、「テロリズムの防止に関する事項」として以下のようなものを挙げている。「イ　テロリズムによる被害の発生若しくは拡大の防止ための措置又はこれに関する計画若しくは研究　ロ　テロリズムの防止に関し収集した国民の生命及び身体の保護に関する重要な情報又は外国の政府若しくは国際機関からの情報　ハ　ロに掲げる情報の収集整理又はその能力　ニ　テロリズムの防止の用に供する暗号」。

　この点に関して、国会でも議論になったのは、果たして原発関係の情報が、テロ防止ということで特定秘密にされないかどうかである。政府は、原発自体は民間企業のものであるので、特定秘密にはならないとしているが、しかし、原発の警備に関する情報は、特定秘密になり得るとしている[23]。しかし、このような政府答弁には明白な欺瞞があるといってよいであろう。たしかに、民間企業が直接所有し、管理運営する原発は、それ自体としては、政府情報ではないともいえるが、しかし、原発に関して政府は、民間の電力会社から諸々の情報を入手し、それに基づいて原発行政を行っているのである。そのような情報が、テロ防止ということで、特定秘密にされ得る可能性は、福島原発事故の際の政府の対応をみれば明らかであろう[24]。

第4章　特定秘密保護法の批判的検討　145

2 「違法な秘密」に関する禁止規定の不存在

　秘密保護法に関して、さらに基本的に問題というべきは、同法には、違憲・違法な情報は秘密にしてはならないという規定が見られないことである。このことは、秘密保護法の致命的な欠陥の一つといってよいであろう。ちなみに、ドイツでは、秘密保護法のような一般的包括的な規定はなく、刑法典で国家秘密の漏洩罪についての規定を置いているが、そこには、同時に、「自由で民主的な基本秩序に反する事実、または国家間で合意した軍備の制限に、ドイツ連邦共和国の条約相手国に対して秘密にしながら違反する事実は、国家秘密ではない。」とする規定（刑法93条2項）が設けられているのである。

　また、ツワネ原則（第10原則）でも、「深刻な人権侵害や、国際法に基づく犯罪を含む国際人道法の重大な違反、個人の自由と安全に対する権利の組織的な又は広範な侵害に対する情報の開示には、優先的な公益性がある。このような情報は、いかなる場合においても、国家安全保障を根拠に非公開とされてはならない」とされている。アメリカでも大統領令で、①法令違反、非効率性の助長又は行政上の過誤の秘匿、②特定の個人、組織又は行政機関に問題が生じる事態の予防、③競争制限、④国家安全保障上の利益の保護に必要のない情報の公開を妨げ、又は遅延させる目的で行う行為は禁止されている。

　例えば、日本国憲法の下では、少なくとも集団的自衛権の行使は従来の政府見解でも違憲とされてきたが、集団的自衛権の行使に関する研究計画などを防衛省や自衛隊が行っている場合に、それが特定秘密と指定される可能性は決して少なくないであろう。それを例えば新聞記者などが暴いた場合に、この法律によって処罰されるという事態は、日本国憲法の平和主義に照らして決して許されてよいことではないであろう。むしろ、そのような違憲な防衛省などの活動を積極的に暴くことは、主権者国民の知る権利に資する上でも重要といえよう。

　政府当局者は、この点に関して、国会での答弁などで違法な情報を特定秘密とすることはないと答弁しているが、しかし、法律に明文の禁止規定がない以上は、防衛省などが違法な情報を特定秘密にしたかどうかを検証することは困難と言わざるを得ないのである。

　また、政府当局者は、秘密保護法に関していわゆる有識者会議で作られる

「運用基準」(18条)において、その種の規定を設けることを検討するとも述べているが、かりに「運用基準」においてその種の規定が設けられたとしても、法律で明文の規定がない以上は、違法な情報を特定秘密に指定したからといって、そのこと自体が違法と認定されることはないのである。

さらに、以上みたように、秘密保護法には違法な秘密の禁止規定がない以上は、本来秘密にすべきでない情報を秘密にした者の責任を問うべきとする発想なりシステムがこの法律にはまったくないのも、当然というべきなのかもしれない。しかし、このことは、秘密にすべき情報を漏らした者を厳罰に処することを規定していることとの対比では、著しく均衡を失するものというべきであろう。国民主権の下で政府情報も基本的には国民が知るべきものであるとすれば、違法な秘密を故意に隠蔽した行政機関の長などの責任は行政上もまた刑事的にも問われて然るべきだと思われるが、そのような発想なり規定がこの法律にはまったくみられないことは、見過ごすことができない問題点であると思われる。

4 国会による統制

この法律には、大臣などの行政機関の長(実際には官僚)が特定秘密の指定をしたことについて、それが適切か否かについてチェックするシステムがほとんどないことも、根本的な欠陥の一つというべきである。特に国会にチェック機能が基本的にないことは、国会を「国権の最高機関」とした憲法41条に照らしても、重大な問題というべきであろう。このような法律を国会が通したということは、国会が自らの最高機関性を否認する自殺行為に近い意味合いをもっているように思われる。政府当局者は、「行政機関以外の第三者機関がチェックするのは適当ではない」とも述べているが[29]、しかし、このような発言は憲法が規定する統治システム(とりわけ国会と内閣の関係)を無視するものというべきであろう。

具体的に秘密保護法をみれば、同法10条1項1号イは、国会に対して特定秘密の提供をするに際しては、以下のような厳しい条件を付している。①当該特定秘密を利用し、又は知る者の範囲を制限すること、②当該業務以外に当該特

定秘密が利用されないようにすることその他の当該特定秘密を利用し、又は知る者がこれを保護するために必要なものとして国会において定める措置を講ずること、③かつ、「我が国の安全保障に著しい支障を及ぼすおそれがないと認めたとき」、④各議院又は各議院の委員会等が国会法104条1項（議院などの審査又は調査のために内閣や官公庁に対し必要な報告又は記録の提出を求める場合）又は議院証言法1条により行う審査または調査であって、国会法52条2項又は62条により公開しないこととされたもの。

　国会への特定秘密の提供は、このように多数の条件付きでのみ、なされ得るのである。特に、③「我が国の安全保障に著しい支障を及ぼすおそれ」があると行政機関の長（防衛に関する事項については防衛大臣、外交に関する事項では外務大臣であるが、特定有害活動やテロの防止に関する事項では、警察庁長官など）が判断すれば、国会には提供しないでもよいとされているのは、重大な問題というべきであろう。これは、現在の議院証言法の規定よりも後退しているといってよい。議院証言法では、「国家の重大な利益に悪影響を及ぼす旨の内閣の声明」（5条3項）が必要とされているが、秘密保護法では、内閣声明は不要とされ、一行政機関の長の判断で不提出とされるのである。つまり、国会の判断より例えば警察庁長官の判断のほうが優先される規定になっているのである。国会の最高機関性の観点からすれば、驚くべき規定というべきであろう。

　しかも、「我が国の安全保障に著しい支障を及ぼすおそれがないと認めたとき」という条件は、実質的には、特定秘密は国会には提出しないでよいということを規定しているようなものである。なぜならば、特定秘密に指定されるのは、「その漏えいが我が国の安全保障に著しい支障を与えるおそれがあるため、特に秘匿することが必要であるもの」（3条1項）であるからである。[30] 3条1項の規定に基づいて特定秘密とされたものについて、行政機関の長が「我が国の安全保障に著しい支障を及ぼすおそれがないと認める」ような場合が果たしてどのような形であり得るのであろうか、かりにあり得るとしてもきわめて限定的にならざるを得ないであろう。

　また、④の条件は、国会が秘密会にしなければ、特定秘密の提供を行わないとするものであり、議院の自律権を侵害する可能性をもつものである。たしかに、特定秘密がいきなり公開の会議に提出されることは避けられるべきとして

も、しかし、非公開の審議の場で当該特定情報について公開にすべきかどうかの判断を行う権限は、本来議院にあると考えるべきはずである。憲法57条1項は、秘密会を開くのは、出席議員の三分の二以上の多数を必要とする旨を規定しており、国会法62条も出席議員の三分の二以上の議決がある場合に議院の会議を非公開とする旨を規定している。非公開にするかどうかは、このように特別多数を要する重大な問題なのであり、それを非公開にしなければ、国会には特定秘密を提供しないというのでは、あらかじめ国会の活動を縛るものであって、国権の最高機関性とそれに基づく議院の自律権を侵害するものと思われる。

さらに、このような多数の条件は、当然のことながら、個々の国会議員の活動をも大きく制約することにならざるを得ない。①の条件の下では、特定秘密の提供を認められた国会議員はその他の同僚国会議員や自分の秘書などに対してもその情報を話すことはできず、にもかかわらず、話をした場合には、秘密保護法23条2項により5年以下の懲役に処せられることになりかねないのである。このような規定は、憲法51条が国会議員に保障した免責特権の規定とも重大な抵触をもたらすことになりかねないのである。たしかに、憲法51条は「両議院の議員は、議院で行った演説、討論又は表決について、院外で責任を問われない」と規定していて、免責特権を保障されるのは「議院で行った演説、討論又は表決」についてであるが、しかし、このような議院での活動に付随する活動も免責特権の対象とされることは学説判例の広く認めるところである[31]。このような憲法の規定と秘密保護法の上記のような規定との整合性をどのような形で図るのか、十分に納得のいく説明は国会での審議においてもきちんとはなされていないように思われるのである。

なお、国会への特定秘密の提供に関連して指摘されるべきは、「外国の政府又は国際機関」への特定秘密の提供の仕方である。秘密保護法9条によれば、「特定秘密を保有する行政機関の長は、その所掌事務のうち別表に掲げる事項に係るものを遂行するために必要があると認めたときは、外国の政府又は国際機関であって、この法律の規定により行政機関が当該特定秘密を保護するために講ずることとされる措置に相当する措置を講じているものに当該特定秘密を提供することができる」とされている。この規定を一読すれば明らかなように、「外国の政府又は国際機関」への特定秘密の提供の条件は、国会への提供

の条件に比べてはるかに緩やかとなっているのである。この法律で行政機関が特定秘密を保護するために講ずる措置と同じ措置を「外国の政府又は国際機関」が講じておれば、そこ(アメリカなど)には、特定秘密でも提供するというのである。

　ここにおいて、「行政機関が当該特定秘密を保護するために講ずることとされる措置に相当する措置」とは具体的にどのようなものを指しているのか、適性評価がそれに含まれることは確かであろうが、それ以外にどのような措置が含まれるかは必ずしも明らかではない。ただ、明らかなことは、これが少なくとも国会への特定秘密の提供に際して付されている上記のような条件よりは緩やかなものであろうということである。外国政府などにはこのように緩やかな条件の下に特定秘密を提供できるのに、国権の最高機関である国会に対しては厳しい条件の下でしか提供しないというこの法律の考え方は、国民主権や国家主権を引き合いに出すまでもなく、逆立ちしたものといわなければならないであろう。

5　裁判所による統制

　秘密保護法では、国会によるチェックが不十分であるのみならず、裁判所によるチェックも不十分であると言わざるを得ない。秘密保護法は、裁判所との関係では、第10条において、「公益上の必要による特定秘密の提供」として二つの提供の場合を規定している。一つ目は、「刑事事件の捜査又は公訴の維持であって、刑事訴訟法第316条の27第1項の規定により裁判所に提示する場合のほか、当該捜査又は公訴の維持に必要な業務に従事する者以外の者に当該特定秘密を提供することがないと認められる」場合(10条1項1号ロ)であり、二つ目は、「民事訴訟法第223条第6項の規定により裁判所に提示する」場合(10条1項2号)である。

　これらのうち、まず一つ目の場合は、10条1項が規定する条件の下でのみ裁判所への提供が認められている。すなわち、①当該秘密を利用し、又は知る者の範囲を制限すること、②当該業務以外に当該特定秘密が利用されないようにすることその他の当該特定秘密を利用し、又は知る者がこれを保護するために

必要なものとして政令で定める措置を講ずること、③かつ、我が国の安全保障に著しい支障を及ぼすおそれがないと認めたときである。これらのうち、とりわけ③は、裁判所による統制が不十分であることを端的に示すものとなっている。なぜならば、刑事事件において、行政機関の長は、我が国の安全保障に著しい支障を及ぼすおそれがあると認めるときは、当該特定秘密の提供を拒むことができるような規定になっているからである。当該特定秘密が間接的な証拠として問題となる場合は、あるいはそういうことも認められる余地があるとしても、まさに当該特定秘密の漏えいあるいは取得の罪で起訴された場合に、当該特定秘密がこの条件に該当するということで（特定秘密の多くはこの条件に該当することになりかねない）、裁判所への提供を拒まれた場合には、裁判所としては、なにを証拠として判決を書けばよいのだろうか。その場合には、いわゆる外形証拠によって裁判所は判断すればよいというのかもしれないが、しかし、それでは被告人の防御権は十分に保障されたことにはならないし、公正な裁判そのものが妨げられることにならざるを得ないであろう。この点でも、この法律は、重大な欠陥をもっているのである。

　二つ目の民事訴訟法223条6項の規定により裁判所に特定秘密を提供する場合は、上記①ないし③のような条件は法文上はつけられていないが、それでは、まったく無条件に特定秘密の提供が裁判所に対してなされるのかといえば、決してそうではないであろう。民事訴訟法223条6項では、裁判所は、文書提出命令の申立てに係る文書が同法220条4号イからニまでに掲げる文書のいずれかに該当するかどうかの判断をするために必要があると認めるときに、当該文書を提出させることができると規定している。例えば、同法220条4号ロでは、「公務員の職務上の秘密に関する文書でその提出により公共の利益を害し、又は公務の遂行に著しい支障を生ずるおそれがあるもの」については、裁判所への当該文書の提出を拒否できると規定しているが、裁判所はそのような文書に該当するか否かを判断するために必要があると認めるときは、当該文書を提出させることができるというわけである。しかし、当該文書が特定秘密として指定されている文書ということであれば、そのこと自体によって、裁判所は、220条4号ロに該当する文書と認定して、その提出を命じることはない公算が高いと思われるのである。つまり、そもそも裁判所が民事訴訟法223条6

項の規定により特定秘密の提供を命じるケース自体がまれであるということである。しかも、かりに裁判所が223条6項により特定秘密に対して提出命令を出して、当該特定秘密に係る文書の所持者が当該文書を提出したとしても、果たして、当該文書がまったく黒塗りされない形で提出されるかどうか、その保証は、この秘密保護法10条1項2号の規定では必ずしもないのである。

裁判所に特定秘密のチェックをさせることに対しては、国の安全保障に関わる問題について裁判所に判断させるのは適当ではないといった意見や乱訴の危険性が出てくるといった意見も出されている。しかし、国の安全保障に関する情報といえども、それが国民の権利保障に関わる場合には、裁判所が裁判することは日本国憲法の権力分立制度の下では当然のことであろう。また、乱訴の危険性は、裁判所が具体的事件との関連でのみ裁判を行うという現行制度の下ではとりたてて危惧するほどのことはないのである。

たしかに、裁判所に特定秘密が提出された場合に、裁判公開原則をそのまま適用すれば裁判官のみならず、訴訟当事者、さらには傍聴人にも特定秘密を開示するのかという問題が生じ得るであろう。しかし、それは、いわゆるインカメラ審理の制度を導入すれば解決できる問題であろう。[34] 秘密保護法にはそういった配慮も欠けているのは、欠陥法律と言わざるを得ない所以である。

6　行政機関内部における統制

秘密保護法には、特定秘密の指定が悪用されることに対するチェックがないという批判が多く出されて、法案の審議の最終段階になってから安倍首相などによって提案されたのが、行政機関の内部における一定のチェック機関の設置である。もっとも、その前に、みんなの党との話し合いの中で、行政機関の長が行った秘密指定に対して内閣総理大臣が「第三者的機関」としてチェックをするという修正案が出されていた。最終的に条文となったのは、18条4項のつぎのようの条文である。「内閣総理大臣は、特定秘密の指定及びその解除並びに適性評価の実施の状況に関し、その適正を確保するため、……内閣を代表して行政各部を指揮監督するものとする。この場合において、内閣総理大臣は、特定秘密の指定及びその解除並びに適性評価の実施が当該基準に従って行われ

ていることを確保するため、必要があると認めるときは、行政機関の長に対し、特定秘密である情報を含む資料の提出及び説明を求め、並びに特定秘密の指定及びその解除並びに適性評価の実施について改善すべき旨の指示をすることができる」。

　このような条文について、みんなの党との修正合意では、首相が「第三者機関的観点から」の客観性を担保するものとされ、安倍首相も、国会での答弁で、内閣総理大臣のチェックは、「秘密指定をした者以外の者」によるチェックであると述べたりした。[35] しかし、首相が「第三者機関的」であるといった表現は詭弁以外のなにものでもなく、これではチェックの役割を果たし得ないことは明白であった。[36] そのような批判を受けて、法案の最終段階で提案されたのが、情報保全諮問会議、保全監視委員会、そして独立公文書管理監の三つの機関である。ここにおいて、情報保全諮問会議とは、行政機関の長が特定秘密の指定・解除などの「運用基準」の作成について「優れた識見を有する者」（有識者）の意見を聞くため（18条2項）に首相の諮問機関として設けられるもので、また、保全監視委員会とは、行政機関の長による特定秘密の指定・解除などをチェックするために内閣官房に設置されるものであるが、その構成メンバーは、内閣情報官や警察庁、外務省、防衛省などの事務次官クラスの者であるとされている。さらに、独立公文書管理監とは、内閣府に設置されて、特定秘密の廃棄の可否などについてチェックするとされる。

　しかし、これらの機関、特に保全監視委員会や独立公文書管理監については、秘密保護法に明文で設置された機関ではなく、したがって、今後具体的にどのようなものになるかは不明のままである。たしかに、みんなの党との修正合意によって「附則」の9条では、「政府は、行政機関の長による特定秘密の指定及びその解除に関する基準等が真に安全保障に資するものであるかどうかを独立した公正な立場において検証し、及び監察することのできる新たな機関の設置その他の特定秘密の指定及びその解除の適正を確保するために必要な方策について検討し、その結果に基づいて所要の措置を講ずるものとする」とする規定が設けられた。上記の機関は、この規定を踏まえたものということもできるが、しかしながら、本来ならば、法律の本文で明記されてしかるべきこれらの機関が「附則」で書かれて、しかも、「所要の措置を講ずるものとする」とさ

第4章　特定秘密保護法の批判的検討　153

れているにとどまっていることにも、この法律の拙速さとチェック機関の必要性についての認識の希薄さが示されているといってよいように思われる。[37]

7 プライバシー等を侵害する適性評価制度

　秘密保護法は、第五章において「適性評価」と題して、特定秘密を取り扱う国家公務員等について行政機関の長が「適性評価」を実施する旨を規定している。ここにおいて、「適性評価」とは「その者が特定秘密の取扱いの業務を行った場合にこれを漏らすおそれがないことについての評価」をいうとされる（12条1項）。

　「適性評価」の項目は、12条2項によれば、①特定有害活動及びテロリズムとの関係に関する事項（評価対象者の家族（配偶者、父母、子及び兄妹姉妹並びにこれらの者以外の配偶者及び子をいう）及び同居人の氏名、生年月日、国籍（過去に有していた国籍を含む）及び住所を含む）、②犯罪及び懲戒の経歴に関する事項、③情報の取扱いに係る非違の経歴に関する事項、④薬物の濫用及び影響に関する事項、⑤精神疾患に関する事項、⑥飲酒についての節度に関する事項、⑦信用状態その他の経済的な状況に関する事項である。これをみれば、評価対象者のプライバシーの中で重要なものはほぼ全面的に「適性評価」の対象項目とされていることがわかる。例えば、⑥飲酒についての節度に関する事項を評価するためには、対象者が勤務外でどのような飲食店に行って飲んでいるかなどを調べることが必要になってくるであろうし、また、④薬物の濫用及び影響に関する事項や⑤精神疾患に関する事項を評価するためには、病院での診察履歴などを調べることが必要になってくるであろう。

　さらに、問題というべきは、「特定有害活動及びテロリズムとの関係に関する事項」が評価対象とされていることである。前述したように、ここでいう「特定有害活動」や「テロリズム」は、その定義が一応はなされているものの、きわめて広範かつ漠然不明確なものである。そのような「特定有害活動」や「テロリズム」を理由とすれば、評価対象者の私生活のほぼ全面的な調査が正当化されることになりかねないのである。しかも、調査対象には、評価対象者のみならず、家族（配偶者、父母、子及び兄妹姉妹並びにこれらの者以外の配偶者及び子）

及び同居人についても、その氏名、生年月日、国籍（過去に有していた国籍を含む）及び住所が含まれるとされるのである。父母や子どもが、別の独立した世帯をもっていると否とにかかわらないのである。これら家族の中に外国籍の者がいた場合には、「適性評価」において不適正との評価を受けるのであろうか。[38]

たしかに、12条3項は、このような「適性評価」を行うについては、「評価対象者に対し告知した上で、その同意を得て実施するものとする」と規定している。しかし、このような評価を行う旨の告知がなされた場合に、「適性評価」を拒否することが実際問題としてできるであろうか。おそらくは、そのように拒否した場合は、それ自体が特定秘密の取り扱いをするのにふさわしくないとの評価を事実上受けるであろうことは、見やすい道理であろう。

また、留意されるべきは、適性評価の対象者は、国家公務員や地方公務員だけではないということである。12条1項1、2号によれば、行政機関との契約に基づき特定秘密を保有し若しくは特定秘密の提供を受ける「適合事業者」の従業者として特定秘密の取り扱い業務を行う者も、適性評価の対象とされるのである。公務員については、プライバシーなどの憲法上の人権がある程度制限されてもやむを得ないとする議論もあり得るとしても、このような民間の事業者の従業員もかくも広範なプライバシーの侵害を被ることを正当化することはできないと思われる。

そして、見過ごすことができないのは、このような問題が存するにもかかわらず、安倍首相や礒崎陽輔・首相補佐官などが、秘密保護法は「決して国民一般に対して規制を行おうとするものではない」と述べていることである。[39]「適合事業者」の従業員や公務員の家族などは「国民一般」の中には含まれないのであろうか。秘密保護法の規制対象者をこのように法律の規定をねじ曲げて限定した説明をして国民にこの法律を認めさせようとするやり方は、姑息の域を超えて欺瞞的とさえいわなければならないであろう。

なお、「適性評価」に関してさらに問題となるのは、「適性評価」を実施するのは、12条によれば、「行政機関の長」であるが、上記のような事項について実際に調査を行うのは、誰なのかという問題である。行政機関の長が自ら行うことができない以上は、当該行政機関の部下の者が行うのであろうか。そういう場合も多いかもしれないが、しかし、それだけではないであろう。むしろ、

第4章　特定秘密保護法の批判的検討　155

そういった調査は、警察(とりわけ公安警察)が得意とするところであることに照らせば、警察が実際の身辺調査などを行う可能性が大きいと思われる。秘密保護法の20条が、「関係行政機関の長は、……適性評価の実施……に関し、……相互に協力するものとする」と規定しているのも、そのことを可能とすると解されるのである。公安警察がかくして大幅な監視活動を行うことが可能となってくるのである。「公安警察のための秘密保護法」ともいわれる所以である。[40]

8　秘密指定の解除の問題

　政府が取得・保有するある種の情報については、たしかに一定期間公開が制限されることは認められてよいであろう。しかし、それは、あくまでも一時的なものにとどめられるべきであって、永久に秘密のままにされてはならないことは、政府情報は本来国民のものであることからすれば、当然であろう。しかも、そのことは、政府が、恣意的に秘密指定をしないようにするためにも、また政府が行った秘密指定を歴史の審判に晒すためにも必要なことといえよう。政府情報が永久に秘密にされたままでは、権力担当者は、自らの責任を問われることがないとしてその権力を恣意的に行使する誘惑に駆られることは避けがたいのである。ところが、秘密保護法は、この点でもきわめて疑問の多い規定を設けている。少なからざる情報について、無期限に秘密指定ができるといってよいような規定になっているのである。

　秘密保護法は第4条で秘密指定の有効期間と解除について規定しているが、この規定によれば、行政機関の長は、秘密指定について、まず5年を超えない範囲でその有効期間を定めるものとされる(1項)。そして、その有効期間が満了するときにおいて、さらに、5年を超えない範囲でその有効期間を延長するものとされる(2項)。秘密指定の有効期間は、通じて30年を超えることはできないとされる(3項)。ところが、このような規定にもかかわらず、「政府の有するその諸活動を国民に説明する責務を全うする観点に立っても、なお指定に係る情報を公にしないことが現に我が国及び国民の安全を確保するためにやむを得ないものであることについて、その理由を示して、内閣の承認を得た場

合」は、行政機関の長は、当該指定の有効期間を通じて30年を超えて延長することができる（4項）。

この有効期間は、通じて60年を超えてはならないとされるが、つぎの各号に掲げる場合は、さらに延長することができるとされている。①武器、弾薬、航空機その他の防衛の用に供する物（船舶を含む）、②現に行われている外国の政府又は国際機関との交渉に不利益を及ぼすおそれのある情報、③情報収集活動の手法又は能力、④人的情報源に関する情報、⑤暗号、⑥外国の政府又は国際機関から60年を超えて指定を行うことを条件に提供された情報、⑦前各号に掲げる事項に関する情報に準ずるもので政令で定める重要な情報。

つまり、まず5年、ついで5年、さらに30年、さらに60年、そして①から⑦の情報については無期限に秘密指定を続けることができるというわけである。このように無期限に秘密指定できる情報の中味をみてみた場合、すぐ気が付くのは、その内容がきわめて広範な事項にわたっていることである。①は「その他の防衛の用に供するもの」が包括的に無期限に秘密とされうるし、②は、外交に関する情報はその多くは理屈をつければ、「現に行われている外国の政府又は国際機関との交渉に不利益を及ぼすおそれのある情報」とされかねないであろう。さらに、⑤の暗号は、一見もっともらしくみえるが、しかし、暗号が、60年以上も秘密にしておかなければならない理由は、コンピュータ技術の急速に発展する時代にほとんど見当たらないといってよいであろう。しかも、問題というべきは、⑦の「前各号に掲げる事項に関する情報に準ずるもので政令で定める重要な情報」も、無期限とされ得るようになっていることである。これでは、歯止めとしての意味をほとんどもたないといってよいであろう。

現在でも、日本は先進諸外国に比べて秘密情報の指定解除は遅いし、また少ないことは周知の通りである。例えば、アメリカでは、政府の秘密情報は、基本的には、原則25年で指定解除されるようになっており、事実、ほとんどの秘密情報は、25年で公開されていることは日本とは対照的である[41]。例えば、沖縄密約に関する情報がアメリカでは公開されているのに、日本では、裁判所から提出命令が出されているにもかかわらず、外務省は、文書の不存在を理由として提出を拒否しているのである。また、防衛省では、2007年から2011年までの5年間で約5万5000件が防衛秘密に指定されたが、2001年に防衛秘密の制度が

設けられて以来、秘密が解除されたのはわずかに1件のみであったという。また、上記の期間に廃棄された秘密文書は、3万4300件にのぼるという[42]。これは、公文書管理法が自衛隊の防衛秘密には適用されないことによるが（同法3条）、いずれにしても、このような状態の下で、秘密保護法の4条が実際に適用された場合には、多数の政府情報が半永久的に国民の目から秘匿されることになりかねないであろう。

9 罰則の問題点

秘密保護法は、第七章を「罰則」と題して、多種の罰則を規定している。罰則の行為類型を大きく分ければ、特定秘密の漏えい罪と特定秘密の取得罪とに分けられる。しかも、これらについて、共謀、教唆、煽動を独立して処罰することにしている[43]。

1 特定秘密の漏えい罪

まず特定秘密の漏えい罪については、秘密保護法23条1項がつぎのように規定している。「特定秘密の取扱いの業務に従事する者がその業務により知得した特定秘密を漏らしたときは、10年以下の懲役に処し、又は情状により10年以下の懲役及び1000万円以下の罰金に処する」。これは、「取扱い業務者」による故意の漏えいであるが、23条2項は、さらに、「業務上知得者」の故意の漏えい罪についても、つぎのように規定している。「第4条第5項、第9条、第10条又は第18条第4項後段の規定により提供された特定秘密について、当該提供の目的である業務により当該特定秘密を知得した者がこれを漏らしたときは、5年以下の懲役に処し、又は情状により5年以下の懲役及び500万円以下の罰金に処する」。

以上のような特定秘密の漏えい罪について、まず第1に指摘されるべきは、このような罰則を設けるためには、犯罪構成要件が法律で明確に定められていなければならないというのが、憲法31条が規定している罪刑法定主義の原則である。ところが、秘密保護法では、前述したように、特定秘密がどのようなものであるかは法律のレベルでは不明確であって、具体的には行政機関の長が定

めることにされている。しかも、前述したように、「別表」には、「その他」という言葉が多数書かれており、この意味についても、行政機関の長が判断することにならざるを得ないであろう。法律の委任に基づいて政令が定めるということであればまだしも、行政機関の長が定めるということであれば、それを罪刑法定主義の観点から正当化することは困難と言わざるを得ないであろう。

　第2に指摘されるべきは、秘密保護法は、従来の国家公務員法の秘密漏えいの罰則が1年以下、自衛隊法の罰則が5年以下であったのを、10年以下の懲役と重罰化していることである。日米相互防衛援助協定等に伴う秘密保護法の罰則が10年以下とされていることに合わせたともいえるが、しかし、何故に特定秘密の漏えいについてそのように罰則を重くするのかについての立法事実はきちんとした形ではなんら説明されていない。「秘密保全のための法制の在り方に関する有識者会議」の「報告書」などでは、営業秘密を漏えいした者が10年以下の懲役に処せられる（不正競争防止法21条）こととの均衡を考えても10年以下が妥当だという説明がなされているが、しかし、本来的には国民の知る権利の対象となっている政府情報と私的な企業の営業秘密とを同一視することはできないというべきである。

　第3に、「業務上知得者」の故意の漏えい罪については、さまざまな疑問が提起され得ると思われる。まず、この罰則に関して23条2項が「業務上知得者」として規定しているのは、(i)4条5項の場合、すなわち、内閣、(ii)9条の場合、すなわち、外国の政府又は国際機関、(iii)10条の場合、すなわち、①国会議員が非公開の会議で提供を受ける場合、②刑事事件の捜査又は公判の維持のために検察官等が提供を受ける場合、及び刑事事件で裁判所の命令により提出される場合、③民事事件において文書提出命令により裁判所に提出する場合、④情報公開・個人情報保護審査会に提出する場合、⑤会計検査院情報公開・個人情報保護審査会に提出する場合などであるが、これらの中では、特に(iii)の10条の場合に多くの問題が存しているといえよう。これによれば、国会議員も漏えい罪で処罰されることになり得るが、憲法51条が規定している免責特権との整合性あるいは調整については、秘密保護法はなんら規定していないのである。また、裁判官も特定秘密の提供を受けた場合には、その漏えいを処罰される可能性も否定できない規定となっているのである。これらについて国会での十分な

第4章　特定秘密保護法の批判的検討　159

議論もなくこの法律が成立したことは、この法律がいかに拙速に制定されたかを示すものといえよう。

2 特定秘密の取得罪

　秘密保護法は、24条1項で、特定秘密の取得罪をつぎのように規定している。「外国の利益若しくは自己の不正の利益を図り、又は我が国の安全若しくは国民の生命若しくは身体を害すべき用途に供する目的で、人を欺き、人に暴行を加え、若しくは人を脅迫する行為により、又は財物の窃取若しくは損壊、施設への侵入、有線電気通信の傍受、不正アクセス行為その他の特定秘密を保有する者の管理を害する行為により、特定秘密を取得した者は、10年以下の懲役に処し、又は情状により10年以下の懲役及び1000万円以下の罰金に処する」。

　国家公務員法や自衛隊法では、このような取得罪の規定はなかったので、取得罪の規定の導入を図った点がこの法律制定の大きな特色の一つであることがわかる。ということは、マスコミなどの取材・報道活動を罰則をもって規制するところにこの法律の大きな目的があるということが理解できる。

　たしかに、この法律は、そのような批判を避けるためにか、この犯罪が成立するために一定の要件を設けている。まず、上記のように、取得罪が成立するのは、まずその目的が「外国の利益若しくは自己の不正の利益を図り、又は我が国の安全若しくは国民の生命若しくは身体を害すべき用途に供する目的で」なされるということであり、つぎにその行為態様が①人を欺く行為、②人に暴行、脅迫する行為、③財物の窃取・損壊、④施設への侵入、⑤有線電気通信の傍受、⑥不正アクセス行為、⑦その他の特定秘密を保有する者の管理を害する行為であるということである。ここにおいてとりわけ疑問となるのは、「その他の特定秘密を保有する者の管理を害する行為」が具体的になにを意味しているのかが漠然不明確であるということである。この規定を拡大解釈して適用すれば、多くの取材活動が取得罪ということで取り締まりの対象とされかねないのである。[46]

　秘密保護法は、そのような批判に応えるためにか、22条2項で「出版又は報道の業務に従事する者の取材行為については、専ら公益を図る目的を有し、かつ、法令違反又は著しく不当な方法によるものと認められない限りは、これを

正当な業務による行為とするものとする」と規定している。この規定によって、一定の取材活動は正当行為として処罰を免れることとなるのであり、したがって、このような規定はもちろんないよりはあった方がよいことは確かである。しかし、この規定によって取材活動の自由が全面的に保障されることになるのかといえば、決してそうではないであろう。

まず、「出版又は報道の業務に従事する者」以外の一般市民や研究者などはこの規定の適用を受けないし、つぎに、出版・報道の業務に従事する者についても、その目的が「専ら公益を図る」ものでなければならず、かつそれが「法令違反又は著しく不当な方法によるものと認められない限り」という限定が付されているのである。とりわけ「著しく不当な方法によるものと認められない限り」というのは、くせものであろう。その判断は、最終的には裁判所に委ねられるにしても、第一次的には検察警察の捜査当局の判断に委ねられることになるので、捜査を恐れてマスコミなどの取材活動が萎縮することは避けがたいであろう。国家公務員法にあっても、前述したように取得罪の規定はないにもかかわらず、沖縄密約事件では同法111条のそそのかしの罪で訴追されて、一審判決では無罪とされたものの、最高裁で有罪とされているのである。秘密保護法でわざわざ取得罪の規定が導入された以上は、国家公務員法のそそのかし罪以上に取材活動にとって厳しい規制が加えられることは想定に難くないであろう。本当に国民の知る権利に資する取材報道の自由を尊重するということであれば、むしろこのような取得罪の規定を削除することが必要といえるのである。

3 共謀・教唆・煽動の処罰

秘密保護法の罰則規定の特色の一つは、特定秘密の漏えい罪と取得罪について、共謀、教唆、煽動をも独立して処罰することとしている点である。これらは、いずれも、未遂よりも前の段階の行為を独立して処罰するものであって（「前段階行為類型」）、秘密保護法が治安立法的な性格をもっていることの証拠の一つであるといってよい。

具体的には、秘密保護法は、第25条でつぎのように規定している。「第23条第1項又は前条第1項に規定する行為の遂行を共謀し、教唆し、又は煽動した

者は、5年以下の懲役に処する。 2　第23条第2項に規定する行為の遂行を共謀し、教唆し、又は煽動した者は、3年以下の懲役に処する」。つまり、25条1項では、特定秘密の「取扱い業務者」の漏えい行為と特定秘密の取得行為について、その共謀、教唆、煽動が5年以下の懲役に処せられることとされ、また同条2項では、「業務上知得者」の漏えい行為について、その共謀、教唆、煽動が3年以下の懲役に処せられるとされているのである。

　ここにおいて、「共謀」とは、一般に「二人以上の者が特定の犯罪を行うため、共同意思のもとに一体となって互いに他を利用し、各自の意思を実行に移すことを内容とする謀議」（最判1958年5月28日刑集12巻8号1718頁）であるとされる。また、「教唆」とは、「そそのかし」とほぼ同じ意味で、「人に対し、その行為を実行する決意を新たに生じさせるに足りる慫慂行為をすること」とされる。 さらに、「煽動」とは、破防法4条2項に定義に照らせば、「特定の行為を実行させる目的をもって、文書若しくは図画又は言動により、人に対し、その行為を実行する決意を生ぜしめ又は既に生じている決意を助長させるような勢のある刺激を与えること」をいうとされる[47]。

　これらの行為は、いずれも、実行行為がなされることを前提としないで処罰の対象とすることが可能とされるし、したがってまた、その適用もかなり恣意的になされる危険性をもっている。 例えば、「共謀」については、つぎのような事例が指摘されている。「たとえば、私と誰か同僚の弁護士が、『政府の重要な情報を秘密にしているようだ』として、それが軍事情報でも原発情報に関する情報でもいい。公務員を説得して明らかにするように働きかけるように相談したとする。これだけで共謀の罪が成立することになる」[48]。また、「煽動」について、つぎのような事例が指摘されている。「集会などで、『政府は、○○の情報を秘密扱いにしているのは不当だ。直ちに公開せよ』と発言することが煽動となる可能性がある[49]」。

　このような事例は、あるいは少し極端なものと受け取られるかもしれないが、しかし、未遂罪の規定（23条3項及び24条2項）とは別にわざわざ共謀罪や煽動罪の規定が設けられていることを考えると、このような事例もあながち極端といって退けることはできないように思われる。これらの処罰規定が、少なくとも言論機関の取材・報道活動やさまざまな市民運動や研究活動に対して萎

縮的な作用を及ぼすことは避けられないであろう。

10　小　　結

　以上において検討したように、秘密保護法は、日本国憲法の基本原理である国民主権、基本的人権、平和主義にさまざまな点で抵触する内容をもっており、その違憲性は部分的な修正で解消できるようなものではない。憲法の基本原理を遵守する観点からすれば、同法を廃止する以外に道はないように思われる。[50]法律が制定された後でも、法律の廃止を求める声が後を絶たないことは珍しいことであるが、その珍しい現象が秘密保護法に関しては起きているのである。秘密保護法に対する国民の疑念がいかに強いかを示しているように思われる。

　今日の日本で必要なことは、このような秘密保護法を制定することではなく、情報公開法や公文書管理法をもっときちんとした形で整備すること、[51]さらには、ドイツにおけるように取材・報道の自由を確実に保障する立法を制定することによって、[52]政府情報を真に主権者国民のものとすることである。そのような立法措置を講ずることなくして、このような秘密保護法を放置すれば、日本が官僚主導の秘密・監視・軍事国家になることは避けがたいであろう。いま、私たちは、「戦後レジームからの脱却」というかけ声の下で日本国憲法の基本原理を捨て去るのか否かという、大きな歴史的な岐路に立たされている。秘密保護法は、そのことを私たちに示しているように思われる。

1)　憲法・メディア法研究者の反対声明は、法律時報2013年12月号395頁に、刑事法研究者の反対声明は、法律時報2013年11月号145頁に掲載されている。その他、反対の声明や決議をした団体などについては、東京新聞2013年12月 5 日参照。
2)　*The New York Times*, December 16, 2013.
3)　朝日新聞2013年12月 3 日。
4)　http://japanpen.or.jp/statement/2013/post-446.html
5)　外岡秀俊「秘密保全の法律がいかに濫用されたか　現実を直視しよう」Journalism 2013年12月号 5 頁以下参照。もちろん、特定秘密保護法が戦前の秘密保護法制とまったく同じというわけではない。その異同については、渡辺治「秘密保護法制の歴史的展開と現代の秘密保護法」右崎正博・清水雅彦・豊崎七絵・村井敏邦・渡辺治編『秘密保

法から「戦争する国」へ」(旬報社、2014年)21頁以下参照。
6) 秘密保護法について全般的な検討を加えた著書としては、前田哲男・海渡雄一『何のための秘密保全法か――その本質とねらいを暴く』(岩波ブックレット、2012年)、田島泰彦・清水勉編『秘密保全法批判』(日本評論社、2013年)、海渡雄一『秘密法で戦争準備・原発推進』(創史社、2013年)、清水雅彦・臺宏士・半田滋『秘密保護法は何をねらうか』(高文研、2013年)、自由法曹団・秘密保護法プロジェクト編『これが秘密保護法だ 全条文徹底批判』(合同出版、2014年)、村井敏邦・田島泰彦編『別冊法学セミナー・特定秘密保護法とその先にあるもの』(日本評論社、2014年)、海渡雄一・清水勉・田島泰彦編『秘密保護法 何が問題か』(岩波書店、2014年)、宇都宮健児・堀敏明・足立昌勝・林克明『秘密保護法』(集英社新書、2014年)、久保亨・瀬畑源『国家と秘密』(集英社新書、2014年)など参照。なお、この法律の制定過程の問題点については、福山哲郎「そのとき国会で何が起こったか」世界2014年2月号54頁、右崎正博「特定秘密保護法――問題点と残された課題」法律時報2014年2月号1頁など参照。
7) 第185回国会衆議院国家安全保障特別委員会議録第8号(2013年11月7日)7頁。
8) 特に「防衛秘密」については、拙著『立憲平和主義と有事法の展開』(信山社、2008年)106頁及び田島・清水編・前掲注(6)9頁参照。
9) 田島・清水編・前掲注(6)37頁参照。
10) GSOMIA (General Security of Military Information Agreement)については、福好昌治「軍事情報包括保護協定(GSOMIA)の比較分析」レファレンス2007年11月号130頁及び青井未帆「特定秘密保護法案・考」法律時報2013年12月号1頁参照。この法律が、日本版NSC(国家安全保障会議)の設置と不可分の形で制定されたことも、この法律が日米安保体制の強化を促進するものであることを物語っている。
11) 第185回国会衆議院国家安全保障特別委員会議録第9号(2013年11月8日)6頁。
12) いわゆるツワネ原則、正式には「国家安全保障と情報への権利に関する国際原則」(Global Principles on National Security and the Right to Information : Tshwane Principles)については、http://www.news-pj.net/pdf/2013/tsuwanegensoku.pdf. なお、日弁連がこれを日本語訳したものについては、日弁連のHP参照。同原則との関連で秘密保護法を批判した文献としてはローレンス・レペタ「この悪法は、政府の下半身を隠すものだ」週刊金曜日2013年9月27日号12頁及び海渡・前掲注(6)83頁以下参照。
13) 第185回国会衆議院国家安全保障特別委員会議録第19号(その二)(2013年11月26日)2頁。
14) United Nations Development Programme, *Human Development Report*, 1994, p.22. 同報告書の翻訳として、国連開発計画『人間開発報告書1994』(国際協力出版会、1994年)22頁以下参照。
15) 安全保障に関する私見については、拙著『人権・主権・平和』(日本評論社、2003年)269頁参照。最近の文献としては、古関彰一『安全保障とは何か――国家から人間へ』(岩波書店、2013年)、遠藤誠治・遠藤乾編『安全保障とは何か』(岩波書店、2014年)参照。
16) なお、長谷部恭男「秘密とどう向き合う」朝日新聞2013年12月20日は、特定秘密保護法が必要な理由を問われて、「国を守るための法律だからです。国を守るとは、憲法を守るということです。単に物理的に領土を守るとか、国民の生命と財産を守るというこ

とではありません」と答えている。ここでも、国民の生命を守ることよりも、国を守ることが重視されている。また、国＝憲法とされて、国民の生命財産よりも優先されて捉えられていて、国家や憲法がまさに国民の生命財産を守るためにこそあるという視点が少なくともこの記事にはみられないことも、疑問というべきであろう。

17) とりあえずは、拙著・前掲注(8)106頁以下参照。
18) TPPとの関連については、政府当局者は、「エネルギーや食料に関しては、むしろ例外的なものしか(安全保障の中には)含まれない」と答弁しているが、拡大解釈の可能性を残した答弁といえよう。第185回国会衆議院国家安全保障特別委員会議録第13号(2013年11月14日)33頁。
19) 沖縄密約については、西山太吉『機密を開示せよ』(岩波書店、2010年)。また、同「まったく新しい秘密法制が構築される」世界2013年11月号176頁参照。
20) 清水勉「秘密保護法と公安警察の関係」法律時報2014年2月号81頁。
21) 朝日新聞2013年12月1日。
22) 第185回国会衆議院国家安全保障特別委員会議録第14号(2013年11月15日)24頁。
23) 第185回国会衆議院国家安全保障特別委員会議録第13号(2013年11月14日)29頁及び39頁。
24) 秘密保護法にいう「特定秘密」の範囲については、「かなり厳しい基準で限定」しているとする見解(木村草太「特定秘密保護法の制定過程が示すもの」atプラス19号(2014年)61頁もあるが、しかし、このような見解が妥当ではないことは本文でも明らかにした通りである。松井茂記「特定秘密保護法のどこに問題があったのか」atプラス19号(2014年)72頁も、「列挙された事項は、あまりにも曖昧かつ過度なのではなかろうか」としているし、また渋谷秀樹『憲法への招待(新版)』(岩波新書、2014年)75頁も、「特定秘密の内容があいまいで、情報が恣意的に特定秘密にされる可能性がある」と指摘している。
25) 海渡・前掲注(6)83頁。
26) ドイツ刑法典のこの規定の由来などについては、拙著・前掲注(8)322頁以下参照。
27) この点については、永野秀雄「米国における国家機密の指定と解除」人間環境論集12巻2号(2012年)6頁及び国立国会図書館調査及び立法考査局行政法務課「諸外国における国家秘密の指定と解除」調査と情報806号(2013年)1頁参照。
28) 第185回国会衆議院国家安全保障特別委員会議録第14号(2013年11月15日)11頁。
29) 磯崎陽輔・首相補佐官の新聞インタビューでの回答(毎日新聞2013年11月25日)。
30) 清水・前掲注(20)83頁も同趣旨のことを述べている。
31) 芦部信喜(高橋和之補訂)『憲法(第五版)』(岩波書店、2011年)298頁参照。
32) この点は、日弁連の会長声明(2013年10月3日)や自由法曹団・秘密保護法プロジェクト編・前掲注(6)51頁が指摘するところである。
33) なお、秘密保護法制定の後で、国会によるチェックのためにどのような対応があり得るのかについて国会の議員団が外国に調査に行き、法改正を含めて検討を行ったが(朝日新聞2014年1月18日)、遅きに失したというべきであろう。本来ならば、その点についての吟味を行った上で法律の是非を検討すべきであったのである。なお、アメリカなどにおける議会統制のあり方については、山中倫太郎「特定秘密保護法——その諸問題と課題」法学セミナー2014年1月号25頁参照。

34) その意味で、民主党が情報公開法の改正案を出して、インカメラ審査の導入を主張したことは評価できるように思われる。
35) 朝日新聞2013年11月19日。
36) 第185回国会衆議院国家安全保障特別委員会議録第19号（その一）（2013年11月26日）5頁。なお、内閣府の長は内閣総理大臣なので（内閣府設置法6条1項）、内閣府の特定秘密について内閣総理大臣が「第三者的な立場」でチェックすることはそもそもできないようになっている。
37) なお、情報保全諮問会議（渡辺恒雄座長）は、2014年1月17日に第1回の会合を開いたが、そこでは会議の議事録は公開しないことが決められた。秘密指定の「運用基準」を決めるための会議であって、個々具体的な秘密指定について検討する会議ではないのに、どうして非公開とされたのか、疑問というほかはない。
38) そうとすれば、これは、国籍による差別をもたらすことになるであろう。この点については、田岡俊次「秘密保護法と『差別』」週刊金曜日2013年11月22日号14頁。
39) 礒崎陽輔「特定秘密保護法案はなぜ必要か　本法案への疑問に答える」Journalism 2013年12月号50頁。また、安倍首相は、秘密保護法が成立した後で2013年12月9日に行われた記者会見で「通常の生活が脅かされるといった懸念の声があったが、断じてありえない。（処罰対象に）一般の方が巻き込まれることは決してない」と述べた（東京新聞2013年12月10日）。
40) 清水・前掲注(20) 87頁。
41) 永野・前掲注(27) 16頁及び国立国会図書館調査及び立法考査局行政法務課・前掲注(27) 7頁。
42) 朝日新聞2013年10月8日。
43) 以下の罰則の問題については、斉藤豊治「特定秘密保護法案の罰則の検討」法律時報2013年12月号352頁及び刑事法研究者の反対声明・前掲注(1) 145頁参照。
44) 有識者会議の「報告書」は、田島・清水編・前掲注(6) 218頁以下に掲載されている。なお、礒崎・前掲注(39) 51頁も、同様の指摘をしている。
45) この点については、刑事法研究者の反対声明・前掲注(1) 145頁参照。
46) 斉藤・前掲注(43) 356頁。
47) 斉藤・前掲注(43) 356頁。
48) 海渡・前掲注(6) 55頁。
49) 斉藤・前掲注(43) 358頁。
50) 海渡雄一「もう隷従はしないと決意せよ」世界2014年2月号42頁。「法と民主主義」2014年1月号は「特定秘密保護法の廃止を求めて」と題する特集を組んで、小野寺利孝「『特定秘密保護法』の廃止と『安倍改憲』を阻止するために」、右崎正博「特定秘密保護法が狙うもの」、森孝博「秘密保護法案の検討・作成、審議の過程からみる問題点」、米倉外昭「『廃案』から『廃止』へ」を掲載している。
51) 情報公開法や公文書管理法については、右崎正博・多賀谷一照・田島泰彦・三宅弘編『新基本法コンメンタール　情報公開法・個人情報保護法・公文書管理法』（日本評論社、2013年）454頁以下参照。
52) ドイツでは、2012年6月にプレスの自由強化法(Gesetz zur Stärkung der Pressefreiheit

im Straf- und Strafprozessrecht（PrStG）（BGBLTeil I, 1374）が制定されて、公務員から入手した秘密情報を報道した場合でも、原則的に刑事責任を問われることはなくなったし、取材源を割り出すための捜索なども受けることがなくなった。この点については、植松健一「ドイツ」田島・清水編・前掲注（6）197頁、鈴木秀美「取材源証言拒否権の明記を」毎日新聞2013年11月4日、桐山桂一「『戦前を取り戻そう』とするのか　特定秘密保護法の問題点を探る」Journalism 2013年12月号22頁参照。なお、宍戸常寿「特定秘密保護法案の核心」世界2013年12月号90頁は、言論・報道界は「本法案との見合いで、取材源秘匿を保障するシールド法やメディアの特権と責任を定めるプレス法のような法整備を主張していくだけのことがあっても良いはずだ」と述べている。

〔補注〕　2014年6月に国会法が改正されて（法律第86号）、国会に常設の委員会として「情報監視審査会」が設置されることになった（国会法11章の4）。「情報監視審査会」は、「特定秘密」の指定、解除、適性評価の実施状況を監視し、調査の結果、必要があれば、行政機関の長に対して「特定秘密」の提出を求めることができるとともに、改善すべき点について勧告することができるとされている。しかし、この勧告には法的な拘束力はなく、また「特定秘密」の提出要求に関しても、内閣が「我が国の安全保障に著しい支障を及ぼすおそれがある」といえば、提出しないでよいことにされている。しかも、この審査会は、会派の議席数に応じて選任される8名の委員によって構成され、議会の多数派議員によって多数が占められる構成となっている。このような「情報監視審査会」に政府の秘密指定を本当にチェックする役割を期待することはきわめて困難と思われる（なお、清水勉「特定秘密保護法と国会」法律時報2014年9月号90頁参照）。

　また、その後、2014年10月には秘密保護法の施行令が制定されるとともに、「特定秘密の指定及びその解除並びに適性評価の実施に関し統一的な運用を図るための基準」（以下、「運用基準」と略称）が策定された。この運用基準は、あらかじめ運用基準（案）を公表してパブリックコメントに付した上で「情報保全諮問会議」での審議を経た上で策定されたものであるが、しかし、秘密保護法に対する多数の国民の批判や疑問を解消するものとはなっていないと言わざるを得ない。

　第1に、「特定秘密」の内容が漠然不明確であるという点について、運用基準は、秘密保護法の別表にある四つの事項に関して55の「細目」を列挙して具体化を図っているようにみえるが、しかし、これによって「特定秘密」の漠然不明確性が解消されたとは到底いえないのみならず、「特定秘密」の範囲がいかに広範に及ぶかを示すものとなっているのである。

　第2に、運用基準には、「特に遵守すべき事項」の一つとして、「公益通報の通報対象事実その他の行政機関による法令違反の事実を指定し、又はその隠蔽を目的として、指定してはならないこと」が書かれている。しかし、そのような法令違反の事実を秘密指定していないかどうかを国民が確認する手段なり手続きはなんら明らかにはされていないのである。これでは、官僚の単なる心構えとされているにすぎず、実効性は期待できないのである。

　第3に、施行令などによって、内閣に「保全監視委員会」が、また内閣府に「独立公文書管理監」が置かれることになったが、前者は、内閣に設置されることに伴って第三者的なチェックを期待することはそもそもできないものであるし、また後者は、「独立」という名前が付されているにもかかわらず、そのチェック機能は制限されたものである。運用基準

によれば、たしかに、「独立公文書管理監」は必要と認めるときは、行政機関の長に対して「特定秘密」の提出若しくは説明を求めたり、実地調査をすることができるとされているが、しかし、行政機関の長が「当該特定秘密の提供が我が国の安全保障に著しい支障を及ぼすおそれがないと認められない」と判断する場合には、その理由を疎明して、その要求に応じないことも可能とされるのである。これでは、「特定秘密」に指定されるのは「我が国の安全保障に著しい支障を及ぼすおそれがある」からであることを踏まえれば、そのような「特定秘密」が「独立公文書管理監」に提出される可能性はきわめて少ないと言わざるを得ないであろう（なお、右崎正博「特定秘密保護法と憲法原理」右崎ほか編・前掲注 (5) 64頁以下参照）。

以上のことを踏まえれば、このような運用基準によって政府の秘密指定の暴走を真にチェックすることはできないのであり、結局は、秘密保護法の廃止が憲法の要請するところというべきと思われる。

第5章

自民党の改憲草案がめざすもの

1 はじめに――立憲主義を軽視する改憲草案

　自民党は、2012年4月に「日本国憲法改正草案」を発表した[1]。自民党は、すでに2005年にも改憲草案を発表しているが[2]、2012年の改憲草案は、2005年のそれと比較して、いくつかの違いがある。一番の違いは、改憲草案の名称が違っていることである。2005年の改憲草案は「新憲法草案」となっていたが、2012年の名称は「日本国憲法改正草案」となっている。2005年の改憲草案は、まったく新しい憲法を制定するという趣旨で「新憲法草案」としたのであろうが、2012年の改憲草案は、一応現在の日本国憲法を踏まえて、その改正という形をとろうとしたと思われる。

　しかし、2012年の改憲草案（以下、「改憲草案」と略称）は、そのような形式をとっているにもかかわらず、その内容からすれば、2005年の「新憲法草案」と比較しても、より復古的なものとなっており、明治憲法回帰的なものとなっている。それは、日本国憲法の基本原理である国民主権、平和主義、基本的人権の尊重を形骸化し、立憲主義の精神を軽視する内容となっている。国民主権、平和主義、基本的人権の形骸化については、あとで改憲草案の中身に立ち入って具体的に指摘するとして、ここではまず、立憲主義の軽視について主として改憲草案の前文に即して指摘しておこう[3]。

　そもそも、立憲主義とは、基本的人権と国民主権、そして権力分立を保障した憲法によって国家権力を拘束し、国家権力はそのような憲法に従って国政を運営しなければならないとする原理である[4]。日本国憲法（以下、「現行憲法」と略

169

称)は、近代憲法が採用したこのような原理を憲法全体で取り入れているが、ところが、改憲草案はそのようには必ずしもなっていないのである。改憲草案は、国民の義務や責務の規定を大幅に取り入れて、国家権力を拘束する規範としてよりはむしろ国民を拘束する規範としての色彩を色濃くもつものとなっている。国民よりもまずは国家ありきとなっているのである。そのことを端的に示すのが、改憲草案の前文である。改憲草案は、現行憲法の前文を全面的に書き改めているが、その趣旨を自民党が改憲草案について解説した『日本国憲法改正草案Q&A（増補版）』(2013年10月)（以下、「Q&A」と略称）はつぎのように述べている。

「現行憲法の前文は、全体が翻訳調でつづられており、日本語として違和感があります。そして、その内容にも問題があります。前文は、我が国の歴史・伝統・文化を踏まえた文章であるべきですが、現行憲法の前文には、そうした点が現れていません。……現行憲法の前文には、憲法の三大原則のうち『主権在民』と『平和主義』はありますが、『基本的人権の尊重』はありません。特に問題なのは、『平和を愛する諸国民の公正と信義に信頼して、われらの安全と生存を保持しようと決意した』という部分です。これは、ユートピア的発想による自衛権の放棄にほかなりません」(5頁)。

しかし、このような「Q&A」の説明は、なんら正当な根拠をもつものではないと思われる。現行憲法が翻訳調であるとの批判は「押しつけ憲法」論を示唆したものともいえるが、それが当たらないことはすでに多くの研究者によって指摘されているところである[5]。また、その内容に関して、現行憲法には基本的人権の尊重がないという指摘も明らかに間違ったものである。現行憲法の前文は、「我が国全土にわたって自由のもたらす恵沢を確保し」とか、「全世界の国民が、ひとしく恐怖と欠乏から免かれ、平和のうちに生存する権利を有することを確認する」と明記しているのである。これらの規定を無視して現行憲法には基本的人権の尊重がないというのは、まったく筋違いの、為にする議論というべきであろう。さらに、現行憲法の前文を「ユートピア的発想」として批判している点についていえば、「平和を愛する諸国民（国家では必ずしもない）の公正と信義」に信頼しないで、一体なにに信頼して私達は私達の平和と安全を確保できるのだろうか。諸外国の国民の不公正への猜疑心に基づいて専ら自国

の軍事力のみを頼りにして私達の平和と安全を維持できると考えているとすれば、それ自体が「ユートピア的発想」というべきと思われる。

　改憲草案が、まずはじめに国家ありきの発想に基づいているとする理由は、例えば、改憲草案の前文の冒頭の文章は、「日本国は、長い歴史と固有の文化を持ち、国民統合の象徴である天皇を戴く国家であって」となっていることである。これは、現行憲法の前文の冒頭が「日本国民は、正当に選挙された国会における代表者を通じて行動し」となっていて、まずはじめに国民ありきとなっていることと際立った対照をなしているのである。また、改憲草案の前文の最後の文章は、憲法制定の趣旨をつぎのように述べている。「日本国民は、良き伝統と我々の国家を末永く子孫に継承するために、ここに、この憲法を制定する」。憲法制定の趣旨も、「良き伝統と我々の国家」を末永く継承することにあるというのである。現行憲法が、「我が国全土にわたって自由のもたらす恵沢を確保し、政府の行為によって再び戦争の惨禍が起ることのないやうにすることを決意し」、この憲法を確定するとしていることと、これまた際立った対照をなしているのである。[6]

　ちなみに、「Q&A」は、改憲草案には立憲主義が欠如しているのではないかという批判に答える形で、以下のように述べている。「自民党の『日本国憲法改正草案』は、人権を保障するために権力を制限するという、立憲主義の考え方をなんら否定するものではありません」「立憲主義の観点からすれば、憲法は権力の行使を制限する『制限規範』が中心となるべきものですが、同時に、立憲主義は、憲法に国民の義務規定を設けることを否定するものではありません。実際、現行憲法でも『教育を受けさせる義務』『勤労の義務』『納税の義務』が規定されており、これは、国家・社会を成り立たせるために国民が一定の役割を果たすべき基本的事項については、国民の義務として憲法に規定されるべきであるとの考え方です」（6頁）。

　このような説明は、一見したところもっともらしくみえるが、しかし、改憲草案の実態を反映したものではなんらないと言わざるを得ないのである。たしかに、例えば、改憲草案の前文は、基本的人権についても書いているが、しかし、そこには、「日本国民は、国と郷土を誇りと気概をもって自ら守り、基本的人権を尊重する」と書かれている。つまり、国家が基本的人権を守らなけれ

ばならないというのではなく、国民が基本的人権を守らなければならないという書き方になっているのである。これでは、憲法が権力に対する制限規範であるという発想がそもそも欠落していると言わざるを得ないのである。

　改憲草案が、義務の規定を多数置いている点について、「Q&A」は、現行憲法でも、また諸外国の憲法でも義務規定はあるのだから、そのことをもって立憲主義を軽視したことにはならないとするが、しかし、改憲草案の前文には、上引したように国民の国防の責務が書かれているのである。まさに憲法の「顔」ともいうべき憲法の前文に国民の国防の責務の規定が書かれているというのは、立憲主義を採用した憲法典では稀有の例といってよいであろう。しかも、改憲草案の本文では、後述するように国民の義務や責務の規定は単に例外的なだけではなく、多数書かれているのである。このように多数の義務や責務の規定が盛り込まれているのも、外見的立憲主義の憲法はともかく、近現代の立憲主義憲法では、稀有の例に属するといってよいのである。外見的立憲主義を採用した明治憲法でもこのように多数の義務あるいは責務の規定は存在していなかったのである。その点についての自覚が改憲草案の起草者や「Q&A」にはないことも、問題というべきであろう。

2　「天皇を戴く国家」と国民主権の形骸化

1　天皇の「元首」化

　改憲草案は、現行憲法第一章の象徴天皇制について大幅な修正を加えている。改憲草案は、天皇を「元首」とすることによって、国民主権の形骸化を図っているのである。

　まず、改憲草案の前文冒頭では、前引したように「日本国は天皇を戴（いただ）く国家である」と書いてある。「戴く」という言葉は、一般に「上の者として敬い仕える」という意味で用いられる。あたかも、国家の上に天皇が位するような表現である。どうしてこういう表現が出てくるのか。国民主権をまじめに考えれば、出てきようがない表現が出てきているのである。

　具体的には、改憲草案の第一章第1条では、「天皇は、日本国の元首であり、日本国及び日本国民統合の象徴であって」と書かれている。「象徴」規定は現行

憲法と同じであるが、あらたに「元首」としての地位を与えられているのである。どうしてこのような規定にしたのかについて、「Q&A」はつぎのように述べている。「元首とは、英語では、Head of Stateであり、国の第一人者を意味します。明治憲法には、天皇が元首であるとの規定が存在していました。また、外交儀礼上でも、天皇は元首として扱われています。したがって、我が国において、天皇が元首であることは紛れもない事実です……」（7頁）。

このような指摘に関して、まず指摘されるべきは、「我が国において、天皇が元首であることは紛れもない事実」と述べていることは、明らかに事実に反しているということである。たしかに明治憲法においては、天皇が元首であることは明治憲法4条に規定されていたところである。しかし、明治憲法と日本国憲法では、天皇の地位が根本的に変わったのであって、明治憲法で天皇が元首とされていたことを根拠にして、現在でも「天皇が元首であることは紛れもない事実」とすることは、およそこのような憲法の根本的な変化を無視するものといえよう。また「Q&A」は、「外交儀礼上でも、天皇は元首として扱われている」としているが、たしかに、外国から出される大使などの信任状は天皇宛に出されている慣行があるが、しかし、だからといって、そのことをもって天皇を「元首」とすべき理由にはなんらならないのである。

そもそも、元首とは、対外的には国を代表し、国内的には行政権の長たる存在をいうと一般に解されてきた。明治憲法における天皇は「統治権を総攬する」存在としてまさにそのような意味での元首であった。しかし、日本国憲法下における天皇がそのような意味での元首でないことは明白であろう。たしかに、元首の意味は時代によっても変わってきており、行政権の長としての側面があまり重視されないようになってきているが、その場合にも元首というからには、条約の締結権などをもって対外的に国を代表する権限をもつことが通例とされているといってよい。[7] 単に外国の大使公使を接受するというだけでは元首ということはできないのである。

このような点からすれば、憲法学説の多数が日本国憲法の下での天皇が元首であると解することには否定的であるのは当然である。[8] この点、従来の政府見解においては、外交関係の一部では天皇は国を代表する面をもっているから、そういう意味では天皇も元首といっても差し支えないとしているが、[9] しかし、

第5章 自民党の改憲草案がめざすもの 173

天皇は条約締結権をもっておらず、そういった実質的な権限をもつのは内閣（その長たる内閣総理大臣）であることからすれば、しいて元首は誰かと問えば、天皇よりはむしろ内閣（あるいは内閣総理大臣）の方がふさわしいということになるのは憲法上明らかというべきと思われる[10]。

しかも、改憲草案の起草者には、明治憲法下において元首としての天皇が果たした役割についての反省は少しもないようにみえる。日本が15年間にわたる侵略戦争に突入していった背景にはさまざまな要因があったが、元首であり統治権の総攬者としての天皇の存在が無責任体制を作り上げる上で大きな役割を果たしたことは否定できない事実であろう[11]。そのことの反省もないままに天皇を元首とすることは、到底認めることはできないというべきであろう。

ともあれ、今日の世界の趨勢をみれば、君主制をとる国は確実に少なくなっていく傾向にある。それなのに、改憲草案は、天皇を元首とすることで、天皇制を強化しようとしている。世界の趨勢とも明らかに逆行するものと言わざるを得ないのである。

2　天皇の権能の強化

現行憲法は、天皇の権能について、「天皇は、この憲法の定める国事に関する行為のみを行い、国政に関する権能を有しない」（4条1項）（傍点・引用者）と規定している。ところが、改憲草案は、「のみ」という言葉を削除している。その理由は、第6条5項に新たに「天皇は、国又は地方自治体その他の公共団体が主催する式典への出席その他の公的な行為を行う」と規定して、天皇がいわゆる「公的行為」をも行うことができるようにするためである。

現行憲法の下で、天皇が国事行為以外に公的行為を行うことができるかどうかについては、従来から見解が分かれている。政府は、国会の開会式での「おことば」などのように一定の公的行為はできるとしてきたし、学説上も、多数説は、その根拠付けはさまざまであるが、「おことば」などはできると解してきた。しかし、憲法4条が、上記したように、天皇が行うことができる国事行為を限定的に規定し、6条と7条に12個の国事行為を列挙していることからすれば、国事行為以外の公的行為を行うことはできないとする見解も学説上有力に唱えられてきたし、私もこの見解をとってきた[12]。

「Q&A」によれば、改憲草案は天皇の公的行為を憲法に明記することによって「こうした議論を決着させる」ことをねらったものであるが、しかし、このような改憲案には、いくつかの疑問点があるといえよう。まず、改憲草案は、天皇の公的行為を憲法で明記することによって天皇の権能の拡大を図ろうとしているが、そのことは、それだけ国民主権原理からの乖離をもたらすことになるのである。国民の意思に裏付けられていない天皇の権能については抑制的に考える方が国民主権原理にかなうにもかかわらず、改憲草案は、それとは逆行することをしようとしているのである。

　つぎに、「公的行為」にはいかなる行為が含まれるのかについて、改憲草案は「国又は地方公共団体その他の公共団体が主催する式典への出席その他の公的な行為」(傍点・引用者)としていて、具体的にはなんら明記していない。ということは、時々の為政者の判断によって、公的行為の範囲は大幅に拡大することになりかねないし、そうすることで、時々の為政者が天皇を政治的に利用する可能性も増えてくることになるのである。

　なお、この点に関連しては、現行憲法3条が「天皇の国事に関するすべての行為には、内閣の助言と承認を必要とし」と規定しているのを、改憲草案6条4項がわざわざ「内閣の進言を必要とし」(傍点・引用者)と変更している点についても、大きな問題が存するところであろう。このように変更する理由を、「Q&A」は、「天皇の行為に対して『承認』とは礼を失することから、『進言』という言葉に統一しました」(8頁)と述べているが、「承認」というのが何故に「礼を失する」ことになるのであろうか。「進言」という言葉は、一般に、「上位の人に意見を申し上げること」(広辞苑)を意味しているとされている。しかし、天皇は憲法の下では決して「上位の人」ではないはずである。しかも、「進言」という言葉は、一般には、それを聞き入れるかどうかは、それこそ「上位の人」の判断に委ねられている。このような意味をもつ言葉をあえて用いるところにも、改正草案の明治憲法回帰の発想が示されているのである。

3　憲法尊重擁護義務の免除

　現行憲法99条では、「天皇又は摂政及び国務大臣、国会議員、裁判官その他の公務員は、この憲法を尊重し擁護する義務を負ふ」と書かれていて、憲法尊

重擁護義務の担い手の最初に天皇が書かれている。そして、憲法尊重擁護義務の担い手には国民は挙げられていない。ところが、改憲草案は、102条で1項と2項とに分けて規定して、まず1項では、「全て国民は、この憲法を尊重しなければならない」と国民に憲法尊重義務を課するとともに、2項では、「国会議員、国務大臣、裁判官その他の公務員は、この憲法を擁護する義務を負う」と規定して、天皇と摂政を憲法擁護義務の担い手からはずしている。立憲主義と真っ向から矛盾する改正案だと言わざるを得ないであろう。

改憲草案が国民に憲法尊重義務を課している点については、後の基本的人権に関する箇所で検討するとして、ここで問題とすべきは、天皇及び摂政を憲法擁護義務の担い手から外している点である。この点について、「Q&A」は、「政治的権能を有しない天皇及び摂政に憲法擁護義務を課することはできないと考え、規定しませんでした」(38頁) と述べている。

しかし、このような説明は、まったく説明にはなっていないと言わざるを得ないであろう。なぜならば、改憲草案によれば、天皇は「元首」とされ、「Q&A」によれば、「国の第一人者」とされている。そうである以上は、天皇こそがまず第一番に憲法擁護義務を負うとすべきであろう[13]。ちなみに、1850年のプロイセン憲法でも、皇帝は即位に際しては憲法を守ることを宣誓するものとされた。改憲草案は、このようなプロイセン憲法よりもさらに復古的なものとなっているのである。改憲草案は、天皇及び摂政から憲法擁護義務を外すことで、天皇及び摂政を憲法の拘束から外そうとしているのである。およそ立憲主義とは相容れない発想というべきであろう。

4　国旗・国歌・元号

(1) **国旗・国歌**　改憲草案は、第3条で、「国旗は日章旗とし、国歌は君が代とする。2　日本国民は、国旗及び国歌を尊重しなければならない」と規定している。

このような改憲草案の問題点は、第1に、国歌を「君が代」とすることを憲法で書くことが果たして国民主権原理と整合するかどうかということである。ここで「君が代」とされているのは、国旗国歌法で書かれている歌詞をもった「君が代」のことであろうが、それはいわば天皇の時代が千代に八千代に続く

ことを願う内容となっているのである。明治憲法の下ではそのような天皇賛美の歌を国歌とすることは自然であったとしても、国民主権の憲法の下では、ふさわしい内容とはいえないのである。国民主権の下では、現行憲法1条が規定しているように、天皇の地位は主権者国民の総意に基づくのであって、主権者国民が天皇制を廃止するという意思を憲法改正によって示せばいつでも廃止することができるのである。それを天皇の時代が千代に八千代に続くことを願うと謳うことは、それだけ国民主権原理の形骸化をもたらすことになるのである。

　第2に、この点とも関わって指摘されるべきは、国旗・国歌に関する規定がまさに「第一章　天皇」に書かれていることの問題性である。たしかに、諸外国でも、国旗・国歌に関する規定を憲法典で設ける国はあるが、例えば、フランスでは、「第一編　主権について」のところで国旗国歌のことが書かれているし（2条2、3項）、またドイツでは、「第二章　連邦及びラント」の中に連邦国旗のことが書かれている（22条2項）。改憲草案が、天皇の章に国旗・国歌の規定を置いているのは、まさに国旗・国歌が天皇制の維持昂揚と密接な関連をもつことを示しているのである。

　第3に、「Q&A」がいうように、現在学校現場では国旗・国歌をめぐって「混乱」がおきているが、そのような「混乱」は基本的には教育委員会が学校現場で国旗・国歌を教員に対して強制することに起因しているのである。しかし、国歌が上述したような内容をもつことや国旗もかつての侵略戦争において帝国軍隊が戦場において掲げたことを踏まえるならば、教員が国歌斉唱や国旗掲揚に対して拒否的な反応を示すことは十分に理解できるのであって、教員のそのような拒否的な反応と行動は、教員の思想良心の自由として許されてしかるべきと思われるのである。たしかに、最高裁は、君が代ピアノ伴奏訴訟判決（最判2007年2月27日民集61巻1号291頁）において、君が代を伴奏するかどうかは、教員の思想良心の自由には属さないと判示したが、しかし、このような判決に対しては学界から批判が多く出されているところである。このように問題を含む国旗・国歌についてあえて憲法で君が代と日の丸を明記することは、国民主権のみならず、思想良心の自由に対する軽視をも意味しているといわなければならないであろう。

　最後に、改憲草案は、国旗・国歌に対する国民の尊重義務を規定することに

第5章　自民党の改憲草案がめざすもの　177

よって、教員のみならず、生徒に対しても、さらには一般の国民に対しても国旗・国歌を強制することを可能とする内容となっているのである。「Q&A」は、このような規定によって「国民に新たな義務が生じるものとは考えていない」としているが、現在の国旗国歌法には、改憲草案の3条2項のような規定はない。ところが改憲草案はあえて3条2項に国民の尊重義務の規定を設けているのであり、そうとすれば、そこから新たな義務が国民に生じると考えるのが普通であろう。それを新たな義務は生じないとするのは、国民を欺くための一時しのぎの方便というべきであろう。

(2) **元号**　改憲草案は、第4条で、「元号は、法律の定めるところにより、皇位の継承があったときに制定する」と規定している。これも天皇制を強化する意味合いをもっていることは明らかであろう。この規定の趣旨について、「Q&A」は、「現在の『元号法』の規定をほぼそのまま採用したものであり、一世一元の制を明定したものです」(8頁)としている。

しかし、そもそも一世一元の制度それ自体は決して日本の古来からの伝統ではなく、明治時代になって初めて明治初年の太政官布告によって導入され、その後明治憲法の下では皇室典範(12条)に根拠をもって行われてきた制度である。この旧皇室典範は、日本国憲法の施行とともにその効力を失い、新しい皇室典範は、元号についての規定を置かなかった。したがって、「昭和」の元号は法的な裏付けのないままに戦後しばらくの間続いたが、1979年に元号法が制定されて「昭和」を認知するとともに一世一元の制度を法制化したのである。

このような経緯をもつ元号について、グローバル化が叫ばれている21世紀の今日の日本においてそれをわざわざ憲法に明記することにどれだけの意味があるのだろうか。私には、天皇制を強化する以外の意味は基本的にないと言っていいように思われる。それは、私達の時間の呼び方や計算の仕方を天皇の在位期間によって規定することによって、国民主権の精神とは合致しないし、元号は、私達の時間や時代について客観的な認識をする上でも少なからず妨げになるように思われる。しかも、元号は、今日のグローバル化時代に国際的な比較の中で物事を考えたり、また国際交流をしたりする上でも少なからず妨げになる。外国との契約などで元号を使うことは外国の人達との意思疎通を妨げるもとになるし、そもそもパスポートは西暦で書かれていて元号は書いていない。

いずれにせよ、天皇の在位期間によって時間の呼び方が変わる一世一元の制度というのは、このように私達の日常生活において不便な役割を果たしているのであって、そのような元号の使用を憲法で強制することは時代錯誤といってもよいと思われるのである。

3　「戦争をする軍事大国」をめざす9条改憲

　改憲草案の最大の狙いが現行憲法9条の改憲にあることは、あらためて指摘するまでもないであろう。憲法9条を大幅に改憲することによって、「国防軍」を創設するとともに、集団的自衛権の行使を憲法の明文で可能として、日本を「戦争をする国」、「戦争ができる国」にしようとしているのである。

　現行憲法は、9条1項において戦争の放棄を規定するとともに、同条2項において戦力の不保持と交戦権の否認を謳い、さらに憲法前文で平和的生存権を規定している。ところが、改憲草案は、現行憲法の9条2項及び平和的生存権の規定を全面的に削除して、代わりに9条2項では、集団的自衛権を含む自衛権の発動を規定し、さらに新たに9条の2を設けて、「国防軍」の設置を規定しているのである。それに伴い、現行憲法第二章の「戦争放棄」という表題を改憲草案は「安全保障」という表題に変更している。[15] 改憲草案の9条のタイトルは「平和主義」となっているが、そこでいう「平和主義」は、現行憲法が採用している非軍事平和主義とは似ても似つかないものへと変質させられているのである。このような改憲草案の特色を挙げれば、大きく①「国防軍」の創設、②集団的自衛権の憲法的認知、③「軍事審判所」という名の軍法会議の設置、④平和的生存権の削除と国防責務の導入の四点を指摘することができるであろう。以下、これらの点について順次検討することにしよう。

1　「国防軍」の創設

　(1)　**自衛隊から「国防軍」へ**　　改憲草案は、現行憲法9条2項の「前項の目的を達するため、陸海空軍その他の戦力は、これを保持しない。国の交戦権は、これを認めない」という規定を削除して、新たに9条の2第1項において、「我が国の平和と独立並びに国及び国民の安全を確保するため、内閣総理大臣を最

高指揮官とする国防軍を保持する」と規定している。2005年の「新憲法草案」では、「自衛軍」の保持を規定していたが、この改憲草案では、あえて「国防軍」の保持を規定したのである。このような規定を設けた趣旨を、「Q&A」はつぎのように述べている。

「世界中を見ても、都市国家のようなものを除き、一定の規模以上の人口を有する国家で軍隊を保持していないのは、日本だけであり、独立国家が、その独立と平和を保ち、国民の安全を確保するため軍隊を保有することは、現代の世界の常識です」「この軍の名称について、当初の案では、自衛隊との継続性に配慮して『自衛軍』としていましたが、独立国家としてよりふさわしい名称にするべきなど、様々な意見が出され、最終的に多数の意見を勘案して、『国防軍』としました」(10頁)。

このような説明に対しては、大きくいって二つの疑問点が指摘できるであろう。まず第1は、独立国家が軍隊をもつことは「世界の常識」といっている点に関してである。「世界の常識」という言葉をどのような意味で使うかにもよるが、例えば、コスタリカなどは第二次大戦後軍隊をもたないで今日まできたことは広く知られており、これも「世界の常識」となっている。このような「常識」は「Q&A」の起草者の念頭にはないのであろうか。また、第二次大戦後、日本が非軍事平和主義を規定した9条の下で戦争をしないできたことも、広く世界に知られているところである。日本がこの間戦争をしないできたのは、決して日米安保があったからではなく、また自衛隊があったからでもない。非戦・非軍事の平和主義を掲げた憲法9条の下で、一切の戦争に参加しないとする国民の世論の力によって、なんとか日本は戦争をしないで今日までやってきたのである。そのことの意義は、国際的にも認められてきた。例えば、1999年にオランダのハーグで開かれた「世界市民社会会議」では、「公正な世界秩序のための10の基本原則」が採択されたが、その一つは、「世界の各国議会は、日本国憲法第9条のように、政府が戦争をすることを禁止する決議を採択すべきである」とするものであった。[16] つい最近では、2014年のノーベル平和賞の候補に憲法9条(をもつ日本国民)がノミネートされ、受賞の可能性が話題になったことも周知の通りである。[17] このようなことからすれば、憲法9条2項が、軍隊の保持を禁止したことは、決して「非常識」として非難されるべきことではな

いのである。

　第2に問題とされるべきは、改憲草案が、「自衛軍」ではなく、「国防軍」としたことに関連してである。「Q&A」によれば、その理由は、自衛隊との継続性を断ち切るところにあるようであるが、そのことが具体的に意味することは、自衛隊に従来付されていた必要最小限度の自衛力という制約を取り払うところにあるといってよいであろう。自衛隊については、従来の政府見解では、国家固有の自衛権に基づく必要最小限度の自衛力として認められるのであって、戦力ではないとされてきた。このような自衛力については、憲法でその保持を禁じられた戦力との相違が明確ではないとする批判が学説からは提起されてきたが[18]、ただ、少なくとも建前としては、必要最小限度という制約は憲法上課されてきたといってよい。このような制約を取り払って、「国防軍」は、その保持できる軍事力については無制約とされるのである。大陸間弾道ミサイルも、航空母艦も、さらには、核兵器も憲法上の制約なしに保持することが可能となる。ちなみに、核兵器については、現憲法の下においても自衛のための必要最小限であれば、保持できるというのが、従来の政府見解であるが、「国防軍」になることによって核兵器についてのそのような制約も取り払われてしまうのである。

　自衛隊を「国防軍」とする理由は、さらに、そうすることで「軍法会議」の設置を可能とすることにあると思われる。自衛隊は、建前上は軍隊ではないので「軍法会議」を設置することは困難であるが、「国防軍」とすれば、軍の規律保持のために「軍法会議」の設置が可能となる。改憲草案は、まさにそういう文脈で、9条の2第5項で「審判所」という名前の軍法会議を設置しているのである（この点については、後述する）。

　なお、安倍首相は、「国防軍」にする理由の一つとして、「実力組織が侵略を阻止するために戦うときに、軍隊として認知されていなければ、ジュネーヴ条約上捕虜として取り扱われることはないわけです」(読売新聞2013年4月17日)と述べているが、これは、事実認識としても明らかに間違った説明というべきであろう。自衛隊が憲法上軍隊として認知されると否とにかかわらず、対外的に軍隊あるいはそれに準じる実力組織としての要件を備えておれば、ジュネーヴ条約上は、捕虜としての取り扱いを受けるのであって、現に日本自身が、2004

年にはジュネーヴ条約追加第一議定書と第二議定書を批准し、また国内法的にも「武力攻撃事態における捕虜等の取扱いに関する法律」（法律第117号）を制定しているのである。「国防軍」にしなければ、戦闘員が捕虜としての取り扱いを受けないので、「国防軍」にするというのは、為にする議論というべきであろう。

(2) 「国防軍」の活動　「国防軍」の活動については、改憲草案は、三つほどのことを規定している。第1は、「我が国の平和と独立並びに国及び国民の安全を確保する」（9条の2第1項）ための活動であり、第2は、「国際社会の平和と安全を確保するために国際的に協調して行われる活動」（9条の2第3項）であり、第3は、「公の秩序を維持し、又は国民の生命若しくは自由を守るための活動」（9条の2第3項）である。これらのうち、まず第1の活動の中には、集団的自衛権の行使も含まれることとされるが、この点についてはすぐ後に検討することにする。

第2の活動の中に含まれるのは、「Q&A」（11頁）によれば、「国際平和活動への参加」や「集団安全保障における制裁行動」などであるとされる。しかし、国際平和活動、その中でもPKOについては、そのすべてが国際社会の平和のために役立ってきたわけではなく、他方で、武力行使を伴うわけではない平和活動については、現行憲法の下においても認められてきたので、そのための9条改憲の必要性は基本的にないといってよいと思われる。また、「集団安全保障における制裁行動」に関しては、湾岸戦争における国連の行動などが負の遺産として参考になるし、また、「Q&A」が、「安保理事会による制裁行動」としていないことの理由は、イラク戦争の場合のように、安保理事会のお墨付きが得られなかった場合において、アメリカ主導で武力行使をする場合にも、「国防軍」が参戦できるようにするためであるといえる。ここには、国連中心主義から逸脱する場合もあることが想定されているのである。

さらに、第3の活動の中で「公の秩序を維持」する活動とされているのは、主として治安出動であろう。1960年の安保闘争に際しては自衛隊の治安出動が問題となり、その時点では治安出動は回避されたが、「国防軍」になれば、憲法上堂々と治安出動を行い、国民に銃口を向けることも可能とされるのである。また、「国民の生命若しくは自由を守るための活動」として「Q&A」は「邦

人救出、国民保護、災害派遣など」を想定しているが、災害派遣などは「国防軍」ならずとも自衛隊がこれまでも行ってきた活動である。したがって、あえてそのような活動を憲法に明記するねらいは、邦人救出にあるといってよいであろう。具体的には、改憲草案の25条の3が、「在外国民の保護」と題して、「国は、国外において緊急事態が生じたときは、在外国民の保護に努めなければならない」と規定していることとかかわってくる。しかし、海外において緊急事態が生じた場合に、国が国民の生命安全の確保に尽力することは当然としても、「国防軍」を派遣することが望ましいかといえば、決してそうとはいえないであろう。かつての帝国軍隊が、まさに邦人救出を口実にして、植民地支配や侵略戦争へとのめり込んでいったことは、台湾出兵、朝鮮出兵、義和団事件、さらにはシベリア出兵などに照らせば明らかであろう。そのような過去の過ちの二の舞を演ずるようなことは、断じて避けなければならないのである。

(3) 「国防軍」に対する民主的統制の欠如　改憲草案の9条の2第2項は、「国防軍は、前項の規定による任務を遂行する際は、法律の定めるところにより、国会の承認その他の統制に服する」と規定している。「Q&A」は、「国防軍に対する『文民統制』の原則に関しては、①内閣総理大臣を最高指揮官とすること、②その具体的な権限行使は、国会が定める法律の規定によるべきことなどを条文に盛り込んでいる」(11頁)としているが、しかし、これらの規定だけでは、「国防軍」に対する民主的統制としては、不十分であると言わざるを得ないであろう。

あらためて指摘するまでもなく、軍隊の保持を認めた諸外国の憲法では、国民代表議会が戦争宣言を行うことを規定しているのが、一般的である。それこそが軍隊に対する民主的統制の最大の担保となるからである。例えば、アメリカ合衆国憲法1条8節11項やドイツ基本法115a条などがその代表例である。たしかに、アメリカのこの憲法規定は、従来もしばしば守られてこなかったが、しかし、だからといって、このような軍隊に対する民主的統制の憲法上の大原則を変更しようとする試みはアメリカにおいてこれまでなされてこなかったのである。[19]

ところが、改憲草案は、「国防軍」が戦争や武力行使を行うについて、誰がそれを決定するかについての規定をなんら設けていないのである。国会か、内

第5章　自民党の改憲草案がめざすもの　183

閣か、内閣総理大臣かがなんら書かれていないのである。驚くべきことといわなければならない。[20] 内閣総理大臣が「国防軍」の最高指揮官とされていることから、内閣総理大臣がそれを決めるということかもしれないが、しかし、戦争や武力行使の決定を行うということと、そのような決定がなされたことを前提として内閣総理大臣が最高指揮権をもつということとはまったく別個の問題である。

　この点、上記9条の2第2項は、たしかに、「国会の承認その他の統制に服する」としているが、しかし、ここには、国会の事前承認が原則であるということすらも、書かれておらず、すべては法律に委ねられているのである。これでは、文民統制が確保されているとは到底いえないのである。

2　集団的自衛権の憲法的認知

　9条改憲の最大のねらいの一つが集団的自衛権の行使の憲法的認知にあることは、明らかであろう。改憲草案は、現行憲法の9条1項は基本的には維持した上で、2項を削除して[21]、その代わりに、「前項の規定は、自衛権の発動を妨げるものではない」という規定を新たに付け加えている。このような改正の意図について、「Q&A」は、つぎのように述べている。「これは、……主権国家の自然権（当然もっている権利）としての『自衛権』を明示的に規定したものです。この『自衛権』には、国連憲章が認めている個別的自衛権や集団的自衛権が含まれていることは、言うまでもありません」(10頁)。

　このような改正案についてまず第1に指摘されるべきは、自衛権を自然権とする発想には、基本的な疑義があるということである。とりわけ集団的自衛権を自然権とすることは、それが国連憲章で初めて用いられるようになった概念であることに照らしても、疑問が存するといえよう。第2に、改憲草案は、自衛権の一種として集団的自衛権も容認することによって、集団的自衛権の全面的な認知を図ろうとしているようにみえる。「Q&A」によれば、この規定の導入によって、「自衛権の行使には何らの制約もない」(10頁)ようにしようとしているのである。

　この点は、安倍政権が2014年7月1日の閣議決定によって集団的自衛権の行使容認を決めたこととの関連でもきわめて重要な意味をもつと思われる。[22] この

ような閣議決定は、それ自体現行憲法の９条及び96条に違反するものであることは、本書第３章で述べた通りであるが、ただ、留意されるべきは、このような解釈改憲に対しては、現行憲法９条が存続する限りは違憲の批判をなくすることはできないということである。政府も、そのような批判を顧慮してか、建前としては集団的自衛権の限定的な容認論を採用せざるを得なかったのである。もちろん、そのような限定的な容認論自体まやかしであるが、ただ、建前としては限定的な容認論を採らざるを得なかったことは、やはり政府にとっては現行憲法による制約を一定程度顧慮せざるを得なかったからと思われる。集団的自衛権行使に関するそのような制約を取り払うためには、解釈改憲だけでは不十分であって、明文改憲がどうしても必要であると、改憲草案の起草者達が考えたとしても不思議ではない。その意味では、９条に上記のような新しい第２項を導入して集団的自衛権を憲法できちんと承認することは、改憲草案の起草者達にとってはどうしても必要なことなのであろう。

　しかし、そもそも集団的自衛権を憲法の明文で容認しなければならない理由は一体何であるのか。また、そうすることが、日本及び国際社会の平和と安全にとって本当に有意義であるということがいえるのであろうか。「Ｑ＆Ａ」は、これらの疑問に対してはなんら答えておらず、集団的自衛権は国連憲章で認められていると述べるだけなのである。

　たしかに、国連憲章51条は、個別的自衛権と並記して集団的自衛権も認めているが、しかし、それが、国連憲章の採用する集団安全保障システムと果たして整合的なものであるか否かについては、従来論議がなされてきたところであるし、集団的自衛権は集団安全保障システムにとっては、むしろ異端的な存在であるとする見解も有力に唱えられてきたのである。[23]しかも、実際に集団的自衛権が行使されてきた実例をみてみた場合には、その多くは、国際社会の真の平和の維持確立に役立ってきたというよりは、むしろ大国の小国に対する軍事介入を正当化する論理として利用されてきたことは否定できないのである。これらの点については、本書の第１章でも詳述したところである。

　そのような意味合いをもつ集団的自衛権の行使を改憲草案が可能とするねらいは、結局のところは、アメリカが世界的に展開する軍事行動に対して、従来のような後方支援にとどまることなく憲法上の制約なしに全面的な軍事協力を

第５章　自民党の改憲草案がめざすもの　185

することにあるといってよい。しかも、日本が外部からの武力攻撃を受けているわけではないにもかかわらずである。こうして、日本は、まさに、「戦争をする軍事大国」になるのである。「戦争を放棄した平和国家」から、「戦争をする軍事大国」へのそのような転換を意味する9条の改憲を認めることは到底できないと思われるのである。

3 軍事審判所の設置

　改憲草案は、9条の2第5項で、「国防軍に属する軍人その他の公務員がその職務の実施に伴う罪又は国防軍の機密に関する罪を犯した場合の裁判を行うため、法律の定めるところにより、国防軍に審判所を置く」と規定している。「審判所」という名の軍法会議の設置を認めているのである。しかし、このような「審判所」の設置に関しては、つぎのような重大な問題点が存在していると思われる[24]。

　まず第1に、改憲草案は、何故にこのような「軍事審判所」をわざわざ設置するのか。「Q&A」は、この点に関して、「軍事上の行為に関する裁判は、軍事機密を保護する必要があり、また、迅速な実施が望まれることに鑑みて、このような審判所の設置を規定しました」(12頁)と書いているが、しかし、ここに挙げられている理由は、到底納得のいくものとはいえないように思われる。まず何故に「軍事機密」だけがこのように特別の保護に値するのか、そのことについての説明がないままに、このように「軍事機密」の保護を名目として「軍事審判所」を設置すれば、「軍事機密」が国民の知る権利の対象から外れる「聖域」と化すことは、避けられないであろう。かつてのアジア太平洋戦争に日本が突入していった経緯を振り返った場合には、軍事情報こそが主権者国民の生命安全に関わる情報として基本的に知る権利の対象とされるべきことは明らかと思われる。「軍事審判所」の設置は、そのような国民主権及びそれに基づく国民の知る権利に対する重大な侵害をもたらすものなのである。

　軍事上の行為に関する裁判は「迅速な実施が望まれる」という理由についても、疑問が存している。改憲草案(37条1項)でも、刑事被告人には「迅速な公開裁判を受ける権利」が保障されているのに、あえて「迅速な実施」の必要性を理由として「軍事審判所」を設置しようとするのは、裁判を受ける者の人権

保障のためではなく、「国防軍」の規律保持などのためであることは明らかであろう。通常の行政組織とは別個に「国防軍」についてだけそのように特別に規律保持を認めるとすれば、一体どういうことになるのか。そのことは、かつての第二次大戦前の軍法会議が示しているのではないであろうか。そのことに対する反省もないままに「軍事審判所」を設けることには疑義をさし挟まざるを得ないのである。

　第2に、改憲草案は「国防軍に審判所を置く」と規定しているので、通常の司法裁判所の系列ではなく、行政機関の一種として「軍事審判所」を位置付けているようにみえる。自民党の2005年の「新憲法草案」では、「第六章　司法」の章に「軍事裁判所」が書かれていて、司法裁判所の一つとして位置付けられていたのが、改憲草案では、「審判所」は「第二章　安全保障」の章に書かれている。どうしてそうなったのであろうか。その理由は定かではないが、おそらくは裁判官の構成などとも密接な関係があると思われる。「Q&A」によれば、「裁判官や検察、弁護側も、主に軍人の中から選ばれることが想定されます」（12頁）とされているが、このようなことが可能なのは、「審判所」が司法裁判所ではなく、行政機関の一種として位置付けられているからであろう。というよりむしろ、裁判官についても主として軍人によって構成させるためには、軍法会議を「審判所」として一種の行政機関として位置付けた方がよいということになったのであろうと推察されるのである。しかし、そのことは、軍法会議をそれだけ「法の支配」の外に置くことを意味しているといってよい。たしかに、改憲草案は、上記の規定の後に、「被告人が裁判所へ上訴する権利は、保障されなければならない」と規定しているが、しかし、「審判所」で確定した事実や罪状を上訴裁判所が覆すことは、実際問題としてきわめて困難になってくると思われる。しかも、改憲草案によれば、「国防軍の機密」はまさに憲法的な価値をもつことになるので、そのような機密に関わる裁判で、上訴裁判所が、軍事審判所の認定した事実や罪状と異なった判断をすることは、きわめて困難となると思われるのである。

　第3に、たしかに、諸外国でも軍隊をもつ国では、軍法会議の設置が一般的といわれているが、しかし、例えばドイツの場合と比較しても、改憲草案の「審判所」は以下のように特異な性格をもっていることが指摘されるべきであろ

う。[26]①ドイツの場合には、「軍刑事裁判所」は連邦裁判所として設置することができると憲法で規定されており（基本法96条2項）、改憲草案のように行政機関として設置されるわけではない。②ドイツの軍刑事裁判所の専任裁判官は、「裁判官職に就く資格を有していなければならない」（同条項）とされていて、改憲草案のように、裁判官までも主として軍人によって構成されるのとは異なっている。③ドイツの軍刑事裁判所は、「防衛上の緊急事態においてのみ、及び外国に派遣された又は軍艦に乗船させられている軍隊の所属者に関してのみ」、その刑事裁判権を行使できるとされている。その種の制限が「審判所」にはなんら規定されていないことと対照的である。④ドイツでは、死刑は憲法上（102条）廃止されているので、例えば、敵前逃亡などの場合においても、死刑に処せられることはない。ところが、日本では、死刑制度が存置されているので、改憲草案によって「国防軍」が設置された場合には、おそらくは、敵前逃亡は死刑とされる可能性がきわめて高いと思われる。しかも、上述したように、裁判所ではない「審判所」でそのような極刑が科せられるのである。権力分立や法の支配といった近代憲法の大原則が踏みにじられるのである。このような「審判所」を認めることは、到底できないと思われるのである。

4　平和的生存権の削除と国防責務の導入

(1) **平和的生存権の削除**　改憲草案は、現行憲法の前文を全面的に書き改めて、前文に書かれている平和的生存権の規定をも削除している。すなわち、現行憲法の前文では、「われらは、全世界の国民が、ひとしく恐怖と欠乏から免かれ、平和のうちに生存する権利を有することを確認する」と書かれているが、改憲草案は、この規定を全面的に削除しているのである。

あらためて指摘するまでもなく、現行憲法で平和的生存権が規定されるに至った背景には、過去の悲惨な戦争体験を通して、戦争は諸々の人権を侵害するものであること、そして平和こそが人権保障の大前提となるということ、あるいは平和の享受はそれ自体人権であるという認識が広く共有されるに至ったという歴史的事実が存在している。そして、平和と人権とのそのような密接不可分性は今日でもなくなっていないのみならず、ますます強まっているといってよいのである。そのことは、近年、「平和への権利」宣言を国連総会で採択

しようとする運動が、国連人権理事会などを中心として進められていることによっても示されている。世界の人権は、まさに、自由権、社会権、そして平和的生存権という流れをたどっており、現行憲法の平和的生存権の規定は、すぐれて国際的な意義をもつものといってよいのである。

　日本に即してみても、平和的生存権は、市民のさまざまな運動において、積極的な役割を果たしてきた。裁判の場でも、恵庭事件、長沼事件、さらには、自衛隊イラク派遣違憲訴訟などにおいて、平和的生存権は、憲法の平和主義を裁判の場で実現する上で重要な役割を果たしてきた。とりわけ、長沼訴訟札幌地裁判決（福島判決）や自衛隊イラク派遣違憲訴訟名古屋高裁判決（青山判決）では、平和的生存権が、憲法上の具体的な権利として承認されたのであり、その意義はきわめて高いものがあるといってよいであろう。

　ところが、改憲草案は、そのような意義をもつ平和的生存権の規定をいとも簡単に削除しているのである。改憲草案が、何故に平和的生存権の規定を削除したのかについて、「Q&A」はなにも説明していないので、その理由は定かではない。しかし、いずれにしても、改憲草案の時代逆行的な人権軽視・平和軽視の考え方がここにも如実に示されているといってよいのである。

　(2) **国防責務の導入**　　改憲草案は、平和的生存権を削除するとともに、新たに「日本国民は、国と郷土を誇りと気概をもって自ら守り」（前文）と書くことで国防の責務を国民に課している。たしかに、この規定は、明示的に国民は国を自ら守らなければならないと書いているわけではないが、しかし、このような前文の規定は、改憲草案9条の3の国民の領土等保全協力責務や18条の人身の自由の制限規定などと合わせて読めば、国防の責務を導き出すことは容易になってくるのである。

　たしかに、「Q&A」は、この点に関して、「党内議論の中では、「国民の『国を守る義務』について規定すべきではないか」という意見が多く出されました。しかし、仮にそうした規定を置いたときに「国を守る義務」の具体的内容として、徴兵制について問われることになるので、憲法上規定を置くことは困難であると考えました」（12頁）と書いている。この文章は、一見したところ、徴兵制の導入はできないかのように読めるが、しかし、はっきりとそのように述べているわけではない。ある意味では、徴兵制を含めた国防協力義務を法律で規

定することを可能とする余地を残すために抽象的な文言にしたようにも読めるのである。そのことは、例えば、改憲草案の第18条の規定の仕方に照らしても言い得るように思われる。同条は、現行憲法の第18条が「何人も、いかなる奴隷的拘束も受けない。又、犯罪に因る処罰の場合を除いては、その意に反する苦役に服させられない」と規定しているのを改変して、「何人も、その意に反すると否とにかかわらず、社会的又は経済的関係において身体を拘束されない。2　何人も、犯罪による処罰の場合を除いては、その意に反する苦役に服させられない」と規定しているのである。ここで、留意すべきは、「政治的理由」による身体の拘束については、改憲草案にはなにも書かれていないということである。

　現行憲法の下で、徴兵制が違憲とされる理由は、政府の従来の解釈によれば、憲法18条と13条にあるとされている。憲法9条は直接的な根拠とはされていないのである。ところが、憲法18条が、上記のように政治的関係における身体拘束を許容する規定とされた場合にはどうなるのか。徴兵制を違憲とする憲法上の根拠はなくなるのである。しかも、上述したように、改憲草案の前文の国防責務や9条の3の領土等保全協力責務と合わせて解釈すれば、徴兵制を違憲とする解釈を改憲草案の下でとることは、困難となるであろう。改憲草案は、おそらくは、徴兵制を採用できるということを明確に規定すれば、国民の反撥を買うことになるので、このようにあいまいな規定の仕方をしたのであろうが、しかし、その本音は上記のようなものであろうと思われる。そうであるとすれば、徴兵制は改憲草案では認められないと安心するわけには到底いかないのである。

4　基本的人権の形骸化

1　「天賦人権」と「個人の尊重」の削除

(1)　「天賦人権」の排除　　日本国憲法は、「第十章　最高法規」の中にある第97条で、「この憲法が日本国民に保障する基本的人権は、人類の多年にわたる自由獲得の努力の成果であって、これらの権利は、過去幾多の試練に堪へ、現在及び将来の国民に対し、侵すことのできない永久の権利として信託されたも

のである」と規定している。ところが、改憲草案は、この条文を全文削除している。その直接的な理由は、「Q&A」によれば、「現行憲法11条と内容的に重複していると考えた」(37頁)からであるが、その背景にあるのは、「人権規定も、わが国の歴史、文化、伝統を踏まえたものであることも必要だと考えます。現行憲法の規定の中には、西欧の天賦人権説に基づいて規定されていると思われるものが散見されることから、こうした規定は改める必要がある」(13頁)という考え方である。

　しかし、これらの理由で現行憲法97条を削除することは、基本的人権保障の意味についての無理解に基づくものであって、到底支持することができないものと思われる。まず、現行憲法の97条が11条と重複しているという指摘に関していえば、これらの規定がそれぞれの箇所に書かれていることにはきちんとした理由があるのである。すなわち、11条は、まさに「第三章　国民の権利及び義務」の冒頭的な位置において基本的人権保障の総論的な意味をもたせて基本的人権の永久不可侵性を規定しているのである。これに対して、97条は、「第十章　最高法規」の中で、憲法の最高法規性の核心にあるのは基本的人権の不可侵性であることを強調するために書かれているのである[28]。したがって、97条と11条は、内容的には同じように基本的人権の不可侵性を定めているが、それぞれの箇所に規定することには十分の意味があるのである。

　また、改憲草案が天賦人権思想を排除しようとしている点は、かつて明治期に自由民権運動が提唱した天賦人権思想を明治政府が押さえつけたことを想起させるものである。「Q&A」は天賦人権思想を「人権は神から人間に与えられる」とする思想だと解しているようであるが(37頁)、しかし、そもそも、西欧の市民革命の中で確立した人権思想は必ずしも神の存在を前提としたものではなく、かりに神が存在しないでも、個々人に生まれながらに保障されるべき自然権として捉えていたのである。しかも、「天賦」という思想は、「神から与えられる」こととは必ずしも同じではないのである。改憲草案は、結局は、天賦人権思想の内容が、つまり、人はすべて生まれながらにして自由かつ平等であり、国家権力といえどもそれは侵してはならないという考え方が気に入らないのであろう。安倍首相などは、事ある毎に「日本は、欧米諸国と自由、民主主義、法の支配といった価値観を共有している」と強調しているが[29]、改憲草案は、

そのような価値観をむしろ否定しようとしているのである。

(2) 「個人の尊重」の削除　　このことと密接に関連して見過ごせないのは、改憲草案が、現行憲法13条の「すべて国民は、個人として尊重される」という条文を「全て国民は、人として尊重される」へと書き改めていることである。一体どうして「個人」が「人」へと書き変えられているのか。その理由は、自民党の「Q＆A」にはなんら書かれていないが、改憲草案の起草委員会の事務局長であった礒崎陽輔のHPでの解説(以下、「礒崎HP」と略称)には、つぎのように書かれている。「『個人として尊重される』という部分については、個人主義を助長されてきた嫌いがあるので、今回『人として尊重される』と改めました。」(5頁)。

このような改定によって、改憲草案は、日本国憲法の基本的人権の一番中心にある原理を排除しようとしているのである。あらためて指摘するまでもなく、明治憲法においては、「臣民」は存在していたが、天皇制国家から自立した意味での「個人」の存在は認められていなかった。このように個人が存在しない状態の下で、国民は、政府の戦争政策に反対することも許されずに、無謀な侵略戦争へと突入していったのである。その反省を踏まえて制定された日本国憲法が、戦争の放棄と国民主権を規定し、またその担い手としての国民1人1人の個人しての尊重を規定したことは、当然であった。

そのような憲法13条の個人尊重原理の歴史的な意義を改憲草案は無視して、時計の針を逆戻りさせようとしているのである。礒崎HPは、現行憲法13条の下で「個人主義を助長されてきた嫌いがある」とするが、しかし、むしろ日本社会では、現在でもなお個人の尊重が行き渡っていないというのが、現実なのである。今から約100年前に夏目漱石が「個人主義の必要」を説いた意義は、現在でもなお失われていないのである。礒崎HPは、「人として尊重される」を「人の人格を尊重する」という意味で用いたとするが、しかし、「個人として尊重される」と書いてある場合に、個人の人格の尊重が否定されるわけではもちろんないし、それが「人として尊重される」と書くことによってより人格の尊重が高められるということでもないのである。むしろ、「人」は一種の抽象概念であって、「ヒト」という意味では動物との対比で人間一般を指す言葉として用いられるし、また権利の主体として用いられる場合にも、自然人のみなら

ず、法人をも含めて用いられることが少なくないのである。これに対して、「個人」という言葉が用いられる場合には、まさに国家や法人とも対置される具体的実在的な個々人という意味合いが込められているのである。まさにそのような点をあいまいにするところにこそ、「個人」から「人」への改変の狙いがあるように思われる。

　なお、ドイツの基本法1条は、広く知られているように、「人間の尊厳は不可侵である。これを尊重し、保護することは、すべての国家権力の義務である」と規定している。ここでは、たしかに、「個人」という言葉は用いられてはいないが、しかし、「人間の尊厳」が国家権力との対抗関係の中で用いられていることは明らかである。「人として尊重される」という抽象的な文言との違いは明白であろう。

2　「公益及び公の秩序」による人権制限

　改憲草案は、日本国憲法が人権の制限根拠として挙げている「公共の福祉」を「公益及び公の秩序」に置き換えて、「公益及び公の秩序」による広範な人権制限を容認するものとなっている。具体的には、改憲草案の12条後段は、「自由及び権利には責任及び義務が伴うことを自覚し、常に公益及び公の秩序に反してはならない」と規定しているし、また、13条後段では、「生命、自由及び幸福追求に対する国民の権利については、公益及び公の秩序に反しない限り、立法その他の国政の上で、最大限に尊重されなければならない」と規定している。

　この点について「Q&A」は、つぎのように説明している。「意味が曖昧である『公共の福祉』という文言を『公益及び公の秩序』と改正することにより、その曖昧さの解消を図るとともに、憲法によって保障される基本的人権の制約は、人権相互の衝突の場合に限られるものではないことを明らかにしたものです」「『公の秩序』とは『社会秩序』のことであり、平穏な社会生活のことを意味します。個人が人権を主張する場合に、人々の社会生活に迷惑を掛けてはならないのは、当然のことです。そのことをより明示的に規定しただけであり、これにより人権が大きく制約されるものではありません」(13頁以下)。

　しかし、このような説明は、到底納得ができるものではないと思われる。第

1に、たしかに、「公共の福祉」という言葉はあいまいであり、それゆえに憲法施行後しばらくは、それが拡大解釈されて人権制約を正当化する形で少なからず用いられてきたが、しかし、その後の学説判例の積み重ねの中で、大凡の理解がほぼ固まってきたといってよいのである。それが、「人権相互の調整原理」という捉え方である。もちろん、人権を制限する場合が、必ずしもそれに限定され得ないことも指摘されてきたが、しかし、原則は、あくまでも「人権相互の調整原理」ということである。改憲草案は、そのような原則を変更して、「公益及び公の秩序」を理由として人権を大幅に制限することを可能としようとしているのである。

しかも、第2に、「Q&A」は「公共の福祉」はあいまいであると批判しているが、「公益及び公の秩序」は「公共の福祉」以上に広範かつあいまいであることは明らかであろう。「公益」というからには、その中には、「国益」などが広く含まれるであろうし、さらに、「公の秩序」は、「Q&A」の上記説明によれば、「社会秩序」であり、人々に迷惑を掛けてはいけないことを意味することとなる。

あらためて指摘するまでもなく、憲法で保障された表現の自由の一環として私たちがデモ行進をすれば、一般の通行人に迷惑を掛けることは否定し難いであろう。そのような迷惑を掛けてもなお、表現の自由が民主主義にとってもつ重要な意義に鑑みて尊重しようというのが、日本国憲法の基本的な考え方なのである。また、私鉄などの組合がストライキをすれば、通勤者に一定の迷惑をかけることは避け難いであろう。にもかかわらず、憲法は労働者にストライキ権を人権として保障しているのである。労働基本権が、労働者の生存確保のためには必要であるという認識を踏まえてである。ところが、自民党の改憲草案は、そのような人権のもつ意義を否定して、基本的人権を「公益」や「公の秩序」よりも下位に置こうとしているのである。改憲草案が、「天賦人権」の思想を否定しようとしているのも、そのことと不可分に関わっているのである。

3　国民の義務・責務の大幅な導入

(1) 「国家権力を縛る憲法」から「国民を縛る憲法」へ　改憲草案は、国民の義務または責務の規定を大幅に導入している点でも、近代憲法の人権保障の精神

から遠く遠ざかったものとなっている。改憲草案は、つぎのように多数の義務または責務の規定を導入している。

①国防の責務（前文）、②国旗国歌の尊重義務（3条2項）、③領土・資源の保全協力責務（9条の3）、④個人情報の不当取得等の禁止（19条の2）、⑤家族の相互扶助義務（24条1項）、⑥環境保全協力責務（25条の2）、⑦教育を受けさせる義務（26条2項）、⑧勤労の義務（27条1項）、⑨納税の義務（30条）、⑩地方自治分担義務（92条2項）、⑪緊急事態指示服従義務（99条3項）、⑫憲法尊重義務（102条1項）。これらの規定の中で、⑦教育を受けさせる義務、⑧勤労の義務、⑨納税の義務は現行憲法でも規定されているものであるが、それ以外はすべて、新設である。[35] 少し誇張していえば、憲法を「人権の章典」から「義務・責務の章典」へと改変しようとしているとすらいえないこともないのである。

このように多数の義務または責務の規定を導入した背景には、以前から自民党には存在していた考え方、すなわち、現行憲法には権利の規定ばかりあって、義務の規定が少ないのはおかしいという考え方があることは否定できないと思われる。しかし、このような考え方は、そもそも、近代憲法の考え方とは相容れないものなのである。例えば、1789年のフランス人権宣言は、「人及び市民の権利宣言」であって、「権利及び義務の宣言」ではない。また、アメリカでは、1788年に合衆国憲法が制定されたが、そこには人権条項がなかったので、1791年にいわゆる修正条項が付け加えられた。しかし、そこには人権規定はあったが、義務の規定はなかったのである。

一体どうしてなのか。これらの国では、憲法は、国民の人権を保障して国家権力を拘束する根本規範であって、国民を拘束する規範ではないと考えられていたからである。国民を縛る規範ではないとすれば、そこに義務の規定がないことは当然であったのである。

19世紀のドイツでは、1948年の三月革命の結果できたフランクフルト憲法（1849年）が「ドイツ国民の基本権」を規定していたが、三月革命に対する反革命の結果として生まれたプロイセン憲法（1850年）も、「プロイセン人の権利」を規定していて、「プロイセン人の権利及び義務」を規定してはいなかったのである。たしかに、ワイマール憲法（1919年）は、「ドイツ人の基本権及び基本義務」を規定していたが、ワイマール憲法がナチスの体制を生み出す一要因と

第5章　自民党の改憲草案がめざすもの　195

もなったことに対する反省を踏まえて第二次大戦後に制定されたボン基本法(1949年)は、第一章を「基本権」と題して、前述したような第1条に始まる「基本権」規定を設けたのである。

ところが、改憲草案は、このような欧米諸国の憲法の人権条項とは異なって、憲法の義務や責務の規定を大幅に導入することによって、憲法を国家権力を拘束する規範から国民を縛る規範へと改変しようとしているのである。到底受け入れることはできないというべきであろう。

(2) **国民の憲法尊重義務**　自民党の改憲草案のこのような特色は、現行憲法99条が定めている憲法尊重擁護義務の改変に象徴的に示されているといってよい。すなわち、現行憲法99条は、「天皇又は摂政及び国務大臣、国会議員、裁判官その他の公務員は、この憲法を尊重し擁護する義務を負ふ」と規定しているが、改憲草案はこれを変更して、102条でつぎのように規定しているのである。「全て国民は、この憲法を尊重しなければならない。　2　国会議員、国務大臣、裁判官その他の公務員は、この憲法を擁護する義務を負う」。

このような改憲草案の最大の問題点は、上述したこととも関連して、第1項で国民の憲法尊重義務を課していることである。この点に関して「Q&A」は、「憲法の制定権者たる国民も憲法を尊重すべきことは当然である」(37頁)ことから、このような規定を設けたと述べているが、しかし、憲法が国家権力をこそ縛るものであり、そのことによって国民の人権を保障するものであることからすれば、憲法に国民の憲法尊重義務を規定することはなんら「当然」のことではないのである。現に、欧米諸国の憲法では、そのような国民の憲法尊重義務はなんら明記されていないのである。

この点に関連して、しばしば、ドイツの「憲法忠誠」の規定が引き合いに出されるが、しかし、ボン基本法で「憲法忠誠」を明示的に規定しているのは、第5条3項であって、これは主として公務員からなる教授等に対して「教授の自由は憲法への忠誠を免除するものではない」としているのであって、これを国民一般に対する憲法尊重擁護義務と解することはできないのである。

改憲草案の102条について、さらに問題というべきは、第1項では、国民の「尊重」義務が規定されているのに対して、第2項では、公務員の「擁護」義務が規定されていることである。この点に関して、「Q&A」は、「公務員の場合

は、国民としての憲法尊重義務に加えて、『憲法擁護義務』、すなわち、『憲法の規定が守られない事態に対して、積極的に対抗する義務』も求めています」(38頁)と説明しているが、この意味は必ずしも明瞭ではないように思われる。このような「積極的に対抗する義務」とは、一体誰の誰に対抗する義務を含意しているのであろうか。例えば、行政権力が国会や裁判所に対抗する義務をも含むのであろうか。あるいは、公務員、つまりは国家権力の担い手が国民の反政府的な活動に対抗する義務をも含むのであろうか。もし、そのような意味合いをも含むとすれば、それは、憲法の権力分立制や国民主権を突き崩す危険性をもつものと思われるのである。

4 人権各論についての問題点

改憲草案は、以上のような基本的な考え方に基づいて、人権の多くの条項についても改定を提案している。以下には、それらについて要点だけを指摘することにしよう。

(1) **精神的自由** 改憲草案の特徴は、精神的自由を現行憲法以上に厳しく制限して、他方で、経済的自由については、現行憲法以上にゆるやかに認めようとしている点にある。現在の憲法の下においても、憲法の趣旨に違反して精神的自由を過度に制限する法律や行政が行われていて、裁判所もそれを追認する傾向にあることを考えると、改憲草案のように憲法で精神的自由を大幅に制限することになると、日本はこれまで以上に自由の少ない息苦しい社会になることはほぼ確実であろう。

改憲草案は、表現の自由について、現行憲法21条1項の後に、新たに第2項を設けて、「前項の規定にかかわらず、公益及び公の秩序を害することを目的とした活動を行い、並びにそれを目的として結社をすることは、認められない」と規定している。このような規定を設けた理由を「Q&A」は、「オウム真理教に対して破壊活動防止法が適用できなかったことの反省などを踏まえ」(16頁)と説明しているが、しかし、このような理由は、表現の自由という「優越的な地位」をもつ重要な人権を大幅に制限する根拠としては、到底納得ができないものというべきであろう。なぜならば、オウム真理教に破防法を適用できなかったのは、宗教団体に破防法を適用すること自体に無理があったからで

第5章 自民党の改憲草案がめざすもの 197

あって、現行憲法の表現の自由の規定に問題があったわけではない。しかも、改憲草案のこのように広範な結社の自由に対する規制は、ひとりオウム真理教にのみ適用されるものではない。政治的結社に対するより広範な規制がなされることに留意することが必要であろう。

　改憲草案は、信教の自由と政教分離についても、重大な改定を提案している。改憲草案は、現行憲法20条3項の政教分離規定に、「ただし、社会的儀礼又は習俗的行為の範囲を超えないものについては、この限りでない」という規定を付け加えているのである。この点について、「Q&A」は、「これにより、地鎮祭に当たって公費から玉串料を支出するなどの問題が現実に解決されます」（18頁）と述べているが、礒崎HPは、「靖国神社参拝も、明文の規定をもって禁止されないことになります」（6頁）と書いている。

　まさに、この礒崎HPに書かれている点にこそ、現行憲法の政教分離原則を改定する本当の狙いがあるといってよいであろう。しかし、このような形で、靖国神社公式参拝を合憲化することは、中国などのアジア諸国との軋轢を増やすことになるだけではない。それは、さらに政教分離原則そのものをあいまいにし、弱体化することになるであろう。

　(2) **人身の自由**　改憲草案は、人身の自由を規定した現行憲法の18条を第1項と第2項に分けて、第1項に「何人も、その意に反すると否とにかかわらず、社会的又は経済的関係において身体を拘束されない」という規定を設けている。この規定において、「政治的関係」においては、身体を拘束される可能性を認めて、徴兵制の可能性を残している点については、前述した通りである。

　人身の自由に関して、もう一つ見過ごせないのは、現行憲法36条の「公務員による拷問及び残虐な刑罰は、絶対にこれを禁ずる」という規定の中の「絶対に」という言葉が、改憲草案では削除されていることである。その理由を「Q&A」も、礒崎HPも、なにも述べていないが、これによって、「公益及び公の秩序」などを理由として「拷問及び残虐な刑罰」が可能となりかねないことが危惧されよう。現に、アメリカでは、テロリストに対する拷問がなされたことが最近の上院調査委員会での報告で明らかにされたが[41]、日本でもそのような拷問は認めるべきであるといった議論が出てくる可能性がこの改憲草案によって生じてくると思われる。

また、残虐な刑罰との関係では、現行規定は、死刑制度を違憲とする際の有力な根拠規定の一つであるが、「絶対に」を削除することによって、そのような議論を封殺する効果も出てくると思われる。理由をなんら説明することなく、さりげなく「絶対に」という言葉を削除するところに、改憲草案起草者の狡猾さをみてとることができるのである。

(3) **教育権と労働基本権**　改憲草案は、教育を受ける権利を規定した現行憲法26条に、新たに第3項を設けて、「国は、教育が国の未来を切り拓く上で欠くことのできないものであることに鑑み、教育環境の整備に努めなければならない」という規定を設けている。改憲草案が、このような規定を設けた狙いは、教育が「国民の未来を切り拓く」ためではなく、「国の未来を切り拓く」ために重要であるという観点を前面に打ち出すことにあるといってよいであろう。このような改正条項の下では、国民や子どもの教育権を重視する視点はなおざりにされ、国旗国歌や元号使用の強制化と相まって、愛国心教育のための「教育環境の整備」が一層促進されることは確実であろう。

　また、改憲草案は、勤労者の労働三権を保障している現行憲法28条に新たに第2項を設けて、「公務員については、全体の奉仕者であることに鑑み、法律の定めるところにより、前項に規定する権利の全部又は一部を制限することができる。この場合においては、公務員の勤労条件を改善するため、必要な措置が講じられなければならない」と規定している。公務員の労働基本権については、現行憲法の下でも少なからず制限される法制度が存在しているが、このような条項が導入された場合には、公務員の労働基本権はあって無きがごとき状態になると思われる。それだけではない。その影響は、民間企業に働く労働者にも及ぶことが危惧されよう。世界的にも進んだ労働者の権利保障を定めた現行憲法の規定をこのように改憲草案のように改定することは労働者の権利保障の後退以外の何ものでもないことに留意することが必要であろう。

(4) **家族生活に関する規定**　改憲草案は、現行憲法の24条の第1項に、新たに「家族は、社会の自然かつ基礎的な単位として、尊重される。家族は、互いに助け合わなければならない」という規定を置いている。

　このような改憲案について、まず指摘すべきは、家族という優れて私的な関係について憲法が立ち入りすぎているということである。改憲草案がこのよう

な規定を設けた主要な狙いは、親子をはじめとする家族間の扶養義務を法律で規定できるようにして、その分だけ、「公助」を削減できるようにすることにあるのは明らかであろう。言い換えれば、憲法25条がすべての国民に保障している生存権の国による保障の実質的な削減を可能とする役割をこの24条の改正案はもっているのである。

なお、「Q&A」は、このような改憲草案について、世界人権宣言16条3項を引き合いに出しているが (17頁)、しかし、改憲草案は、世界人権宣言16条3項の「家族は、社会及び国の保護を受ける権利を有する」という規定は取り入れていないのである。世界人権宣言の肝心の規定を無視していて、世界人権宣言を引き合いに出すのは、つまみ食い的な援用の最たるものというべきであろう。[42]

(5) **選挙権と外国人の人権**　改憲草案は、国会議員の選挙区などに関して規定した現行憲法47条に、「この場合においては、各選挙区は、人口を基本とし、行政区画、地勢等を総合的に勘案して定めなければならない」という規定を設けている。しかし、このような改正案は、選挙権の平等原則に対する重大な挑戦を意味するものである。このような改正がなされた場合には、議員定数の最大格差は1対2の範囲内に収めなければならないという要請は憲法上の要請ではなくなる。選挙権という国民の主権的権利の平等な行使が憲法の規定によって損なわれるという事態になるのである。到底承服することができない改正案というべきであろう。

改憲草案の選挙権に関する規定でもう一つの問題は、改正草案の94条2項が、「地方自治体の長、議会の議員及び法律の定めるその他の公務員は、当該地方自治体の住民であって日本国籍を有する者が直接選挙する」と規定して、選挙権者を「日本国籍を有する者」に限定していることである。しかし、このような改憲草案は、まさにグローバル化が進んでいる今日においては、時代に逆行するものであるし、また、人口減少が顕著に進んで、外国人の受け入れを積極的に推進することが必要になってきている日本においては、外国人の受け入れをより困難にするもので政策的にも不適切なものといえよう。[43]

ちなみに、このように在日外国人を排除する理由として「Q&A」が挙げているのは国民主権であり、また地方自治も国の統治機構の不可欠の要素という

ことである (30頁)。しかし、それが正当な理由にはならないことは最高裁判決や学説がすでに指摘しているところである。改憲草案は理屈にならない理屈を挙げて、在日外国人との「共生」を拒否しようとしているのである。

5 「新しい人権」(?)の導入

　現行憲法を改正する必要があるとすることの根拠としてしばしば挙げられるのが、「新しい人権」の導入ということであるが、「Q&A」も、改憲草案が「新しい人権」について、つぎのような規定を設けていると宣伝している (15頁)。①個人情報の不当取得の禁止等 (19条の2)、②国政上の行為に関する国による国民への説明の責務 (21条の2)、③環境保全の責務 (25条の2)、④犯罪被害者等への配慮 (25条の4)。

　そして、①については、「いわゆるプライバシー権の保障に資するため、個人情報の不当取得等を禁止しました」と説明して、あたかもこの規定がプライバシー権を保障したかのごとき説明をしている。また、②については、「国の情報を、適切に、分かりやすく国民に説明しなければならないという責務を国に負わせ、国民の『知る権利』の保障に資することとしました」と書いて、「知る権利」の保障を規定したかのような説明をしている。③については、「国は、国民と協力して、環境の保全に努めなければならないこととしました」と説明している。さらに、④については、「国は、犯罪被害者及びその家族の人権及び処遇に配慮しなければならないこととしました」としている。そして、付け加えて、「なお、②から④までは、国を主語とした人権規定としています。これらの人権は、まだ個人の法律上の権利として主張するには熟していないことから、まず国の側の責務として規定することとしました」と述べている (15頁)。ここに、改憲草案のいうところの「新しい人権」の本質が示されているといってよいであろう。つまり、改憲草案には、言葉の本来の意味での「新しい人権」は一つも書かれていないのである。「国を主語とした人権規定」とは、本来の人権とはおよそかけ離れたものであり、形容矛盾もいいところなのである。

　ここでは、環境保護について一言だけ指摘しておけば、改憲草案の規定が環境権を国民の人権として保障したものでないことは明白であろう。たしかに、環境権については、果たして国民個々人の権利として保障すべきか否かについ

ては従来さまざまな議論がなされてきた。ドイツでも、そのような議論の結果として導入されたのが、「国は、将来世代に対する責任を果たすためにも、憲法的秩序の枠内で立法を通じて、または法律及び法の基準に従って執行権及び裁判を通じて、自然的生存基盤(die natürlichen Lebensgrundlagen)及び動物を保護する」(20a条)という憲法条項である。そのことを踏まえれば、改憲草案のような規定も一つの考え方として成り立ち得るが、しかし、留意しなければならないのは、それは決して「新しい人権」といえるようなものではないということである。[45] 改憲草案のような規定を直接の根拠として、国民が国または企業に対して環境破壊を理由として差止めなどの請求をした場合に、そのような訴えが認められる可能性は少ないことをきちんと認識しておくべきであろう。

いずれにしても、改憲草案が「新しい人権」と称しているものは、どれも言葉の本来の意味での「人権」として規定されているわけではないのである。それをあたかも新しい「人権」であるかのように見せかけて喧伝するところにも、改憲草案の不誠実さが見て取れるように思われる。

5 緊急事態条項

1 「震災便乗型」の改憲論

改憲草案は、第九章を「緊急事態」と題して、緊急事態に関する2箇条の規定を設けている。このような規定を設けた理由について、「Q&A」は、つぎのように述べている。「国民の生命、身体、財産の保護は、平常時のみならず、緊急時においても国家の最も重要な役割です。今回の草案では、東日本大震災における政府の対応の反省も踏まえて、緊急事態に対処するための仕組みを、憲法上明確に規定しました」(32頁)。

「Q&A」は、このように述べて、東日本大震災における政府の対応のまずさをあたかも憲法に緊急事態に関する規定がないことによるかのような書き方をしているが、しかし、それは明らかに誤った、為にする議論というべきと思われる。東日本大震災において復旧・復興がはかどらず、現在においてもなおはかどっていないのは、政府が、被災地住民のことを真剣に考えて、その復旧・復興を第一義的な任務として対応することを怠ってきたからであって、憲法に

改憲草案のような緊急事態条項がないことによるものでは決してないのである。大震災などの自然災害における国や自治体の対処措置などについては災害対策基本法や災害救助法などの法律があるが、これらの法律にも改善すべき点が少なからずあったにもかかわらず、それらは改善されてこなかったし、また、これら法律の下での対応も後手後手に回ったという問題があったのである。それを現行憲法のせいにすることは、政府自身の失政を覆い隠す意味合いをももっている。これは、まさに、「震災便乗型」の改憲論といってもよいのである。

2 「緊急事態」の意味・手続・効果

　改憲草案は、98条1項で、「緊急事態」の定義を「我が国に対する外部からの武力攻撃、内乱等による社会秩序の混乱、地震等による大規模な自然災害その他の法律で定める緊急事態」としているが、このような定義は、あまりにも包括的で、またあいまいである。例えば、「内乱等による社会秩序の混乱」の中に一体なにが含まれるのか、「等」もあるので、まったく定かではない。1960年の安保闘争では自衛隊が治安出動する危険性もあり、それはからくも回避されたが、改憲草案のような定義に照らせば、そのような事態においては「国防軍」が出動して民衆に銃口を向ける公算は高いと思われる。また、そもそも、外部からの武力攻撃がある事態と地震などの大規模な自然災害が発生した事態とでは、事態の性質が違うにもかかわらず、それらをひとまとめにくくって「緊急事態」とすること自体に問題が存するといえるのである。しかも、「その他の法律で定める緊急事態」になにが含まれるかは、文字通り法律に委ねられている。これでは、わざわざ憲法で「緊急事態」の定義をする意味は半減してしまうといってよいであろう。

　改憲草案の98条1項によれば、内閣総理大臣は、上記のような「緊急事態」において、「特に必要があると認めるときは、法律の定めるところにより、閣議にかけて、緊急事態の宣言を発することができる」とされている。そして、同条2項によれば、「緊急事態の宣言は、法律の定めるところにより、事前又は事後に国会の承認を得なければならない」とされている。このような規定に関して問題というべきは、とりわけ外部からの武力攻撃事態に際して、国会の

事前承認が憲法上の要請とはされていないということである。現行の自衛隊法においてさえも、防衛出動命令を内閣総理大臣が発する場合には、国会の事前承認が原則とされているにもかかわらず、改憲草案は、それよりもさらに後退している。このような規定を、「Q&A」は「国会による民主的統制の確保の観点」(33頁)から設けたとしているが、これでは国会による民主的統制を確保することは困難であろう。

しかも、さらに重大な問題というべきは、改憲草案の99条1項によれば、「緊急事態の宣言が発せられたときは、法律の定めるところにより、内閣は法律と同一の効力を有する政令を制定することができるほか、内閣総理大臣は財政上必要な支出その他の処分を行い、地方自治体の長に対して必要な指示をすることができる」とされていることである。これは、内閣に緊急政令制定権や緊急財政処分権を認めた規定であり、明治憲法の緊急勅令(8条)や緊急財政処分(70条)に準じたものといってよい。しかし、内閣にこのような広範な立法権や財政処分権を付与することは、国権の最高機関であり、国の唯一の立法機関である国会の権能を著しく弱体化させるものであって、大問題といえよう。

例えば、ドイツでは、1968年に緊急事態条項を憲法に導入する場合の最大の問題点の一つは、緊急事態において議会の優位をいかに確保するかであった。[48] ワイマール憲法48条では、大統領に非常大権が与えられていて、そのことが大統領独裁をもたらす憲法上の要因となったことに対する反省を踏まえて、ボン基本法では、大統領や首相に緊急事態に際しても立法権限を付与することは避けるべきであるという意見が強く出されて、最終的には、緊急事態においても立法権は議会に留保されるような規定になったのである。もちろん、突発的な戦争事態においては、議会が開催され得ないような場合もあり得るということを踏まえて、ボン基本法(53a条)は、議会に変わる合同委員会の設置を規定した。しかし、この合同委員会は、連邦議会議員と連邦参議院議員から構成されるものであって、連邦政府とは別個の組織なのである。このような組織をあえて作ったことにも、たとえ緊急事態といえども、立法権を行政権に委ねてはならないという考え方が貫かれているのである。改憲草案は、この点で、いかにも安易に明治憲法に回帰するような規定を設けているのである。

3 緊急事態における指示服従義務

　改憲草案の99条3項は、「緊急事態の宣言が発せられた場合には、何人も、法律の定めるところにより、当該宣言に係る事態において国民の生命、身体及び財産を守るために行われる措置に関して発せられる国その他公の機関の指示に従わなければならない」と規定している。しかし、このような包括的な義務規定は、詳細な緊急事態条項を規定したドイツの基本法においても存在しないものであり、「緊急事態」という名の下に国民の基本的人権を大幅に制限するものであって、到底支持できるものではないと思われる。たしかに、国民が服従すべき国などの措置は、「国民の生命、身体及び財産を守るために行われる措置」とされているが、しかし、これが限定的な意味をもっているのかといえば、決してそうではなく、その詳細は法律に丸投げされているのである。

　しかも、この規定によれば、「緊急事態」の種類の如何にかかわらず、具体的にどのような指示が発せられても、国民は、それに従わなければならないのである。例えば、「内乱等による社会秩序の混乱」が生じたとして「緊急事態」の宣言がなされた場合に労働者がストライキを行うことは、この規定によっておそらくは禁止される公算が高いであろう。ドイツでは、そのような場合にも、労働組合が行う争議行為は保障されている（9条3項）ことと対照的である。

　たしかに、改憲草案の99条3項は、上記のような規定の後に、「この場合においても、第14条、第18条、第21条その他の基本的人権に関する規定は、最大限に尊重されなければならない」と規定しているが、このような規定があるからといって、これらの人権が「緊急事態」において保障されるという保証はまったくないのである。ちなみに、「Q＆A」は、この点について、つぎのように述べている。「『緊急事態であっても、基本的人権は制限すべきではない』という意見もありますが、国民の生命、身体及び財産という大きな人権を守るために、そのために必要な範囲でより小さな人権がやむなく制限されることもあり得る」(35頁)。

　これによれば、「国民の生命、身体及び財産」が「大きな人権」とされており、したがって、それ以外の人権、例えば、表現の自由や知る権利、さらには生存権などは「小さい人権」として制限されてしまう可能性が大きいようである。まさに、「緊急事態」においてこそ、これらの人権は、国民の生命、身体の自

由と同様に保障されなければならないはずであるにもかかわらずである。なお、改憲草案の99条3項では最大限尊重されなければならない人権の中には、29条（財産権）は列挙されてはいないが、「Q&A」では財産権は「大きな財産」の中に含まれている。このこと自体は小さな問題であるといえなくもないが、大きな人権と小さな人権の違いについて改憲草案の起草者達がいかにいい加減に考えているかを示す一証左ともいえるのである。

6　憲法改正条項の改悪

1　浮上して消えた96条改憲先行論

現行憲法96条1項は、「この憲法の改正は、各議院の総議員の三分の二以上の賛成で、国会が、これを発議し、国民に提案してその承認を経なければならない。（以下、略）」と規定している。これに対して、改憲草案は、「三分の二以上」の賛成を「過半数」の賛成に変更するなどの提案をつぎのようにしている。「この憲法の改正は、衆議院又は参議院の議員の発議により、両議院のそれぞれの総議員の過半数の賛成で国会が議決し、国民に提案してその承認を得なければならない。この承認には、法律の定めるところにより行われる国民の投票において有効投票の過半数の賛成を必要とする」（100条1項）。

この憲法改正条項が単独で改憲の争点になったのが、2013年の春から夏にかけてであった。その前年の2012年12月の衆議院選挙において自民党は圧勝して民主党政権に代わって、安倍第二次内閣が誕生した。また、この選挙の結果、自民党などの明文改憲を掲げる三政党を併せると、改憲に必要な三分の二を超えることになった。そこで、安倍首相が打ち出してきたのが、憲法96条改憲先行論であった。

安倍首相は、「国民の多数が改憲に賛成しているのに、国会の三分の一の反対で改憲が阻止されるというのはおかしい」といった論理で96条の改憲を主張したが、ただ、このような96条改憲先行論は、国民の間で少なからざる批判を浴びることになった。連立政権を担う公明党も慎重姿勢を崩さなかったし、世論調査でも慎重論が多数だった。しかも、96条改憲先行論に対しては、「ゲームの途中でルールを変更するのはフェアでない」とか、「裏口入学を認めるよ

うなもの」といった批判が出され、また研究者などを中心として「96条の会」(樋口陽一代表)が作られたりした。そして、そういった批判が国民の間でも支持を広げていったのである。このような中で行われた2013年夏の参議院選挙で自民党は勝利を収めたが、ただ、明文改憲を掲げる政党で三分の二の議席を獲得するまでには至らなかった。こうして、安倍内閣としては、96条改憲先行論を打ち出してもすぐにそれを実現することはできなくなり、96条改憲先行論を事実上引っ込めざるを得なくなったのである。

　ただ、自民党としては、そのことで、96条の改憲そのものについてあきらめたわけではなかった。そのことは、改憲草案には、上記のように、96条の改憲が掲げられて、現在に至っていることによっても示されている。ちなみに、「Q&A」は、96条を改定する理由をつぎのように述べている。「現行憲法は、……世界的に見ても、改正しにくい憲法となっています。憲法改正は、国民投票に付して主権者である国民の意思を直接問うわけですから、国民に提案される前の国会での手続を余りに厳格にするのは、国民が憲法について意思を表明する機会が狭められることになり、かえって主権者である国民の意思を反映しないことになってしまうと考えました」(36頁)。しかし、このような理由は正当な根拠があるとは到底いえないと思われる。以下には、まず諸外国の憲法改正手続について簡単に言及して、その後で、改憲草案の問題点を検討することにする。

2　諸外国の憲法改正条項との比較

　諸外国の憲法改正条項に関してまず指摘されるべきは、大多数の国では、憲法改正のための議会の発議(又は議決)は特別多数を要するとしているということである。したがって、その点で、日本の現行憲法の憲法改正手続が厳しすぎるという批判は決して当たらないのである。しかも、改憲手続が日本に比較して勝るとも劣らないほどに厳しい国もいくつかあるのである[51]。

　例えば、アメリカ合衆国憲法5条は、憲法改正についてつぎのように規定している。「合衆国議会は、両議院の三分の二が必要と認めるときは、この憲法の修正を発議する。また、全州の三分の二の州の議会からの要請があるときは、合衆国議会は憲法改正を発議する憲法会議を招集しなければならない。い

第5章　自民党の改憲草案がめざすもの　207

ずれの場合においても、全州の四分の三の州の議会または四分の三の州の憲法会議が承認したときに、憲法修正は、この憲法と一体をなすものとして成立する。(以下、略)」。アメリカでは、第二次大戦後6回ほどの憲法改正がなされたが、上記の改正条項そのものは、1788年の憲法制定以来今日まで220年以上の間、一度も改正されなかったのである。

また、韓国憲法の場合は、憲法改正のためには、国会の在籍議員の三分の二以上の賛成を得た上で国民投票に付せられ、国民投票で有権者の過半数の投票と投票者の過半数の賛成を得なければならないとされている(130条)。憲法上、最低投票率が定められている点で、日本国憲法96条よりも厳しいものになっているのである。

さらにフィリピン憲法の場合には、議会の総議員の四分の三の多数 (または有権者の12％の請願による国民発案) によって改憲の発議がなされた場合には、国民投票にかけられ、国民投票の過半数の賛成で憲法改正がなされるようになっている (17条)。[52]

また、スペイン憲法では、憲法の全面改正、国民主権や基本的権利及び自由等の改正に際しては、両議院議員のそれぞれ三分の二以上の多数の議決があった場合には、一旦その議会は解散される。そして、新たに選出された両議院で再度三分の二以上の多数の議決がなされた後に国民投票に付されて、そこで多数の賛成が得られて初めて憲法は改正されることとされている (168条)。議会での再度の熟議を要請している点で、日本よりもはるかに厳しいものとなっているのである。

なお、憲法改正が多くなされてきた国としてしばしばドイツが挙げられるが、ドイツの場合にも、憲法改正には、連邦議会議員の三分の二及び連邦参議院の票決数の三分の二以上の多数の賛成が必要とされている (ボン基本法79条)。にもかかわらず多くの改正がなされてきたのは、主として、①第二次大戦後の東西ドイツの分断に伴う改正及びその再統一に伴う改正、②連邦制に伴う改正、③EUへの加盟に伴う改正などがなされたことによる。[53] ちなみに、ドイツにおいて憲法改正に際して国民投票制が採られていないのは、ワイマール憲法の国民投票制度をナチスが悪用したという苦い体験を踏まえているからである。日本との単純な比較はできないのである。

3　96条改憲論の問題点

(1)　**国民主権のご都合主義的援用**　「Q&A」は、国民の意思をできるだけ容易に問うことができるようにすることが国民主権にかなうとしているが、しかし、このように国民主権を口実とする96条の改正要件の緩和論は、国民主権のご都合主義的な援用というべきと思われる。そもそも、自民党の改憲草案は、天皇を元首と規定するなど国民主権を形骸化する内容となっている。そのような改憲案を一方で出しながら、96条の改正については国民の意思を尊重するような言い方をするのは、国民を欺く議論というべきであろう。また、自民党や維新の会などは、これまで、原発問題の住民投票や、重要事項に関する国民投票制度に関して消極的な対応をとってきた。そのような人達が、憲法改正についてだけ国民投票の必要性を強調するのは、ご都合主義もいいところであろう。

また、現行憲法96条2項は「憲法改正について前項の承認を経たときは、天皇は、国民の名で、この憲法と一体を成すものとして、直ちにこれを公布する」と規定しているが、改憲草案は、「国民の名で、この憲法と一体を成すものとして」の個所を削除しているのである。この点について、「Q&A」はなにも述べていないが、礒崎HPは、この部分は、「意味不明の規定であることから、削除しています」と述べている(13頁)。しかし、「国民の名で」という言葉がどうして「意味不明」なのであろうか。これこそ、主権者国民が憲法の改正についても決定したことを示している言葉ではないであろうか。

さらに、この点で見過ごすことができないのは、改憲草案が定める国民投票では、「有効投票の過半数の賛成」で改憲が成立することになっている点である。韓国のような最低投票率制度もないのである。極端なことをいえば、有権者の30％の有効投票で過半数の賛成、つまり全有権者の15％を超える賛成があれば改憲が成立してしまうのである。これでは、主権者国民の意思を反映させたことにはならないであろう。

(2)　**憲法の最高法規性を損なう96条改憲**　そもそも、憲法は、人権の不可侵性を規定し、権力を制限することを定めた国の最高法規である。そして、そのような憲法の最高法規性を手続的に担保するのが、現行憲法96条である。96条は、国会の発議要件を「各議院の総議員の三分の二以上の賛成」とし、さらに国民投票制度を規定しているが、両者は、憲法の最高法規性を担保するために

共に必要とされているのである。この点、清宮四郎もつぎのようにいっている。「両者は、……それぞれ、特別の存在意義をもつものである。改正行為の第一段階たる発議は、国民自身よりもむしろ国民代表たる国会が担当するほうが適切と認められるので、国会に託される。さればといって、改正の究極の決定までも国会に委せるわけにはいかない。ここに国民が登場する理由がある」[54]。

憲法の改正が国会議員の過半数で発議できるようになったら、どういうことになるのであろうか。その場合には、憲法は通常の法律とあまり大差がなくなるように思われる。ちなみに、日本国憲法は、つぎの四つの場合に、出席議員の三分の二以上の多数を必要としている。①議員の資格争訟で議員の資格を剥奪する場合 (55条)、②会議を非公開にする場合 (57条2項)、③議員を除名にする場合 (58条2項)、④衆議院と参議院で異なった議決をした法律案を衆議院で再議決して法律とする場合 (59条2項)。憲法の改正のための国会の発議がこれらよりも容易であってよいはずはないのである。憲法が国会や国民の過半数で頻繁に改正されたら、国としての法的な安定性も欠くことになるし、憲法の最高法規性は危うくなるであろう。そうならないためには、国会での広範なコンセンサスを踏まえた上で国民投票にかけることが必要なのである。

他方で、国民投票も、それだけでは憲法の最高法規性を担保することにはならない点にも留意する必要があるであろう。例えば憲法95条が規定している地方自治特別法は国会での法律としての議決の他に「その地方公共団体の住民の投票においてその過半数の同意」を必要としているが、地方自治特別法は、法律に上位する最高法規でもなんでもない。国民 (住民) 投票は、それ自体としては、最高法規性を担保することにはならないのである。

しかも、国民投票といえどもオールマイティーではなく、主権者国民もしばしば間違いをおかすことは、かつてのナチスの時代に遡るまでもなく、日本でも近年の郵政選挙などを想起すればよいであろう。国民の多数意思が間違いをおかさないようにするためにはどうしたらよいのか。そのためにこそ、国会での十分な「熟議」とそれを踏まえた三分の二以上の「特別多数」による発議が必要なのである[55]。そのような「熟議」と「特別多数」によって初めて改憲問題について主権者国民が適切な判断を下すための土俵が設定されるのである。

(3) **憲法改正権の限界を超える96条改憲**　96条の改正に関しては、そもそも96

条の改正手続によって96条自体を改正することができるのかという問題もある。この問題に関して学説の多数は、96条の改正手続の根本は改正できないとしている。その根拠としては、つぎの三つほどが挙げられている。

　まず第1は、従来の有力説で、憲法制定権力に根拠を求める見解である。例えば、清宮はつぎのようにいう。「改正規定は、憲法制定権にもとづくものであって、憲法改正権にもとづくものではなく、改正権者が自身の行為の根拠となる改正規定を同じ改正規定にもとづいて改正することは、法理論的に不可能であるばかりでなく、改正権者による自由な改正を認めることは、憲法制定権と憲法改正権との混同となり、憲法制定権の意義を失わしめる結果となる」[56]。また、芦部信喜もつぎのようにいう。「改正手続規範は、制憲権が直接に改正機関を制度化し、その権限ならびに行使の方法を定めたものである。したがって、改正機関が自己の権限と手続の根拠・原則をみずから自由に改めることを是認するのは、改正権による制憲権の権力の簒奪を容認することであり、理論上許されないと考えるのが正当であろう」[57]。

　第2は、憲法の改正手続を改憲草案のように変更することは憲法がよって立つ立憲主義の観点から許されないとする見解である。樋口陽一は、この立場に立って、つぎのようにいう。「問題群の根本にあるのは、つぎのような選択である。要するに、憲法の存在理由の核心が権力の制限にあるということ、『主権者である国民』が行使する権力をも制限するものだということ、それをどれだけ強く——あるいは弱く——制度化するのか」[58]。

　第3は、憲法の同一性の確保の観点から96条の根本を改正することは許されないとする見解である。この見解をとる高見勝利は、つぎのように述べる。「この（＝硬性憲法から軟性憲法への）変更は、憲法の基本的性格の変化、憲法の同一性（アイデンティティー）の喪失という重大な結果を招くことを意味するものであるがゆえに、当該憲法にとっては革命もしくはクーデタに匹敵するような法外または論外の行為と目される」[59]。

　以上のような見解の中で、私自身は、従来の有力説の立場に立って、憲法制定権力の下に憲法改正権があるのだから、より上位の憲法制定権力をより下位の憲法改正権がひっくり返すことはできないという形で説明してきたが[60]、いずれの説明の仕方をするかは、理論的にはむつかしいところであろう。ただ、い

第5章　自民党の改憲草案がめざすもの　211

ずれに見解をとっても、96条によって96条の根幹を変更することは認められないとする点では学説はほぼ一致していることは確認しておいてよいであろう。たしかに、その場合にも、96条の改正が一切許されないのかといえばそうではなく、「国会の議決における『硬性』の度合いをいくぶん変更したりする程度の改正は、改正権者の意志に委せられている」とも解されている。しかし、国会の発議要件を三分の二から過半数に改正することは、硬性憲法の実質を喪失させることになるので、改正権の限度を超えて許されないといわなければならないであろう。そのような改憲は、「立憲国家としての日本の根幹に対する反逆であり『革命』にほかならない」ともいえるのである。

7 小　結

　以上、自民党の改憲草案の概要を検討してきた。このような検討によって明らかになったと思われるのは、改憲草案は、日本国憲法の基本原理である国民主権、平和主義、そして基本的人権尊重の全面にわたって改変を企てて、日本を「天皇を戴く国家」、「戦争ができる軍事大国」にしようとしているということである。そのような国家体制の下では、基本的人権も「公益及び公の秩序」の名の下に大幅に制限され、立憲主義もないがしろにされてしまうのである。

　グローバル化が否応なしに進行している21世紀の今日において、かつての明治憲法的な国家体制への回帰ともみえるこのような憲法改変をめざすのは、一体どうしてなのか。その理由の一つは、グローバル化が進行している時代だからこそ逆に日本の国家的な一体性（アイデンティティー）を確保する（「日本をとり戻す」）必要性を改憲草案の起草者達は感じているからであると思われる。「天皇を戴く国家」はまさにそのような趣旨で構想されているのである。ただ、改憲草案をそのような復古主義的な発想だけで捉えることはできないことも確かであろう。

　改憲草案が「戦争ができる軍事大国」をめざしているのは、新自由主義的な経済のグローバル化に伴って、海外に展開する市場を軍事的にも確保することが必要かつ有用だと考えているからであることも確かと思われる。アメリカがまさにそうであるように、日本もアメリカと協力しつつ、グローバル市場を軍

事的にも確保することが必要であり、かつ有意義である（「シーレーン防衛」論）と改憲草案の起草者達は考えているのである。そして、そのためには、現行憲法の「戦争をしない平和国家」の理念は明らかに桎梏となっているのである。

しかし、そのようにめざされている「天皇を戴き、戦争ができる軍事大国」が、果たして、日本国民にとって真に自由と平和をもたらすものとなるのかといえば、答えは、否であろう。また、そのことがアジアを含む国際社会の平和的な秩序の維持形成に役立つことになるのかといえば、答えは、否であろう。そのためには、このような改憲草案とは異なった発想を現行憲法に即してもつことが必要であると思われる。そのことを、次章では、東アジアの現況を踏まえて検討することにする。

1）　自民党のHP参照。
2）　2005年の自民党の「新憲法草案」の問題点については、さしあたり、拙著『改憲問題と立憲平和主義』（敬文堂、2012年）148頁参照。
3）　2012年の改憲草案については、奥平康弘・愛敬浩二・青井未帆編『改憲の何が問題か』（岩波書店、2013年）、樋口陽一『いま、憲法改正をどう考えるか』（岩波書店、2013年）、内田雅敏『天皇を戴く国家』（スペース伽耶、2013年）、上脇博之『自民改憲案 vs 日本国憲法』（日本機関紙出版センター、2013年）、伊藤真『憲法は誰のもの？』（岩波ブックレット、2013年）、青井未帆『憲法を守るのは誰か』（幻冬舎、2013年）、清水雅彦『憲法を変えて「戦争のボタン」を押しますか？』（高文研、2013年）、梓澤和幸・岩上安身・澤藤統一郎『前夜』（現代書館、2013年）、法律時報編集部編『法律時報増刊・「憲法改正論」を論ずる』（日本評論社、2013年）、渡辺治『安倍政権と日本政治の新段階』（旬報社、2013年）、自由人権協会編『改憲問題Ｑ＆Ａ』（岩波ブックレット、2014年）、辻村みよ子『比較の中の改憲論』（岩波新書、2014年）、京都憲法会議監修『憲法「改正」の論点』（法律文化社、2014年）、横田耕一『自民党改憲草案を読む』（新教出版社、2014年）、民主主義科学者協会法律部会編『法律時報増刊・改憲を問う』（日本評論社、2014年）など参照。
4）　立憲主義の意味については、さしあたり拙著・前掲注（2）187頁以下参照。
5）　「押しつけ憲法」論については、さしあたり拙著・前掲注（2）61頁以下参照。
6）　改憲草案の前文のこのような問題点については、横田・前掲注（3）28頁以下及び佐々木弘通「憲法の前文──自民党『日本国憲法改正草案』を検討する」奥平ほか編・前掲注（3）133頁以下参照。
7）　清宮四郎『憲法Ⅰ（第三版）』（有斐閣、1979年）186頁及び芹沢斉・市川正人・阪口正二郎編『新基本法コンメンタール・憲法』（日本評論社、2011年）25頁（芹沢執筆）。
8）　芹沢ほか編・前掲注（7）25頁参照。
9）　政府見解については、阪田雅裕編著『政府の憲法解釈』（有斐閣、2013年）244頁参照。
10　清宮・前掲注（7）186頁は、「現行憲法のもとでは、元首的役割が内閣と天皇とに分け

与えられていて、どちらも、その限りでは国を代表するが、元首と呼ぶのは無理である。したがって、現在の日本には元首の名に値する者はいないというべきであろう」とする。結論的には、私もこの見解が妥当だと考える。

11) 天皇の戦争責任については、内田・前掲注(3) 16頁以下参照。なお拙稿「天皇の戦争責任」横田耕一・江橋崇編『象徴天皇制の構造』(日本評論社、1990年) 241頁参照。

12) 私見については、山内敏弘・古川純『憲法の現況と展望(新版)』(北樹出版、1996年) 426頁参照。

13) 愛敬浩二「憲法尊重擁護義務と国民」奥平ほか編・前掲注(3) 257頁は、「『元首』である天皇が憲法擁護義務を免れるという制度設計はありえないから、天皇については、……『その他の公務員』に含めれば、足りると判断したと解釈するほかない」としているが、それは、改憲草案に対する皮肉を込めた言い方なのであろう。現実には、改憲草案はそういう「制度設計」をしているのである。

14) 奥平康弘「自民党『日本国憲法改正草案』と天皇」奥平ほか編・前掲注(3) 66頁。

15) 改憲草案は、「安全保障」という言葉を、軍事的安全保障に限定するという、今日では時代遅れの安全保障観に立っている点も問題とされよう。この点については、青井未帆「9条改憲を考える」奥平ほか編・前掲注(3) 172頁。

16) 浦田賢治「ハーグ市民社会会議の憲法学的課題」杉原泰雄先生古稀記念論文集刊行委員会編『二一世紀の立憲主義』(勁草書房、2000年) 225頁。

17) ノルウェーのオスロ国際平和研究所は、2014年のノーベル平和賞の候補の1位に憲法9条をあげていた。結果は外れたが、しかし、このことは、憲法9条が国際的にも広く支持されていることを示している(朝日新聞2014年10月9日)。

18) さしあたり、拙著『平和憲法の理論』(日本評論社、1992年) 83頁参照。

19) 拙著・前掲注(2) 159頁参照。

20) 豊下樽彦・古関彰一『集団的自衛権と安全保障』(岩波新書、2014年) 140頁。

21) ただし、改憲草案は、現行憲法の9条1項を「日本国民は、正義と秩序を基調とする国際平和を誠実に希求し、国権の発動としての戦争を放棄し、武力による威嚇及び武力の行使は、国際紛争を解決する手段としては用いない」と変更して、「放棄する」のは、戦争のみとして、武力による威嚇及び武力の行使は、国際紛争を解決する手段としては「用いない」と改めている。武力の行使を「用いない」というのは日本語として奇異に響く点は措くとしても、現行憲法の9条2項を削除することに伴って、1項の意味は大きく変えられてしまっているのである。

22) 閣議決定による集団的自衛権行使の容認については、拙稿「集団的自衛権容認の閣議決定の問題点」龍谷法学47巻3号(2015年) 161頁(本書第3章所収)参照。

23) この点については、拙稿「憲法九条と集団的自衛権」獨協法学91号(2013年) 11頁(本書第1章所収)参照。

24) 軍事審判所の問題点については、豊下・古関・前掲注(20) 144頁および安達光治「『軍事審判所』の意義と理論的・実際的問題点」民主主義科学者協会法律部会編・前掲注(3) 80頁参照。

25) 第二次大戦前の軍法会議の実態については、花園一郎『軍法会議』(新人物往来社、1974年) 及びNHK取材班・北博昭『戦場の軍法会議』(NHK出版、2013年) 参照。

26) ドイツのボン基本法96条 2 項については、see, H.Dreier (Hsg.), *Grundgesetz Kommentar, Bd.III (2.Aufl.)* (Mohr Siebeck, 2008), S.560ff. なお、水島朝穂『現代軍事法制の研究』（日本評論社、1995年）149頁も参照。
27) 最近の平和への権利についての国際的動向については、笹本潤・前田朗編『平和への権利を世界に』（かもがわ出版、2011年）、平和への権利国際キャンペーン・日本実行委員会編『平和への権利』（合同出版、2014年）参照。
28) 芦部信喜（高橋和之補訂）『憲法（第五版）』（岩波書店、2011年）12頁は、「97条は、硬性憲法の建前（96条）、およびそこから当然に派生する憲法の形式的最高法規性（98条）の実質的な根拠を明らかにした規定である」としている。
29) 例えば、最近では、安倍首相が国際法曹協会の大会で「法の支配」を語ったことについては、内山宙「『法の支配』を語る安倍首相の支離滅裂」世界2014年12月号29頁参照。
30) http://www17.ocn.ne.jp/~isozaki/kenpoukaiseisouankaisetsu.html
31) 夏目漱石「私の個人主義」『漱石文明論集』（岩波文庫、1986年）97頁。
32) ボン基本法 1 条の「人間の尊厳」については、see, v.Mangoldt/Klein/Starck, *Bonner Grundgesetz, Bd.1* (Verlag Franz Vahlen, 1999) S.30ff.
33) 宮沢俊義『憲法Ⅱ（新版）』（有斐閣、1971年）229頁以下及び芦部・前掲注（28）98頁以下参照。
34) 樋口・前掲注（3）101頁参照。
35) なお、新設の責務・義務規定については、本章の該当箇所で検討しているが、地方自治分担義務（92条 2 項）についてだけここで注記すれば、それは、「住民は、その属する地方自治体の役務を等しく受ける権利を有し、その負担を公平に分担する義務を負う」とするものである。わざわざ憲法にこのような住民の義務の規定を明記するところに「地方自治の本旨」及びその一環としての住民自治についての改憲草案の起草者の本音が示されているように思われる。
36) 拙著・前掲注（2）138頁参照。
37) 阪口正二郎「自民党改正草案と憲法尊重擁護義務」法律時報編集部編・前掲注（3）105頁以下及び愛敬浩二「憲法尊重擁護義務と国民」奥平ほか編・前掲注（3）253頁参照。
38) この点については、拙著・前掲注（2）113頁。
39) この点については、井口秀作「最高法規・憲法改正手続」民主主義科学者協会法律部会編・前掲注（3）134頁参照。
40) 改憲草案は、現行憲法22条 1 項が、「何人も、公共の福祉に反しない限り、居住、移転及び職業選択の自由を有する」と規定しているのを、「何人も、居住、移転及び職業選択の自由を有する」と改めて、「公共の福祉」を削除している。
41) 毎日新聞2014年12月10日夕刊および東京新聞2015年 1 月26日。
42) 世界人権宣言との関連については、若尾典子「家族」民主主義科学者協会法律部会編・前掲注（3）98頁参照。
43) 諸外国における外国人の地方参政権については、自由人権協会編・前掲注（3）38頁以下参照。
44) この点については、さしあたり、樋口陽一・山内敏弘・辻村みよ子・蟻川恒正『新版・憲法判例を読みなおす』（日本評論社、2011年）49頁（山内執筆）参照。

45) 環境権をめぐる問題については、拙著・前掲注 (2) 183頁参照。
46) なお、現行憲法は、大震災のような不測の事態に対応する措置をまったく講じていないのではなく、参議院の緊急集会 (54条2、3項) などの規定を設けている点については、拙著・前掲注 (2) はしがきv参照。
47) 改憲草案の緊急事態条項の問題点については、水島朝穂「緊急事態条項」奥平ほか編・前掲注 (3) 185頁、村田尚紀「明文改憲構想における平和主義の破壊と国家緊急権の新設」民主主義科学者協会法律部会編・前掲注 (3) 74頁、及び纐纈厚『集団的自衛権容認の深層』(日本評論社、2014年) 195頁参照。
48) ドイツの緊急事態法制については、さしあたり、拙著『立憲平和主義と有事法の展開』(信山社、2008年) 263頁以下参照。
49) 読売新聞2013年4月16日など参照。
50) 朝日新聞の世論調査 (2013年5月2日掲載) でも、96条改憲論に賛成は38%で、反対は54%であった。
51) 改正手続に関する諸外国の憲法規定については、辻村みよ子『比較のなかの改憲論』(岩波新書、2014年) 34頁以下、及び国立国会図書館調査及び立法考査局『硬性憲法としての改正手続に関する基礎的資料』衆憲資24号 (2003年) 参照。
52) なお、フィリピン憲法の場合には、議会の総議員の三分の二以上の投票により憲法会議を招集する方法も規定されている (17条3節)。
53) ドイツの改憲の事例については、高田敏・初宿正典編訳『ドイツ憲法集 (第五版)』(信山社、2007年) 308頁参照。
54) 清宮・前掲注 (7) 407頁。
55) 長谷部恭男「改憲発議要件の緩和と国民投票」全国憲法研究会編『法律時報増刊・続・憲法改正問題』(日本評論社、2006年) 8頁参照。
56) 清宮・前掲注 (7) 411頁。
57) 芦部信喜『憲法制定権力』(東京大学出版会、1983年) 55頁。
58) 樋口・前掲注 (3) 118頁以下。
59) 高見勝利「憲法改正規定 (憲法96条) の『改正』について」奥平ほか・前掲注 (3) 88頁。
60) 拙著・前掲注 (2) 54頁参照。
61) 清宮・前掲注 (7) 412頁。
62) 石川健治「96条改正という『革命』」朝日新聞2013年5月3日。
63) 渡辺治・岡田知弘・後藤道夫・二宮厚美『〈大国〉への執念』(大月書店、2014年) 参照。

第6章

東アジアにおける平和の条件と課題

1 はじめに

　第二次大戦が終結してから2015年で70周年を迎えたが、日本を取り巻く東北アジア地域は、平和とは到底言い難い緊張状態に置かれている。一体どうしてそうなのか。その原因は、もちろん、日本の側にのみあるわけではないであろう。中国による軍事拡大と海洋進出がこの地域の緊張を高めていることは否定できないし、また北朝鮮の核開発の動きがこの地域の軍事的緊張をさらに高める要因となっていることは確かであろう。

　しかし、それでは、日本の側には、この地域での緊張状態について責任がないのかといえば、もちろんそうではない。というよりは、むしろ、緊張状態の少なからざる部分については、日本側の対応にも責任があるといってよいように私には思われる。

　あらためて指摘するまでもなく、日本国憲法は、第9条において、戦争放棄、戦力の不保持、交戦権の否認を規定したが、この平和憲法の理念は、歴代の政府の施策によって活かされてきたとは到底いえない状態にある。平和憲法の「不戦の誓い」は、従来からくも集団的自衛権行使の否認という歯止めによって維持されてきたが、安倍内閣は、2014年にそれすらも閣議決定によって破棄して、9条破壊への道を突き進もうとしている。

　それだけではない。安倍首相は、日本によるアジア諸国に対する侵略戦争と植民地支配という歴史的事実をもあいまいにして、中国などによる反対にもかかわらず靖国神社に参拝したりしている。このような誤った歴史認識や靖国参

拝を踏まえれば、現在の日本のアジア政策についても、信頼が置けないとアジア諸国の人達が警戒したとしても、不思議ではない。現在の東北アジア地域の緊張の大きな原因の一つが、このような日本側の誤った歴史認識などにあることは、否定できないと思われる。そうとすれば、そのような誤った歴史認識を克服して、平和憲法の理念に基づいた平和政策を東北アジアを含む国際社会で展開することこそが、この地域を含む国際社会の平和的秩序の確立のためにいま求められているように思われる。そこで、以下には、このような観点から現在懸案となっている若干の問題について私なりの考えを述べることにしたい。

2　誤った歴史認識の克服

1　侵略戦争の定義について

　安倍首相は、2012年12月30日、就任後まもなく、新聞社のインタビューに答えて、アジア諸国に対する侵略と植民地支配をわびた「村山談話」を見直す意向である旨を述べた（産経新聞12月31日）。首相は、2013年4月23日の国会での答弁でも、「侵略の定義については、学界的にも国際的にも定まっていない。それは、国と国の関係において、どちらの側からみるかによってちがう」と述べた。そして、安倍首相は、2013年12月26日には、靖国神社に「内閣総理大臣安倍晋三」と記帳して参拝した。しかし、このような参拝に対しては、中国や韓国などから強い批判を受けたのみならず、アメリカ政府からも、「日本の指導者が近隣諸国との緊張を悪化させるような行動をとったことに失望した（disappointed）」といった批判が出された。[1]

　「村山談話」については、その後、安倍首相も「歴代の内閣の立場を全体として引き継ぐ」といって軌道修正を図ったが、しかし、「侵略と植民地支配」の事実を安倍首相が明確に認めて謝罪したわけではなかった。「侵略の定義は国際的に定まっていない」という発言についても、その後撤回してはいないので、現在でもそのような捉え方をしていると思われる。しかし、このような発言は、事実認識としても明らかに誤ったものというべきであろう。

　なぜならば、1974年に国連総会では、「侵略の定義に関する決議」を行い、侵略の定義に関する国際的な合意を行ったし、日本もこれには賛成している。

この決議は、「侵略の具体的な行為」について列挙しているが、例えば、「一国の兵力による他国の領域への侵入もしくは攻撃、一時的なものであってもこのような侵入もしくは攻撃の結果として生じた軍事占領または武力の行使による他国の領域の全部もしくは一部の併合」は、「侵略」と見なされている。このような定義に照らせば、日本がアジア諸国に対して行った行為が侵略であったことは明らかであろう。それを自衛のための戦争とかアジア解放のための戦争として正当化することは到底できないのである。

　安倍首相は、「侵略の定義に関する決議」について、安保理事会が侵略行為があったかどうかを判断する際のいわば参考と理解していると答弁しているが（2013年5月8日）、しかし、この「侵略の定義」は、まさに国連総会で「国際的に定まった」ものであって、単なる参考資料ではない。

　それだけではない。2010年には国際刑事裁判所規程が改定されて、従来ペンディングとされてきた「侵略の罪」についての具体的な内容（8条の2）と管轄権など（15条の2）が定められた。この改定作業には日本も参加している。これによれば、「侵略の罪」の構成要件には、上記の「侵略の定義に関する決議」の中の「侵略の具体的行為」がそのまま採り入れられているのであり、この点からしても、「侵略の定義」は国際的に定まっているのである。[2]

　もっとも、この「侵略の罪」に関する条項は、現時点では裁判所はまだ管轄権を行使できず、これに批准した国は2015年4月現在で24カ国にとどまっているし、日本も批准していない。日本が未批准の理由は、今回の規程改正は現行ローマ規程の改正手続との関係で疑義が残ること、締約国間及び締約国と非締約国間の法的関係を複雑にすること、非締約国の侵略行為による侵略犯罪を必要以上に裁判所の管轄権行使の条件から外していること等にあるとされるが、[3]しかし、これらは、同規程を批准しない根本的な理由にはならないと思われる。むしろ、平和憲法をもつ日本としては、諸外国に率先してこの改正条項を批准するとともに、ドイツのように国内法上も、侵略行為を処罰する規定（形法典80条）を設けて、日本が侵略行為を絶対に行わないことを鮮明にすることが重要であろう。そうすることが、過去の歴史に対する反省を具体的にアジア諸国に対して示すことにもなるであろう。

2　靖国問題

　安倍首相は、靖国神社に参拝した日に「恒久平和への誓い」と題する談話を発表して、おおよそつぎのように参拝の趣旨を述べた[4]。「本日、靖国神社に参拝し、国のために戦い、尊い命を犠牲にされた御英霊に対して、哀悼の誠を捧げるとともに、尊崇の念を表し、御霊安らかなれとご冥福をお祈りしました。また、戦争で亡くなられ、靖国神社に合祀されない国内、及び諸外国の人々を慰霊する鎮霊社にも参拝いたしました」「日本は二度と戦争を起こしてはならない。私は、過去への痛切な反省の上に立って、そう考えます。戦争犠牲者の方々の御霊を前に、今後とも不戦の誓いを堅持していく決意を新たにしてまいりました」「靖国参拝については、戦犯を崇拝するものだと批判する人がいますが、私が参拝したのは、御英霊に政権一年の歩みと、二度と再び戦争の惨禍に人々が苦しむことの無い時代を創るとの決意をお伝えするためです」「中国、韓国の人々の気持ちを傷つけるつもりは、全くありません。人格を尊重し、自由と民主主義を守り、中国、韓国に対して敬意を持って友好関係を築いていきたいと思います」。

　しかし、このような説明は、中国などからする批判にきちんと答えたものとは到底いえないと思われる。そもそも靖国神社は、戦争で亡くなった人達のすべてを祀っている施設ではない。それは、天皇制政府のために戦って死亡した人達だけを「英霊」として祀っているのである。そして、そのことは、靖国神社の由来からしても明らかである。靖国神社のもとになったのは、1869年に創建された東京招魂社であるが、それは、戊辰戦争での官軍の戦死者を弔うために創建されたものであり、官軍以外の戦死者は祀られていなかった。また、西南戦争で明治政府に反対して戦った西郷隆盛や秩父蜂起で死亡した人達も合祀されなかった。東京招魂社は、1879年には靖国神社と改称されて、その後、日清戦争、日露戦争などで戦死した戦没者が合祀された。靖国神社は、当初は、内務省の管轄とされたが、その後、1887年からは陸海軍省の管轄とされた。つまり、宗教施設であると同時に軍事施設ともされたのである。誰を祭神として祀るかも、陸海軍省で決められ、陸海軍大臣の上奏に基づき天皇の裁可を経て決定された。その後、第一次大戦、アジア太平洋戦争などで戦死した兵士などを含めて、246万6532人の戦死者が「祭神」として祀られている。

第二次大戦の終わりまで、靖国神社は、「天皇のために戦死した者は、靖国神社に祀られる、そこには、天皇が親拝してくれる、だからいさぎよく戦い、戦死したら靖国で会おう」というように戦争鼓舞のための精神的支柱としての役割を果たしたのである。靖国神社は、第二次大戦後には、日本国憲法の政教分離原則の下で国家とは切り離された単一の宗教法人となったが、1959年にはBC級戦犯が合祀され、そして、1978年には東条英機などA級戦犯が合祀された。A級戦犯の人達は戦死したわけではなかったにもかかわらず、「昭和殉難者」として祀られたのである。

　このような靖国神社への首相の参拝が特別の政治的な意味をもつことは明らかであろう。それは、例えば、お正月に伊勢神宮に参拝することとはまったく異なった政治的意味をもっているのである。安倍首相は、靖国神社での参拝で「過去への痛切な反省の上に立って不戦の誓い」をしてきたというが、しかし、その反省がどのようなものであるかは、具体的にはなんら説明されていないのである。過去のアジア太平洋戦争が侵略戦争であったことに対する反省を込めて、「政府の行為によって再び戦争の惨禍が起こることのないようにする」ということをはっきり表明することが必要であったにもかかわらず、そのような反省は示されていないのである。しかも、見過ごすことができないのは、安倍首相は、「戦争犠牲者」の方々の御霊に「不戦の誓い」をしてきたと述べていることである。A級戦犯も「戦争犠牲者」とされているのである。ここには、A級戦犯を侵略戦争を指導した「戦争加害者」とする認識が基本的に欠如しているのである。

　また、安倍首相は中国や韓国の人達を傷つける気持ちはないというが、現実に中国や韓国などを侵略した人達を「英霊」として「尊崇の念」を表明しておいて、その行為には、中国や韓国の人達を傷つける気持ちはないといっても、それは通る話ではないであろう。

　さらに、「鎮霊社」は、1965年になって申し訳的に作られた小さな祠であるが、そこには、つぎのような言葉が掲げられている。「明治維新以来の戦争、事変に起因して死没し、靖国神社に合祀されぬ人々の霊を鎮める為、昭和40年7月に建立し万邦諸国の戦没者も共に鎮斉する」。しかし、ここには、具体的に誰が祀られているかも、不明確であり、そもそもそのことを明らかにしよう

とする気持ちもないと思われる。靖国神社の本殿では、「霊璽簿」に祀る人達の名前が記載されていることと著しい対照をなしている。いずれにしても、このような祠にも参拝したからといって、靖国神社に参拝したことの問題が解消されることにはならないのである。むしろ、「鎮霊社」への参拝は、靖国参拝を正当化するための隠れ蓑として利用されたにすぎないことに留意すべきであろう。

　また、安倍首相は、その著書で、アメリカ人研究者が靖国神社への閣僚参拝[6]をアーリントン墓地（奴隷制を擁護した南軍の兵士も埋葬されている）への大統領の参拝の例を引き合いに出して容認している一文を引用している。しかし、アーリントン墓地と靖国神社の違いは、アーリントン墓地には奴隷制の擁護が正しかったという記述は見られないのに対して、靖国神社は、「遊就館」の展示をみれば明らかなように、過去の15年戦争を「自存自衛の戦争」として、あるいは「アジア解放の戦争」として肯定する性格を基本的にもっている点にあるのである。そのような靖国神社に安倍首相は参拝して、Ａ級戦犯の人達を国のために戦った「英霊」として積極的に評価しているのである。ちなみに、アーリントン墓地は特定の宗教との結びつきはもたないし、また、靖国神社とは異なり、本人や遺族の意思を無視した形で祀るようなことはしていない点も指摘しておくべきであろう。

　なお、靖国神社に公式参拝することが、憲法の政教分離原則に違反するという問題があることはもちろんである。かつての中曽根内閣のときの靖国懇（「閣僚の靖国神社参拝問題に関する懇談会」）が参拝の形式を代えることで政教分離違反の問題が生じないとする見解を出して中曽根首相は参拝したことがあったが、しかし、宗教施設以外の何者でもない靖国神社に公式参拝することは、最高裁の目的効果論の立場に立ったとしても違憲と言わざるを得ないことは明らかであろう。[7]

3　東京裁判の問題

　靖国神社への首相などの公式参拝が国際問題となったのは、1978年にＡ級戦犯が合祀されて以来である。中国などが靖国神社への首相などの参拝を問題とするのも、そこにＡ級戦犯が合祀されているからである。したがって、こ

の問題は、結局のところは、Ａ級戦犯をどう評価するか、東条英機らをＡ級戦犯として裁いた東京裁判をどう評価するのかという問題に帰着することになる[8]。

　この問題について、安倍首相は、大略つぎのように述べている。「『Ａ級戦犯』とは極東国際軍事裁判＝東京裁判で、『平和に対する罪』や『人道に対する罪』という、戦争の終わったあとにつくられた概念によって裁かれた人たちのことだ。『Ａ級戦犯』の判決を受けても、のちに赦免された賀屋興宣は法務大臣になったし、また重光葵は外務大臣になった。そのことを批判されなかったのは、国内法ではかれらを犯罪者とは扱わないと国民の総意で決めたからである。戦犯は、国内法では犯罪者ではないので、恩給権は消滅していないし、戦傷病者戦没者遺族等援護法による遺族年金も支払われている。もし靖国参拝が講和条約違反なら、遺族年金の支給も条約違反になってしまう」[9]。

　ここには、東条らをＡ級戦犯として裁いた東京裁判に対する否定的な気持ちが示されている。Ａ級戦犯について違法な侵略戦争に日本及び日本国民を引っ張り込んでいった戦犯として批判的に捉える視点は、きわめて少ないようにみえる。しかし、このような認識では、侵略戦争の被害者になった国々の国民から支持を得ることは到底困難と思われる。

　たしかに、東京裁判でＡ級戦犯らを裁くことの根拠となった「平和に対する罪」や「人道に対する罪」は、第二次大戦以前には明示的に国際法で規定された戦争犯罪ではなかった。その点では、罪刑法定主義に違反するとの批判が出てくることにはそれなりの理由があったことは認められなければならないであろう。しかし、第二次大戦以前においても、1928年の不戦条約は国際紛争を解決する手段として戦争に訴えることを非として侵略戦争を違法としていたし、それ以前においても、ベルサイユ条約は、第一次大戦におけるドイツの戦争責任を戦争指導者に負わせるために前皇帝ウィルヘルム二世の処罰を規定していた。さらに、「通常の戦争犯罪」については、ハーグの「陸戦の法規慣例に関する条約」(1907年)ですでに規定されていて、これに違反する者が処罰されることは国際慣習法化していた。第二次大戦の違法な侵略戦争による膨大な殺戮行為を目の当たりにして、このような違法な侵略行為を処罰しないならば、「こそ泥は処罰するが、殺人は見逃す」という結果になるという素朴な規範意識が

第6章　東アジアにおける平和の条件と課題　223

第二次大戦当時の国際社会において生まれていたのも、ある意味では当然だったのである。[10] 日本に即していえば、その規範意識とは、1人の捕虜を虐待すれば戦争犯罪に問われるのに、アジアだけでも2000万人以上の人々を殺した侵略戦争を遂行した戦争指導者が一切責任を問われないのは正義に反するという規範意識であった。

そして、そのような規範意識は、第二次大戦後は、まず1946年の第一回の国連総会で「ニュルンベルグ裁判所憲章によって認められた国際法の諸原則」を確認する決議を全会一致で採択したことで確認されたし、さらに1948年のジェノサイド（集団殺害罪の防止処罰）条約、1949年のジュネーブ諸条約などで明確なものとされた。そして、そのような動きは、戦争犯罪人及び人道に対する罪に対する時効不適用条約（1968年）、国際刑事裁判所の設置に関するローマ条約（1998年）へとつながっていったのである。

東京裁判は、ニュルンベルグ裁判とともに、このような「戦争違法化」と戦争犯罪を個人に負わせる制度の国際的な潮流を形成し、確実なものにする上で、積極的な役割を果たしたのである。

他方で、東京裁判は、たしかに一面において「勝者の裁き」としての意味合いをもっていたことは否定できないであろう。裁判官は連合国の人達によって占められ、中立国出身の裁判官はいなかったし、戦犯の選定も、天皇を訴追しなかったことにも示されるようにアメリカの思惑によって決められていた。[11] アメリカの原爆投下の違法性が裁かれなかったことも、東京裁判が「勝者の裁き」であったことの証左の一つであろう。しかし、それでは、「勝者の裁き」ではない、真に公正な裁判が日本国民自身の手でなされ得たのであろうか。日本国民に限っても300万人以上の人々を死に追いやったことの戦争指導者の責任を一体誰が裁くことができたのだろうか。日本国民によるそのような裁判は結局今日に至るまでなされずじまいなのである。そのことは、ニュルンベルグ裁判の後でもナチスの幹部に対する責任追及を自らの手で行ってきたドイツとは際立った対照をなしているのである。日本では、「勝者の裁き」によってしか、侵略戦争の戦争指導者の戦争責任を裁くことができなかったことこそを問題とすべきであろう。

いずれにしても、日本が受諾したポツダム宣言は、「吾等の俘虜を虐待せる

者を含む一切の戦争犯罪人に対しては厳重なる処罰を加えらるべし」(10項)と規定していた。このようなポツダム宣言を、日本政府は誠実に履行する国際法上の義務を負っていたのである。また、対日講和条約11条は、「日本国は、極東国際軍事裁判所並びに日本国内及び国外の他の連合国戦争犯罪法廷の裁判を受諾し、且つ、日本国で拘禁されている日本国民にこれらの法廷が課した刑を執行するものとする」と規定していたが、日本はこれを認めて講和独立を果たし、国際社会への復帰を果たしたのである。

東京裁判を否定し、A級戦犯を罪なき者とするということは、対日講和条約を否認することを意味しており、またそのような条約によって形成された第二次大戦後の国際秩序を否定することにもつながるのである。そうなれば、問題は、中国や韓国との関係にとどまらず、アメリカなど旧連合国との関係も危ういものとなるであろう。靖国神社への首相の参拝は、このような問題をもはらむことにきちんと留意することが必要であろう。

4　従軍慰安婦の問題

日本と韓国との間には、竹島問題と並んで、いわゆる従軍慰安婦の問題が解決されるべき難問として横たわっている。日韓両国の友好関係の確立のためには、この問題を解決しなければならないが、問題の解決は簡単ではない。[12]

この問題についての日本政府の基本的立場は、1993年8月4日に河野洋平官房長官(当時)が出した談話(「河野談話」)に示されている。その要旨は、つぎのようなものである。「慰安所は、当時の軍当局の要請により設置されたものであり、慰安所の設置、管理及び慰安婦の移送については、旧日本軍が直接あるいは間接にこれに関与した。慰安婦の募集については、軍の要請を受けた業者が主としてこれに当たったが、その場合も、甘言、強圧による等、本人たちの意思に反して集められた事例が数多くあり、更に、官憲等が直接これに加担したこともあったことが明らかになった。また、慰安所における生活は、強制的な状況の下での痛ましいものだった」「当時の朝鮮半島は我が国の統治下にあり、その募集、移送、管理等も甘言、強圧による等、総じて本人たちの意思に反して行われた」「いずれにしても、本件は、当時の軍の関与の下に、多数の女性の名誉と尊厳を深く傷つけた問題である。政府としては、この機会に改

めて、その出身地のいかんを問わず、いわゆる従軍慰安婦として数多の苦痛を経験され、心身にわたり癒やしがたい傷を負われたすべての方々に対し心からお詫びと反省の気持ちを申しあげる」[13]。

　政府は、このようにお詫びと反省の言葉を述べたが、ただ、補償の問題については、1965年に日韓請求権協定ですべて解決されているので、政府として補償を行うことはできないとした。その代わりに、財団法人「女性のためのアジア平和国民基金」(アジア女性基金)が1995年に設立されて、政府も道義的責任を負うという観点からこのアジア女性基金の活動に財政面を含めて協力するという形をとった。この基金に基づいてフィリピン、台湾、韓国などの元従軍慰安婦の人達に対する「償い金」が支払われたが、ただ、韓国内では、これは日本政府による「補償」ではないとして、その受け取りを拒否する動きがでてきて、問題は未決着のままに残された。

　しかも、その後、2011年8月には、韓国の憲法裁判所が、従軍慰安婦の請求権問題について韓国政府が紛争解決に踏み出す義務を履行しないのは、憲法上の作為義務に違反するとする判決を出したりしたので[14]、韓国政府の日本への対応は一層厳しいものとなった。韓国では、この問題を国際的にも訴えていく動きもみられ、従軍慰安婦問題が国際的な広がりをも示す一方で、日本国内では、それに対する反撥もあって、「河野談話」そのものを見直すべきだとする議論も出されてきた。そのような議論を背景として、2014年には、政府の下で河野談話の作成過程に関する検証チームが作られて、同年6月には報告書(「慰安婦問題を巡る日韓間のやりとりの経緯――河野談話作成からアジア女性基金まで」)が出された[15]。その内容は、一言でいえば、「河野談話」の作成過程で韓国側とのすりあわせがなされていたことを明らかにしたものであったが、ただ、「河野談話」そのものを見直す必要があるという趣旨までも含むものではなかった。さらに、2014年8月には、従軍慰安婦を強制連行したとする吉田清治証言を報道した朝日新聞の記事が誤りであったとする朝日新聞自身の訂正記事(朝日新聞8月5日)も出てきた。政府は、「河野談話」は吉田証言を根拠にして出されたものではないので、「河野談話」の取り消しや修正はする必要はなく、それを継承するという方針を打ち出したが、政府による「補償」はできないという立場は従来通り維持したまま今日に至っている。

日本と韓国との間にわだかまるこのような従軍慰安婦の問題について、一体どのような解決の道筋があり得るのであろうか。この問題についてここで詳論することはできないので、ごく結論的なことだけを指摘しておけば、まず第1に、「河野談話」も、従軍慰安婦の人達については狭義の強制があったと否とにかかわらず、「旧日本軍が直接あるいは間接に関与した」、「甘言、強圧による等、本人たちの意思に反して集められた事例が数多くあった」ことを、そして「慰安所における生活は、強制的な状況の下で痛ましいものであった」ことを認めている以上は、そのことについて日本政府としての責任は免れがたいと思われる。第2に、そうとすれば、その責任（法的か否かを問わず）を政府自身が負って、あらためて閣議決定をもって謝罪を表明するとともに、「補償」することは、「河野談話」の趣旨を活かすことにもなると思われる。たしかに、1965年の日韓請求権協定では、両国及び両国民の請求権に関する問題は、「完全かつ最終的に解決されたこととなることを確認する」（2条1項）と規定されているが、ただ、この時点では従軍慰安婦の問題は一切出ていなかったことを踏まえれば、この問題は、新たな問題として人道的に対応することも不可能ではないように思われる。同協定（3条）も、同協定の解釈及び実施に関する両国間の紛争は、外交上の経路を通じて、さらには仲裁委員会を通して解決すると規定しているのである。日本政府が、請求権問題は解決済みとの立場に固執する限りは、この問題の円満な解決は困難であろう。日韓請求権協定では出ていなかった新たな問題として対応することが日韓関係を修復するという大局的な見地からは望ましいことと私には思われる。

3　領土問題の平和的解決

1　尖閣問題の経緯と現状

　現在、日本と中国・韓国との間に緊張状態が続いていることのもう一つの原因として挙げられるのが、尖閣（釣魚島）問題と竹島（独島）問題である。現在、これらの無人島の帰属をめぐって、日本と中国、そして日本と韓国の間では排外主義的なナショナリズムが高まっており、とりわけ尖閣問題に関しては、両国の艦船が周辺海域で対峙していて一触即発ともいわれる状態にある。竹島問

題については、現在韓国が実効支配しており、日本政府としても、実力で竹島を奪取するようなことは考えていないであろうから、この問題が両国の関係をこれ以上大きくこじらせることにはならないと思われる。

　問題は、尖閣諸島である[16]。尖閣諸島について日中間に緊張が強まったのは、2012年7月に日本政府が、これらの島の国有化を明らかにしたことを契機としてである。日本政府が国有化の方針を明らかにしたのは、同年4月に石原・東京都知事が尖閣諸島を東京都が買い取る方針を明らかにしたので、それを阻止するためであったが、しかし、国有化に対しては、中国の胡錦濤国家主席が止めてほしいと直接要請していた。にもかかわらず、政府は同年9月に国有化に踏み切ったのである。中国側は、この国有化に強く反対し、以来、緊張状態が続いているのである。

　この問題について中国の基本的な立場は、以下のようである[17]。①尖閣諸島（釣魚島）は古来中国の領土である。そのことは、明や清の時代の文献でも明らかである。②それを、日清戦争で日本が窃取し、以後日本が不法に占拠している。③下関条約（1895年4月1日）では、尖閣諸島はもちろん、台湾も日本の領土とされたので、第二次大戦終了まで中国は領有権を主張できなかった。④カイロ宣言は「日本国が清国人より窃取した一切の地域を中華民国に返還すること」と謳い、ポツダム宣言も、「カイロ宣言の条項は履行せらるべく」と規定している。したがって、尖閣諸島は、中国の領土として返還されるべきである。⑤少なくとも尖閣諸島に関して「領土問題」が存在することを認めた上で、「棚上げ」にすることが現実的な解決策である。

　これに対して、日本側の見解は、基本的に以下のようである。①尖閣諸島は1895年1月14日に、同諸島が「無主の土地」であることを確認した上で、「先占の法理」[18]により日本の領土への編入を閣議決定した。②下関条約では、台湾などが新たに日本の領土とされたが、尖閣諸島は、同条約の対象ではなかった。③中国は、1895年から1970年までの間、尖閣諸島に関して領有権の主張をしてこなかったのであり、その間、日本は、同諸島を実効支配してきた。④したがって、尖閣諸島は日本の固有の領土であり、これら諸島に関しては、そもそも「領土問題」は存在しない。

　このような日中双方の見解の当否について、歴史にさかのぼって実証的に検

証する専門的能力は私にはないが、ただ、いくつかのことはこれまで明らかにされてきたことからも指摘できると思われる。[19] 以下、時系列的にごく要点を記せば、つぎのようになると思われる。まず、日本が尖閣諸島を日本の領土として編入したのは、1895年1月14日であるが、それはちょうど日清戦争が行われていた最中のことであった。それ以前の時点でも日本領土として編入する動きはあったが、清国政府への配慮などがあってなされなかった。そのことが、中国側から、「日本は日清戦争で尖閣諸島を窃取した」といわせる契機となった。もっとも、日清戦争以前に尖閣諸島を清国が領土として実効支配していたことを証明する事実もない。

つぎに、アジア太平洋戦争における日本敗戦の条件を定めたポツダム宣言は、「カイロ宣言の条項は履行せらるべく、又日本国の主権は、本州、北海道、九州及四国並びに吾等の決定する諸小島に極限せらるべし」（8項）と規定していたが、ここにいう「諸小島」に尖閣列島が含まれるかどうかは不確かであった。対日平和条約は、「日本国は、台湾及び澎湖諸島に対するすべての権利、権原及び請求権を放棄する」（2条b）と規定していたが、ここに尖閣列島が含まれるかどうかも明らかではなかった。他方で、対日平和条約は「北緯29度以南の南西諸島（琉球諸島及び大東諸島を含む）、孀婦岩の南の南方諸島（小笠原群島、西之島及び火山列島を含む）並びに沖の鳥島及び南鳥島」をアメリカの施政権下に置くことを定め（3条）、これによって琉球諸島は尖閣諸島を含めてアメリカの施政権下に置かれることになった。ちなみに、1952年に発せられた琉球政府章典（布令68号）は、対日平和条約に基づき米国民政府及び琉球政府の管轄区域を定めていたが、そこには尖閣諸島が含まれていた。[20] その後、沖縄返還に至るまで、尖閣諸島は、アメリカの施政権下に置かれていたが、そのことについて、中国や台湾が異議を差し挟むことは特になかった。

1971年6月17日の沖縄返還協定によって、それまでアメリカの施政権下にあった「琉球諸島及び大東諸島」は日本に返還されることになったが、この中には、尖閣諸島も含まれていた。しかし、これに対しては、台湾と中国は異議を申し立てた。1971年6月11日にまず台湾外交部が異議を申し立て、ついで1971年12月30日には中国外交部も尖閣諸島について領有権を主張した。その背景には、国連アジア極東経済委員会（ECAFE）が1968年に東シナ海の海底調査

第6章　東アジアにおける平和の条件と課題　229

を行った結果、同海域の海底には石油ガス田が存在する可能性があると指摘したことがあったことは否定できないと思われる。

日本と中国とは、1972年に国交を回復したが、日中共同声明（1972年9月29日）では、台湾が中国の領土の一部であることを認めるとともに、日本の領土を規定したポツダム宣言第8項の基本的立場を堅持すると規定した。しかし、尖閣諸島に関しては、明確にはされなかった。同年9月27日の田中角栄首相と周恩来首相との会談でつぎのようなやりとりがなされた[21]。

「田中総理　尖閣諸島についてどう思うか。私のところに、いろいろと言ってくる人がいる。周総理　尖閣諸島問題については、今、これを話すのはよくない。石油が出るから、これが問題になった。石油が出なければ、台湾も米国も問題にしない」。

その後、1978年10月23日には日中平和友好条約が発効した。これにちなんで行われた鄧小平副総理の日本記者クラブでの会見で、鄧副総理はつぎのように述べた。「中日国交正常化の際も、双方はこの問題に触れないということを約束しました。今回、中日平和友好条約を交渉した際も、やはり同じくこの問題に触れないことで一致しました」「こういう問題は、一時棚上げにしてもかまわないと思います。十年棚上げにしてもかまいません。我々のこの世代の人間は知恵が足りません。次の世代は、きっと我々よりは賢くなるでしょう」[22]。

その後、1990年代になってから、日中双方の姿勢に変化がみられるようになった。日本政府は、「尖閣諸島に関して領土問題は存在しない」という立場を明らかにすることになったし、中国側も、1992年に領海法を制定して、尖閣諸島を中国領と明記した。さらに、1996年には、尖閣諸島を起点とする200海里の排他的経済水域を設定した。ただ、1997年には、日中漁業協定が調印されて、一定の妥協的措置が講じられるとともに、2008年には、東シナ海を「平和・協力・友好の海」と位置付けて、油田、ガス田の共同開発についての合意がなされた。ところが、2010年9月に尖閣諸島の領海内で中国漁船が海上保安庁の巡視船に衝突する事件が発生し、これを契機として尖閣問題がクローズアップされることになり、さらに、前述したように、2012年の国有化問題へとつながっていった。

以上、ごく簡単に、尖閣諸島をめぐる経緯をみてきたが、このような経緯に

照らして明らかになるのは、第1に、尖閣諸島は日本が長年にわたって実効支配してきた領土であることは確かであるということであり、第2に、ただ、領土問題がこの間存在してきたことも否定できないということである。そうとすれば、「領土問題は存在しない」という日本政府の対応の仕方はあまりにもかたくななものであり、そのような政府の態度は、この問題について両国の間の話合いを閉ざす役割を果たしているように思われる。たしかに、2014年11月には、APECの会議が開催された北京で2年ぶりに日中首脳会談が開催された。そして、そこで合意された文書では、「双方は、尖閣諸島等東シナ海の海域において近年緊張状態が生じていることについて異なる見解を有していることを認識し……」と書かれた。[23] そのことは、尖閣諸島において領土問題が存在することを日本側も認めたように読めるが、しかし、日本政府の見解は、この合意によっても、「領土問題は存在していない」という従来の日本政府の立場に変更はないというものである。これでは、折角開かれた話合いがさらに進展することは困難であろう。話合いを進展させるためには、領土問題が存在することを日本政府が認めることが必要であろう。もちろん、領土問題が存在することを認めたからといって、そのことが尖閣諸島の帰属について中国側の主張を丸ごと認めることを意味するわけではなんらない。両国の間に領土問題に関して見解の相異があることを認めた上で双方の間で妥協点を見出していく協議をしていくのである。

　しかも、留意されるべきは、日本側のこのようなかたくなな態度は、国際的にも支持を得ているわけではないということである。アメリカも、沖縄が日本に復帰した時点から、尖閣諸島の領有権については「中立的な立場」を堅持してきたのである。ということは、日中間に領土問題が存在することを認めてきたのである。一体、アメリカがどうしてそのような態度をとってきたかについては、いくつかの説明がなされている。尖閣問題はアメリカによって「日本と中国との間に打ち込まれた楔」であったとする説や一種の「オフショア・バランシング (offshore balancing) の戦略」とする見方などがその典型である。[24][25] 私も、アメリカのそのような立場には、多分にアメリカの国益がらみの思惑が介在しているように考えるが、しかし、いずれにしても、アメリカの態度は、尖閣問題が先鋭化した現在でも基本的には変わっていないのである。そして、アメリ

カのこのような立場は、他の国々にも影響を及ぼしている。つまり、「領土問題は存在しない」という日本政府の立場は、決して国際的な支持を得ているわけではないのである。アメリカなどをも説得することができないで、中国を納得させることは到底できないであろう。そうである以上は、日本としても、領土問題が存在するということを認めた上で、話合いのテーブルにつくことが必要であろう。

2　領土問題の平和的解決に向けて

　日本国憲法9条1項は、「国権の発動たる戦争と、武力による威嚇又は武力の行使は、国際紛争を解決する手段としては、永久にこれを放棄する」と規定している。尖閣問題は、日本が直接の当事者となっている本格的な「国際紛争」である。この「国際紛争」を日本は決して武力の行使によって解決してはならない旨を憲法9条1項は規定している。

　この問題を解決する具体的な手段としては、さまざまなことが考えられ得るであろう。「棚上げ論」がさしあたっては最も妥当な解決策であることは多くの人々が認めているところである。[26] 領有権の帰属については「棚上げ」した上で、尖閣諸島の周辺海域については、これら地域を生活圏としてきた人々の意見をも踏まえた上で、共同使用あるいは共同開発の取り決めを結ぶのである。2012年9月に馬英九・台湾総統が提案した「東シナ海平和イニシアティブ」も、同様な趣旨のものとして基本的に賛成できるものであろう。[27] そして、そうすることが、これら地域を生活圏としてきた人々の「平和のうちに生存する権利」を保障した日本国憲法の趣旨にも合致するものといえよう。

　また、そのような共同の使用・開発をスムーズに進めることと並行して、私は、尖閣諸島の領有権については、国際司法裁判所への提訴を中国側に働きかけることも一つの方法だと考える。日本政府は、竹島問題については、国際司法裁判所への提訴を検討する旨を明らかにしたが、そうであるとすれば、尖閣問題についても同様の対応をとることが、首尾一貫した姿勢のように思われる。日本政府は、従来、国際司法裁判所については、強制管轄権制度の導入に賛成の立場を表明してきた。そのような立場からしても、国際司法裁判所の積極的な活用を提案していくことは、重要であろう。

なお、その他の方法としては、「棚上げ」を日中間の文書または条約で決めることも考えられ得るであろう。この点に関して一つの先例となり得るのは、南極条約(1959年)である[28]。南極に関しては、従来、イギリス、オーストラリア、ニュージーランド、アルゼンチン、ノルウェーなどがクレイマント(claimant)として領有権を主張していたが、同条約は、「この条約のいかなる規定も、いずれかの締約国が、かつて主張したことがある南極地域における領土主権又は領土についての請求権を放棄することを意味するものと解してはならない」(4条)として領有権などについての主張があることを認めた上で、それを凍結して南極についての平和的な共同使用(1条)を認めているのである。「棚上げ」を条約化すれば、そういうことになるであろう。

　いずれにしても、「尖閣問題」に関しては、日中平和友好条約(1978年)でも確認されたように、「(日中間の)すべての紛争を平和的手段により解決し及び武力又は武力による威嚇に訴えない」ことが最も重要である。先の日中首脳会談での合意文書でも、「双方は、日中間の四つの基本文書の諸原則と精神を遵守し、」と書かれているように、いたずらに両国間の軍事的緊張を高めるような施策をとるのではなく、まさに平和憲法に則した紛争の平和的決の道筋を提示することこそが、いま求められているといえよう[29]。

4　東北アジア非核地帯の創設

　東北アジアの緊張をもたらしている重要な要因の一つは北朝鮮の核開発である。北朝鮮の核開発は1990年代から指摘されてきたが、2003年にNPTから脱退し、2006年には最初の核実験を行い、2013年には三度目の核実験を行っている。それと合わせてミサイル発射実験も繰り返しており、アメリカ本土にも到達するミサイルを開発しているとの報道もある。このような北朝鮮の行動が、韓国や日本などアジア諸国との間で軍事的緊張を強めていることは、明らかであろう。

　このような状況の中で、被爆国としての日本がとるべき政策はいくつかあるように思われる。なによりもまずなすべきは、日本自身がアメリカの「核の傘」から離脱し、「核抑止」論の立場に立たないことを明らかにすることである。

北朝鮮の立場に立てば、北朝鮮を取り囲む国はいずれも核保有国（アメリカ、ロシア、中国）か、核の傘の下に置かれている国（韓国、日本）である。このような状況の中で北朝鮮が自ら核武装することによって自国の安全と独立を確保しようと考えたとしても、あながち不思議なことではない。自分たちは「核の抑止論」の立場に立ち、あるいは「核の傘」の下にいながら、北朝鮮の核だけは危険であるとする議論は、北朝鮮には説得力を持ち得ないであろう。

　そうであるとすれば、北朝鮮の核開発を阻止するためには、北朝鮮を取り囲む国々が核軍縮を行い、あるいは「核の傘」から離脱する政策をとることが必要となってくる。ところが、日本政府は、アメリカの「核の傘」から離脱しようとはしない。「核抑止」論が正しければ、各国が核武装をすれば、それだけ戦争の脅威はなくなるはずであるが、事実はむしろ逆であって、核拡散によって戦争の脅威は増しているのである。中国が、2013年になってから、北朝鮮に対する国連の制裁決議に賛成したのも、北朝鮮の核開発が韓国や日本の核開発をもたらしかねず、そのことが中国自身の安全をも脅かすことを恐れたからであると思われる。核問題に関してさらに見過ごすことができないのは、核兵器が非国家主体（あるいはいわゆるテロリスト）にも拡散する危険性が増えてきていることである。核兵器がそのような非国家主体にも拡散した場合には、それは制御不能になり、核による被害は広島、長崎よりもはるかに甚大なものになることが危惧されるのである。2009年にオバマ大統領が、「核のない世界」をめざすことをプラハ演説で明らかにしたのも、そのような核拡散の危険性を踏まえてである。

　このような危機的状況を打開するのに必要なことは、日本が率先して「核抑止」論の立場を捨てて、アメリカの「核の傘」からの離脱を宣言することである。2013年8月6日の広島での被爆慰霊式典で、松井一実・広島市長は核兵器は「絶対悪」だと述べたが、まさにそのような立場に立って初めて、日本は北朝鮮に対しても、またその他の核保有国に対しても、核廃絶を主張し得る資格をもつのである。

　そして、そのような立場から、日本としては具体的に二つのことをなすべきであろう。一つは、日本国内で、「非核法」を制定して、非核三原則を法的な拘束力があるものにしていくことである。この点に関しては、ニュージーラン

ドの例が参考にされよう。[30] ニュージーランドは、ANZUS条約に加盟していないながら、1987年には非核軍縮法を制定して完全な非核国家になった。このようなニュージーランドの非核政策は、もちろんアメリカの反対にあったが、しかし、ニュージーランドは、自国民や周辺海域の安全を優先してあえて非核国家の道を選択したのである。その結果、ニュージーランドは、事実上ANZUS条約から脱退したが、しかし、アメリカとの友好関係は維持しているのである。ニュージーランドにできて、日本にできないはずがないのである。すでに市民運動のレベルでは、早くから非核法案もつくられている。[31] これらの案をも参考にしながら、日本を文字通り非核国家にすることが重要であろう。

二つ目は、東北アジア地帯を非核化することを内容とする「東北アジア非核地帯条約」の締結のために、日本が積極的なイニシアティブを取っていくことである。[32] 広く知られているように、世界では、すでに多くの非核地帯条約が存在している。中南米地域におけるトラテロルコ条約（1967年調印、1968年発効）、南太平洋地域におけるラロトンガ条約（1985年調印、1986年発効）、アフリカ非核地帯条約（1996年調印、2009年発効）、東南アジア非核兵器地帯条約（1995年調印、1997年発効）、中央アジア非核地帯条約（2006年調印、2009年発効）などである。[33] これらの例にならって、日本と朝鮮半島、そして台湾地域を含む東北アジア地帯において非核地帯条約をつくることを、日本の側から積極的に提唱していくことである。

東北アジア非核地帯条約の中身としては、おおよそつぎのような点が考えられるであろう。第1に、条約の適用地域は、基本的には、朝鮮半島（韓国と北朝鮮）と日本であるが、台湾もできたら含めることが望ましい。第2に、締約国（及び地域）は、その領域内において核兵器の開発、製造、実験、保有及び使用を一切禁止する。また、核搭載艦船の寄港も一切禁止する。第3に、この条約の内容を実施、監視するために「核兵器禁止機構」を設置する。第4に、本文とともに議定書を作成して、アメリカ、イギリス、フランス、ロシア、中国の核兵器保有国が締約国への核の使用や配備をしないことを約束させる。

もちろん、このような東北アジア非核地帯条約の締結のためにはいくつかの障害を乗り越えなければならないであろう。なによりも北朝鮮がそのための話合いのテーブルにつくようにさせることができるかどうかが問題となろう。そ

のためには、現在中断している六カ国協議を再開して、その場を活用することが必要かつ有益であろう。ちなみに、韓国と北朝鮮の間には、1991年に「朝鮮半島の非核化に関する共同宣言」が出されたという経緯がある。同宣言は、「北と南は、朝鮮半島を非核化することにより、核戦争の危機を除去し、朝鮮半島の平和と平和的統一に有利な条件と環境を醸成し、アジアと世界の平和と安全に貢献する」として、「核兵器の試験、製造、生産、授受、保有、貯蔵、配備、使用」を行わないこと、「核エネルギーを平和的目的にのみ使用する」ことを取り決めている。たしかに、この宣言は、北朝鮮の前述したような核実験によって反故にされたが、しかし、一旦合意されたこのような宣言を復活させ、それに日本も加わることによって東北アジアに非核地帯を構築することは決して不可能ではないし、追求すべき課題といえよう。

　もっとも、このような非核地帯条約の締結のためには、その前提として、さらに日本と北朝鮮の関係の改善も必要となってくると思われる。日朝間においては、いまだ国交が回復していない状態の下で、日朝を含む非核地帯の創設はたしかに容易ではないともいえよう。しかも、日朝間の国交回復のためには過去の植民地支配に対する補償問題を解決することや拉致問題を解決することなどが必要である。ただ、それではこれらの問題が完全に解決されなければ、東北アジア非核地帯条約の締結がまったく不可能かといえば、必ずしもそうとはいえないように思われる。ちなみに、日朝間には、2002年の「日朝ピョンヤン宣言」がある。この宣言も、北朝鮮の核実験によって事実上反故にされたが、しかし、同宣言は、「核問題及びミサイル問題を含む安全保障上の諸問題に関し、関係締約国間の対話を促進し、問題解決を図ることの必要性を確認した」としている。同宣言のこのような精神を今一度蘇らせて、東北アジア非核地帯条約の締結へとつなげていくことは必要であるし、またそのことは不可能ではないと思われる。

　そして、このような東北アジア非核地帯条約が締結されれば、すでに存在している東南アジア非核地帯条約と合わせれば、東アジア全体が非核地帯となるのである。そのことが東アジア全体の平和的秩序の形成に果たす役割はきわめて大きいと思われるのである。

　なお、このような構想に対しては、東アジアの平和的秩序の形成のために

は、東(北)アジア共同体の形成こそを展望すべきであるという議論もなされている[34]。もちろん、将来的な課題としては、それは望ましいことといえるが、ただ、歴史的にも、経済的にも、また宗教的にも多種多様なアジア地域で近い将来に東(北)アジア共同体をつくることは決して容易ではないと思われる。まずは、人権条約機構や経済協力機構などの個別の課題を追求し、実現していくことが必要であろう[35]。東北アジア非核地帯条約の締結も、そのような課題の一つとして、重要な意義をもつものと思われる。

1) 朝日新聞2013年12月27日による。なお、歴史認識問題については、世界2014年9月号の特集「歴史認識と東アジア外交」も参照。
2) 拙著『改憲問題と立憲平和主義』(敬文堂、2012年) 292頁以下参照。
3) 国会図書館調査及び立法考査局『わが国が未批准の国際条約一覧』24頁。なお、批准国数については、https://treaties.un.org/Pages/ViewDetails.aspx?src=TREATY&mtdsg_no=XVIII-10-a&chapter=18&lang=en
4) 朝日新聞2013年12月26日夕刊による。
5) 靖国神社の歴史などについては、大江志乃夫『靖国神社』(岩波新書、1984年)、高橋哲哉『靖国問題』(ちくま新書、2005年)、内田雅敏『靖国参拝の何が問題か』(平凡社新書、2014年) など参照。
6) 安倍晋三『新しい国へ』(文春新書、2013年) 78頁。
7) ちなみに、芦部信喜 (高橋和之補訂)『憲法 (第五版)』(岩波書店、2011年) 158頁は、「かつて国家神道の一つの象徴的存在であった宗教団体である靖国神社に総理大臣が国民を代表する形で公式参拝を行うことは、目的は世俗的であっても、その効果において国家と宗教団体との深いかかわり合いをもたらす象徴的な意味をもち、政教分離原則の根幹をゆるがすことになるので、……違憲と言わざるを得ない」と述べている。
8) 東京裁判については、大沼保昭『東京裁判から戦後責任の思想へ』(有信堂、1985年)、東京裁判ハンドブック編集委員会編『東京裁判ハンドブック』(青木書店、1989年)、藤田久一『戦争犯罪とは何か』(岩波新書、1995年)、粟屋健太郎『東京裁判への道 (上、下)』(講談社、2006年) など参照。
9) 安倍・前掲注 (6) 73頁以下。
10) 大沼・前掲注 (8) 44頁。
11) この点については、例えば、ジョン・ダワー (三浦陽一・高杉忠明訳)『敗北を抱きしめて (下)』(岩波書店、2001年) 69頁以下参照。
12) 従軍慰安婦問題については、吉見義明『従軍慰安婦』(岩波新書、1995年)、大沼保昭・下村満子・和田春樹編『「慰安婦」問題とアジア女性基金』(東信堂、1998年)、鈴木裕子・山下英愛・外村大編『日本軍「慰安婦」関係資料集成 (上・下)』(明石書店、2006年)、歴史学研究会・日本史研究会編『「慰安婦問題」を／から考える』(岩波書店、2014年) など参照。

13) http://www.mofa.go.jp/mofa/area/taisen/kono.html
14) 中川敏宏「韓国憲法裁判所・日本軍慰安婦問題行政不作為違憲訴願事件」専修法学論集116号（2012年）197頁、内藤光博「慰安婦問題の新たな展開——11年の韓国憲法裁判所決定をめぐって」FORUM OPINION 24号（2014年）27頁など参照。
15) http://www.kantei.go.jp/jp/tyoukanpress/20146/20-p.html
16) 尖閣諸島とは、魚釣島（中国名、釣魚島）、北小島、南小島、久場島、大正島、沖の北岩、沖の南岩、飛瀬などで構成される島々を総称していう。
17) 中国政府の見解については、「日本政府の魚釣島等購入に対する全人代外事委員会及び外交部の声明」外国の立法2012年10月号50頁以下参照。
18) 「先占の法理」によれば、①当該地域が先占の時点で無主物であること、②当該地域に対して領有の意思を表明すること、③当該地域に対して実効支配を及ぼすことが要件とされるが、この三つの要件をいずれも満たしていたというのが、日本政府の立場である。なお、日本政府の見解については、中内康夫「尖閣諸島をめぐる問題と日中関係」立法と調査334号（2012年）69頁以下参照。
19) 尖閣諸島問題については、浦野起央『尖閣諸島・琉球・中国』（三和書籍、2002年）、芹田健太郎『日本の領土』（中公文庫、2010年）、孫崎享『日本の国境問題』（ちくま新書、2011年）、豊下樽彦『「尖閣問題」とは何か』（岩波現代文庫、2012年）、和田春樹『領土問題をどう解決するか』（平凡社新書、2012年）、岡田充『尖閣諸島問題』（蒼蒼社、2012年）、井上清『新版・尖閣列島』（第三書館、2012年）、松井芳郎『国際法学者がよむ尖閣問題』（日本評論社、2014年）など参照。
20) 中野好夫編『戦後資料沖縄』（日本評論社、1969年）88頁。
21) 石井明・朱建栄・渋谷芳秀・林暁光編『記録と考証、日中国交正常化・日中平和友好条約締結交渉』（岩波書店、2003年）68頁。
22) 読売新聞1978年10月26日。なお、岡田・前掲注（19）100頁参照。
23) 朝日新聞2014年11月8日。
24) 原貴美恵『サンフランシスコ平和条約の盲点』（渓水社、2005年）281頁。
25) 豊下・前掲注（19）63頁以下参照。なお、同書83頁以下は、沖縄返還後も、アメリカが久場島と大正島を射爆場として使用してきたにもかかわらず、領有権について「中立的な立場」をとることがいかに無責任かを指摘している。
26) 松井・前掲注（19）172頁は、「『棚上げ』合意は、実効支配を行っている日本にとっては決して不利ではない」ことを指摘している。
27) この提案については、岡田・前掲注（19）171頁以下参照。
28) 南極条約については、池島大策『南極条約体制と国際法』（慶応義塾大学出版会、2000年）参照。
29) J.Mostov, *Soft Borders: Rethinking Sovereignty and Democracy* (Palgrave Macmillan, 2008) p.4 は、国境問題を柔軟に考えるソフト・ボーダーの思考が地域の平和的発展に役立つことを指摘しているが、日本国憲法の思考にも適合するものと思われる。
30) ニュージーランドの非核法の制定に関しては、デービッド・ロンギ（国際非核問題研究会訳）『非核・ニュージーランドの選択』（平和文化、1992年）参照。
31) 例えば、新護憲の三千語宣言運動編『非核法・非核条約』（BOC出版部、1994年）参照。

32) 東北アジア非核地帯条約については、拙著・前掲注（2）256頁以下参照。
33) 梅林宏道『非核兵器地帯』（岩波書店、2011年）参照。
34) 東（北）アジア共同体の構想などに関しては、姜尚中『東北アジア共同の家をめざして』（平凡社、2001年）、小林直樹「東アジア共同体の構想と問題」内藤光博・古川純編『東北アジアの法と政治』（専修大学出版局、2005年）329頁、新藤栄一『東アジア共同体をどうつくるか』（ちくま新書、2007年）、小沢隆一「東アジアの平和をどう構想するか」民主主義科学者協会法律部会編『法律時報増刊・改憲を問う』（日本評論社、2014年）240頁など参照。
35) 稲正樹「アジアにおける人権メカニズムの試み」深瀬忠一・上田勝美・稲正樹・水島朝穂編『平和憲法の確保と新生』（北海道大学出版会、2008年）209頁参照。

むすび——平和憲法の普遍的意義を思う

　「はしがき」でも述べたように、日本は、一切の戦争の放棄と戦力の不保持を規定した平和憲法の下で、今日まで70年近くの間、実際にも戦争及び武力の行使をすることなく、なんとか「平和国家」として過ごしてきたが、いま、その「平和国家」のあり方が大きく揺らいでいる。そのことを、本書では集団的自衛権の行使容認を中核とする「安全保障」法制と明文改憲論の動向に焦点を当てて検討してきたが、そのような検討を踏まえた上での本書の結論的な立場は、このような時であるだけにこそ、非軍事平和主義を採用した日本国憲法の普遍的意義を再確認し、それを護り活かすことが大切であるというものである。
　本書の「むすび」として、平和憲法がこれまで果たしてきた役割そして今日もっている普遍的意義について要約的に述べれば、以下のような点を指摘できると思われる。
　まず第1に、平和憲法は、上述したように、この70年近くの間、日本が戦争や武力行使をすることなく「平和国家」として過ごしてきたことについて決定的に重要な役割を果たしてきた。日本がこれまで「平和国家」であり続けてきたことについては、日米安保条約や自衛隊のおかげであるといった議論が少なからずあるが、しかし、そのような議論は、基本的に間違っていると思われる。なぜならば、日米安保条約や自衛隊があって、平和憲法がなかったならば、日本は、例えばベトナム戦争に韓国のように参戦することをアメリカから要請されて、多数のベトナム人を殺戮し、また自衛隊員にも多数の死者を出したことはほぼ間違いなかったと思われるからである。また、湾岸戦争やイラク戦争においても、アメリカの要請に従って自衛隊は参戦してやはり多数の死者を出していたことはほぼ確かであったと考えられるのである。たしかに、イラク戦争においては、自衛隊はイラクまで出兵したが、武力行使にまで至らなかったのは、まさに平和憲法があって、日本は、海外での武力行使はできないとアメリ

力にいうことができたからである。平和憲法が、日本が「戦争国家」になることを阻止する歯止めの役割を果たしたのである。[1]

　第2に、平和憲法は、この70年近くの間、アジア諸国をはじめとする国際社会に対する「不戦の誓い」としての意味をもち、その意味で、東アジアをはじめとする国際社会の平和のために少なからず貢献してきた。そのことは、例えば、2014年のノーベル平和賞の候補に憲法9条（を保持してきた日本国民）がノミネートされたことによっても示される。このことが契機となって、2014年末には、韓国で与野党の政治家、学者、宗教家、文化人、市民運動家など50人の人達が、日本の憲法9条をノーベル平和賞に推薦する署名運動を行う旨を発表したのである。[2]ちなみに、この署名にも名前を連ねる金泳鎬慶北大学名誉教授は、日本での講演の中でつぎのように述べている。「平和憲法はアジアの平和と発展に大きく寄与した点において東アジアの共有財産であるといえるし、そうした点からノーベル平和賞を受賞するに値する。東アジアからみて、我々は平和憲法にノーベル平和賞を授与することを支持する。[3]」。このような海外からの発言は、平和憲法がとりわけ東アジアの平和にとって重要な意義をもつことを示しているといってよい。もちろん、第6章で検討したように、現実には、日本と中国、韓国、さらには北朝鮮との間には解決されるべきいくつかの重要な課題が存在しているが、しかし、これらの課題も、平和憲法の精神に従って非軍事的に解決を図ることが必要であり、また可能と思われるのである。

　そして、このことは、東アジアのみならず、広く国際社会全体との関係でも基本的に当てはまる普遍的な原理であるといってよいであろう。国際社会の多くの国々が「安全保障のジレンマ」や「暴力の連鎖」に陥っている中で、日本の歴代の政府やNGOは、不戦と非軍事の政策を掲げることによって、第二次大戦後の国際社会の中でそれなりに「名誉ある地位」を占めてきたし、今後ともそうすることで、日本にふさわしい国際貢献をなすことができるのである。[4]

　第3に、平和憲法は、日本における立憲主義の維持と発展を支える上でも重要な役割を果たしてきた。国民の基本的人権を保障した憲法によって国家権力を統制することを立憲主義の本旨とすれば、平和憲法は、国家権力の最たるものである軍事力の不保持と不行使を規定することによって、立憲主義を最も徹底した形で実現しようとしたものといってもよい。もちろん、現実には、1954

年以来自衛隊が存在してきたが、しかし、それを戦力ならざる自衛力にとどめてきたのは平和憲法が存在し、それを守ろうとする国民の広範な運動が存在してきたからであることは明らかであろう。その意味でも、平和憲法は立憲主義に資してきたということができる。樋口陽一が、「そういう九条の存在が立憲主義だった」というのも、このような趣旨においてであろう。日本国憲法における両者のそのような密接な結びつきは「立憲平和主義」という言葉で表現されてきたが、私も、そのような表現が日本国憲法の特色を示すのにふさわしい言葉だと考える。

　もっとも、日本国憲法の平和主義と立憲主義の関係については、両者は必ずしも整合しないという見解も学説上出されてきた。この点については、そもそも立憲主義をどのように理解するかが問題となるが、例えば長谷部恭男は、立憲主義を、根底的に異なる価値観をもつ人々が平和的に共存し、公平に社会的コストと便益を分かち合う枠組みを築くための考え方、そのために、公私の区別をして、「善き生」とは何かに関する対立を私的領域に封じ込める考え方であると理解する。そして、絶対平和主義は人々の「善き生」を保障しないので、立憲主義とは整合的ではないとする。しかし、このようなとらえ方は、まず立憲主義の理解の仕方として、権力に対する統制という立憲主義の本質的な側面を希薄化しかねない点で問題が存しているように思われる。また、人々の「善き生」の選択への介入を国家が行わないようにすることは重要であるが、憲法の非軍事平和主義がそのような選択を否認することになるとする根拠は薄弱であるように思われる。非軍事平和主義は、「軍事国家」の下で人々の「善き生」が奪われたことに対する痛切な反省を踏まえて日本国憲法で採用されたものであって、人々の「善き生」を侵害するものではなんらなく、むしろ、後述するように、人々の平和的生存権を保障しようとするものであることに留意する必要があると思われる。

　また、憲法の非軍事平和主義と立憲主義について、両者を単純に調和的に捉えることに対する問題提起を最近しているのが、愛敬浩二である。愛敬によれば、日本国憲法の非軍事平和主義を最も徹底した立憲主義と捉える見解は、立憲主義と平和主義の緊張関係という憲法上のアポリアを「立憲平和主義発展史」の観点から解消してしまう問題性をもつとともに、国連憲章に対する日本

国憲法の「先進性・徹底性」に依拠して「国際立憲主義」との対話を一方的なものにするという問題もあるとする。そして、浦部法穂や私などの非軍事平和主義についても、①「権力の視点」を完全に捨象してよいのか、②国連による武力行使の可能性を一切否定する議論は、逆に各国の単独行動主義に口実を与えることになるのではないか、③「個人の尊重」を言う場合にも、個人の多様性に着目する場合と、個人の同一性に着目する場合とでは、その規範的要求は正反対になり得るのではないか、といった問題点を提示している[9]。

このような問題提起に対して、私なりの考えを述べれば、まず第1の「権力の視点」については、非軍事平和主義は、警察権力までも否認するものではもちろんないし、またその延長線上で捉え得る国境警備隊の保持までも否認するものではない。それは、アナーキズムとは異なるのである。第2に国連による武力行使の可能性を私は全面的に否認するものでは必ずしもないが、ただ、現在の国連はその安保理事会の権限や構成などからしても、その非民主的性格は否定できず、その武力行使の正当性には少なからず問題が存していることは否定できないであろう。国連の武力行使を一種の国際警察軍のそれとして将来的に正当化するためには、安保理や総会を含めた国連の大幅な改革が必要であると思われるのである[10]。この点では、「国際立憲主義」との対話は十分に可能かつ必要と思われる。さらに、「個人の尊重」の意味については、私は、なによりもまずは個人の生命権の尊重がその核心になければならないと考える[11]。その点では、どの人間についても同一であり、違いはないという視点をとりたいと考えている。

いずれにしても、憲法の平和主義と立憲主義が密接不可分な関係にあることは、最近の集団的自衛権の行使容認の動きを見れば明らかであろう。閣議決定による集団的自衛権の行使容認は、まさに立憲主義をないがしろにした形でなされたのである。このことは、憲法の平和主義の擁護が立憲主義の擁護にもつながることを示しているといってよいように思われる[12]。

第4に指摘されるべきは、平和的生存権が果たしてきた役割と意義についてである。日本国憲法の平和主義は平和的生存権の保障をその内容の一つとしているが、それは、戦争によって生命をはじめとする人権が侵害されてきたという歴史的体験を踏まえて、平和のうちに生きることをそれ自体人権と捉える考

え方に基づくものである。[13] このような平和的生存権の考え方は、戦後のいくつかの九条関連裁判の中で主張され、実際にも長沼訴訟札幌地裁判決（1973年）や自衛隊イラク派遣違憲訴訟名古屋高裁判決（2008年）などで裁判規範性が認められてきたことは承知の通りである。平和的生存権が、今後とも、具体的な裁判や運動の中で憲法の平和主義や国民の人権保障のために積極的な役割を果たしていくであろうことは、確かと思われるのである。

　それとともに留意すべきは、平和的生存権の精神は、今日、国際社会においても「平和への権利（right to peace）」として広く受け入れられつつあるということである。このことは、日本国憲法の平和主義の国際的な広がりと普遍性を示す動きとしてきわめて重要であろう。この点に関しても簡単に述べれば、国際社会における「平和への権利」の動向はなにもいまに始まったものではない。すでに1984年において国連総会は、「人民の平和への権利についての宣言」を採択し、そこで、「地球上の人民は、平和への神聖な権利を有することを厳粛に宣言する」とうたっていた。この平和への権利が改めて脚光を浴びたのは、2003年のイラク戦争を契機としてである。この戦争を契機として、とりわけスペイン国際人権協会などが中心となって、「平和への権利」をより具体的な内容をもったものとして国連総会で採択しようとするキャンペーンが始められ、これに賛同する各国のNGOが運動を広げてきたのである。そして、この問題は、国連人権理事会にかけられ、同理事会に設置された諮問委員会では、2010年に「平和への権利宣言草案」を発表し、さらにそれを修正したものを、2012年には、「平和への権利宣言草案」（以下、「宣言草案」として略称）として発表したのである。[14]

　たしかに、この「宣言草案」は、日本国憲法の下でいわれている平和的生存権と比較した場合には、いくつかの相違点あるいは問題点があることは指摘されなければならないであろう。例えば、「宣言草案」は全体で14個条から成り立っているが、その中には、「民間軍事・警備会社」や「被害者及び脆弱なグループの権利」なども含まれており、その権利内容はいささか広範囲にわたりすぎるきらいがあるようにみえる。また、それだけ多数の条項があるにもかかわらず、「平和への権利」の定義がなされていないことも、問題と思われる。平和的生存権の中核には生命権があるとする私見からすれば、生命権について

むすび　245

の明示的な言及がないことには疑問が残る。さらに、「宣言草案」では、「平和への権利」の主体が「個人及び人民 (individuals and peoples)」とされていて、「個人」が最初に挙げられている点は評価できるが、「人民」をも主体としていることをどう捉えるかも論点となるであろう。

「宣言草案」には、このような問題点があるように思われるが、しかし、「宣言草案」の「平和への権利」と日本国憲法の平和的生存権との間には基本的な点での共通点がみられることが重要であろう。それは、両者ともに、平和の問題を基本的人権の問題として捉えていることである。国際社会では、従来、平和の問題は、国家の安全保障政策の問題として捉えていたのに対して、両者は、個人（及び人民）の基本的人権の問題として捉えようとしているのである。このことは、国際社会においては、画期的なことといってよいと思われる。そして、このような基本的人権としての「平和への権利」の保障のためには、「人間の安全保障」が必要であるとされている点も、両者は基本的に同じ考え方をとっているように思われる。そうとすれば、私たちは、「平和への権利宣言」が国連総会で採択される運動を積極的に支持し、推進していくことが重要であり、そうすることが、日本国憲法の平和的生存権を国際社会で活かしていくことにもつながると思われるのである。

以上、日本国憲法の平和主義が果たしてきた積極的な役割、そして今後とももつであろう普遍的な意義について述べてきた。ところが、政府与党が提案している「安全保障」法制や自民党の改憲草案は、このような日本国憲法の平和主義を根底から覆し、日本を「平和国家」から「戦争をする国家」へと改変しようとするものである。そのような法制の「整備」や改憲をさせないようにすることが、私たちが次世代の人達のためにも果たすべき重要な責務と思われる。本書がそのためにいささかなりとも寄与できれば、幸いである。

1) なお、日米安保条約が日本の平和を守る「抑止力」として働いてきたとする見解も、日米安保条約が沖縄の住民の平和的な生存を恒常的に侵害してきた歴史的現実に照らせば、一面的とのそしりを免れ得ないであろう。
2) 李富栄「『民主主義と平和』日韓共通の価値がひらく東アジアの未来」世界2015年3月号172頁。
3) 金泳鎬「東アジア市民平和憲章をつくろう」『憲法九条は私たちの安全保障です。』（岩

波ブックレット、2015年）6頁。
4）　この点とも関連して、一言述べておくべきは、最近の「イスラム国」(IS) による日本人人質殺害事件である。このような残虐非道な「テロ国家」に対しては憲法の非軍事平和主義は無力であり、日本も有志連合の一環として積極的に軍事力行使をすべきではないかといった意見も出てきているが、しかし、私は、このような意見は、決して問題の根本的解決に資することにはならないと考える。「イスラム国」の誕生の背景には、アメリカがイラクのフセイン政権を武力攻撃で打倒し、それを契機として中東地域で「暴力の連鎖」が繰り返されてきたことがあるように思われる。かつて、H・アレントは、「暴力の行使は世界を変えるが、もっとも起こりやすい変化は、世界がより暴力的になることである」（『暴力について』〔みすず書房、1973年〕159頁）と述べたが、そのことが、そのまま中東地域において妥当しているのである。そうだとすれば、そのような「暴力の連鎖」を断ち切る発想を国際社会の中でいかにはぐくみ育てていくかが、根本的な問題として存在しているといってよい。そして、まさにその点に関わって日本国憲法の「非軍事平和主義」は、紛争の非軍事的解決と非軍事的な国際貢献の道を提示することで、アメリカとも、また「テロ国家」とも異なるオルターナティブを提示し得ると思われる。なお、内藤正典『イスラム戦争』（集英社、2015年）240頁も参照。
5）　樋口陽一・奥平康弘・小森陽一『安倍改憲の野望』（かもがわ出版、2013年）47頁。なお、石川健治も、「私は、九条抜きにして日本の立憲主義は成り立たなかったという点に注意を促したい。特定の権力の暴走を止めるのが立憲主義だとすれば、軍事力の拡張を阻もうとする、9条2項の戦力不保持条項の存在は戦後日本に欠かせなかった」と述べている（東京新聞2015年1月24日）。
6）　深瀬忠一「恒久世界平和のための日本国憲法の構想」深瀬忠一・杉原泰雄・樋口陽一・浦田賢治編『恒久世界平和のために』（勁草書房、1998年）42頁、上田勝美『立憲平和主義と人権』（法律文化社、2005年）81頁参照。
7）　この点について、拙著『改憲問題と立憲平和主義』（敬文堂、2012年）187頁参照。
8）　長谷部恭男『憲法の理性』（東京大学出版会、2006年）3頁以下参照。
9）　愛敬浩二「立憲・平和主義の構想」水島朝穂編『立憲的ダイナミズム』（岩波書店、2014年）236頁。
10）　国連改革の問題については、さしあたり、拙著『人権・主権・平和』（日本評論社、2003年）334頁以下参照。
11）　拙稿「人権体系における生命権の再定位」憲法研究所・上田勝美編『平和憲法と人権・民主主義』（法律文化社、2012年）85頁参照。
12）　奥平康弘『憲法を生きる』（日本評論社、2007年）182頁は、「憲法を守るということが立憲主義であるとすれば、九条を守れということも『立憲主義』だろうと思うのです」と述べている。
13）　この点については、さしあたり、深瀬忠一『戦争放棄と平和的生存権』（岩波書店、1987年）225頁以下及び拙著『平和憲法の理論』（日本評論社、1992年）245頁以下参照。
14）　UN.Doc. A/HRC/20/31. なお、「平和への権利」の動向については、笹本潤・前田朗編著『平和への権利を世界に』（かもがわ出版、2011年）、平和への権利国際キャンペーン・日本実行委員会編著『いまこそ知りたい平和への権利48のQ&A』（合同出版、2014年）参照。

初 出 一 覧

　本書の元になった論文は、下記の通りである。本書は、それら論文に現時点で必要な加筆修正を行うとともに、新たに「序章」と「むすび」を書き加えて、多少ともまとまった形にしたものである。

第1章　「憲法9条と集団的自衛権」獨協法学91号（2013年）
第2章　「安保法制懇報告書における集団的自衛権論」龍谷法学47巻2号（2014年）
第3章　「集団的自衛権容認の閣議決定の問題点」龍谷法学47巻3号（2015年）
第4章　「特定秘密保護法の批判的検討」獨協法学93号（2014年）
第5章　「憲法9条と96条改悪論」九条の会編『第二次安倍内閣の改憲に立ち向かう』（2013年）、『憲法改悪をめざす新たな動向と私たちの課題』（9条フェスタ市民ネット、2013年）
第6章　「日本国憲法の可能性――平和な東北アジアに向けて」法と民主主義481号（2013年）

■著者紹介

山内 敏弘（やまうち・としひろ）

1940年　山形県に生まれる
1967年　一橋大学大学院法学研究科博士課程修了（法学博士）
獨協大学教授、一橋大学教授、龍谷大学教授を歴任
現在、一橋大学名誉教授、獨協大学名誉教授

〔主要業績〕
『平和憲法の理論』（日本評論社、1992年）
『憲法と平和主義〔現代憲法体系2〕』（共著、法律文化社、1998年）
『日米新ガイドラインと周辺事態法――いま「平和」の構築への選択を問い直す』
　　（編著、法律文化社、1999年）
『有事法制を検証する』（編著、法律文化社、2002年）
『人権・主権・平和――生命権からの憲法的省察』（日本評論社、2003年）
『立憲平和主義と有事法の展開』（信山社、2008年）
『新現代憲法入門〔第2版〕』（編著、法律文化社、2009年）
『新版・憲法判例を読みなおす』（共著、日本評論社、2011年）
『改憲問題と立憲平和主義』（敬文堂、2012年）

Horitsu Bunka Sha

「安全保障」法制と改憲を問う

2015年7月5日　初版第1刷発行
2015年8月25日　初版第2刷発行

著者　山内　敏弘
　　　　やま　うち　とし　ひろ

発行者　田　靡　純　子

発行所　株式会社　法律文化社

〒603-8053
京都市北区上賀茂岩ヶ垣内町71
電話 075(791)7131　FAX 075(721)8400
http://www.hou-bun.com/

＊乱丁など不良本がありましたら、ご連絡ください。
　お取り替えいたします。

印刷：中村印刷㈱／製本：㈱藤沢製本
装幀：白沢　正
ISBN 978-4-589-03690-2
Ⓒ2015 Toshihiro Yamauchi Printed in Japan

JCOPY　〈(社)出版者著作権管理機構　委託出版物〉

本書の無断複写は著作権法上での例外を除き禁じられています。複写される
場合は、そのつど事前に、(社)出版者著作権管理機構(電話 03-3513-6969、
FAX 03-3513-6979、e-mail: info@jcopy.or.jp)の許諾を得てください。

山内敏弘編〔現代法双書〕
新現代憲法入門〔第2版〕
四六判・426頁・2900円

理論動向をふまえつつ、基本理念とその具体的内容を明確に概説した基本書。現代的問題についての歴史的背景や理論、その運用動向をコンパクトにまとめ、近時の立法・判例動向をふまえ、進行形の憲法状況を考えながら学ぶ。

髙良沙哉著
「慰安婦」問題と戦時性暴力
―軍隊による性暴力の責任を問う―
A5判・232頁・3600円

日本の植民地支配との関係や裁判所・民衆法廷が事実認定した被害者・加害者証言の内容、諸外国の類似事例との比較などから、被害実態と責任の所在を検討する。単なる「強制の有無」の問題でなく「制度」の問題であることを衝く。

水島朝穂・大前 治著
検証 防空法
―空襲下で禁じられた避難―
A5判・274頁・2800円

「逃げるな、火を消せ」。空襲被害を拡大させた防空法制。この成立・展開・消滅の過程を通じて、空襲被害の深部に潜む構造的問題を解明する。防空法制を想起させる設計思想をもつ国民保護法制等の検討にも有益な視点を提示。

藤本 博著
ヴェトナム戦争研究
―「アメリカの戦争」の実相と戦争の克服―
A5判・364頁・6800円

ヴェトナム戦争によって多くの民衆が犠牲となった。米国による「戦争犯罪」であると告発され、裁かれた経緯を克明に分析し、ヴェトナム戦争の加害と被害の実相に迫る。戦争の記憶と向き合い、戦争の克服への方途を探る。

金 尚均編
ヘイト・スピーチの法的研究
A5判・198頁・2800円

ジャーナリズム、社会学の知見を前提に、憲法学と刑法学の双方からヘイト・スピーチの法的規制の是非を問う。「表現の自由」を思考停止の言葉とせず、実態をふまえて、冷静かつ建設的な議論の土台を提示する。

上村英明著
新・先住民族の「近代史」
―植民地主義と新自由主義の起源を問う―
A5判・218頁・2500円

植民地主義により権利を奪われ、差別・抑圧・搾取されてきた先住民族の眼差しから「近代史」を批判的に考察する。歪められた近代社会の歴史と構造の本質をつかみとり、隠された私たちの歴史的責任を明らかにする。

―法律文化社―

表示価格は本体(税別)価格です